面向系统能力培养大学计算机类专业教材

计算机系统能力课程群金课建设教材

C语言程序设计
——案例驱动及拓展教程

于延　李英梅　主编

李红宇　范雪琴　副主编

清华大学出版社

北　京

内 容 简 介

本书是高等学校教学改革工程项目“面向成果导向教育的混合式立体‘金课’建设研究”成果和“计算机系统能力课程群”重点建设教材，从工程教育专业认证的角度出发，采用“章-节-知识单元”体例结构，全程以案例和问题驱动，详细介绍C语言编程的基本知识和程序设计的基本方法。本书共10章，内容包括程序设计概述、数据与运算、顺序结构、选择结构、循环结构、函数、数组、指针、结构与链表以及文件。本书注重可读性、可操作性和实用性，所有知识点都以案例和问题驱动并配备拓展训练题目，提供所有程序的在线评测，各章均配有课后习题。

本书的内容体例编排、配套教学大纲，以及教学方法考核方式均基于工程教育专业认证要求，可作为高等学校计算机类专业高级语言程序设计课程，以及非计算机专业计算机程序设计基础课程的教材，也可作为程序员和参加计算机等级考试人员的自学参考书。

图书在版编目(CIP)数据

C语言程序设计：案例驱动及拓展教程/于延，李英梅主编. —北京：清华大学出版社，2022.1(2024.9重印)
面向系统能力培养大学计算机类专业教材
ISBN 978-7-302-59432-1

Ⅰ.①C…　Ⅱ.①于…　②李…　Ⅲ.①C语言－程序设计－高等学校－教材　Ⅳ.①TP312.8

中国版本图书馆CIP数据核字(2021)第216645号

责任编辑：张瑞庆　常建丽
封面设计：常雪影
责任校对：胡伟民
责任印制：沈　露

出版发行：清华大学出版社
网　　址：https://www.tup.com.cn，https://www.wqxuetang.com
地　　址：北京清华大学学研大厦A座　　**邮　　编**：100084
社 总 机：010-83470000　　**邮　　购**：010-62786544
投稿与读者服务：010-62776969，c-service@tup.tsinghua.edu.cn
质量反馈：010-62772015，zhiliang@tup.tsinghua.edu.cn
课件下载：https://www.tup.com.cn，010-83470236
印 装 者：三河市铭诚印务有限公司
经　　销：全国新华书店
开　　本：185mm×260mm　　**印　　张**：19.25　　**字　　数**：480千字
版　　次：2022年1月第1版　　**印　　次**：2024年9月第3次印刷
定　　价：59.00元

产品编号：092591-01

前 言

教育部《关于加快建设高水平本科教育 全面提高人才培养能力的意见》(新时代高教40条)、“六卓越一拔尖”计划2.0系列文件等表明,高等教育已经进入以人才培养为根本的提高质量新时代。全面开展一流本科课程建设,树立课程建设新理念,推进课程改革创新,实施科学课程评价,是建设一流课程、培养一流人才的必由之路。

“C语言程序设计”课程是高等学校计算机类专业的基础课,也是很多非计算机专业理科学生的必修课,是大多数本科生接触计算机程序设计的第一门语言。本书作为“计算机系统能力课程群”重点建设项目教材,在工程教育专业认证背景下,重新整合教学内容,设计新的编写体例,全程案例驱动,设计全新教学模式和考核方法,以更好地支撑毕业目标,努力达到“金课”建设标准。

本书是高等学校教学改革工程项目“面向成果导向教育的混合式立体‘金课’建设研究”成果,配备符合工程教育专业认证的教学大纲,对内容进行了精心的选择和组织,以满足不同学校、不同专业和不同层次学习者的要求。

本书努力体现以下特色:

(1) 本书是针对大学计算机程序设计第一门教学语言编写的教材,同时兼顾广大计算机用户和自学爱好者,适合教学和自学。

(2) 重视良好的编程风格和习惯的养成。

(3) 采用“章-节-知识单元”的体例结构编写,知识点划分合理,深入浅出。

(4) 本书全程以案例驱动教学,配备大量案例拓展问题,使课程具有“高阶性”和“创新性”,便于对所学知识的理解和检验。

(5) 本书配套提供“理论-案例-翻转”结合的教学大纲,适合案例教学和翻转课堂设计,帮助教师实现以PBL导向和OBE导向的教学目标。

(6) 本书所有案例程序和案例拓展均已实现在线评测,学生可以在PTA平台在线提交程序代码。

使用本书进行教学,可以更好地实现培养应用型人才的目标,不仅有利于学生学习程序设计的基本概念和方法,掌握编程的技术,更重要的是有利于培养学生针对生产实际分析问题和解决问题的能力以及创新能力。

本书通过大量程序案例,让学生在编程实践中理解知识点,实现“做中学”的教学理念。同时又给出一定数量的拓展和习题,以培养学生程序设计的能力。

本书不但适合高等学校应用型本科层次和高职高专层次作为教材使用,还可作为计算机岗位培训的教学用书,或者作为程序设计爱好者的学习参考书。

全书共分为10章，主要内容如下：

第1章认识C语言程序，介绍C语言编译环境Dev-C++的使用、程序调试的基本方法、算法和流程图的概念等。

第2章介绍C语言的数据类型、标识符、常量和变量、各种运算符，以及基本运算的规则等内容。

第3章介绍顺序结构程序设计的基本知识，主要是数据输入输出方法。

第4章介绍选择结构程序设计，包括if语句、if-else语句、switch语句，以及选择语句的嵌套。

第5章介绍while循环、do-while循环、for循环等循环结构语句，以及break和continue语句在循环结构中的应用。

第6章介绍C语言中函数的应用，包括函数的定义、调用和如何在函数间传递参数，变量的作用域，变量的存储类别等内容。

第7章介绍如何在C语言中定义和使用数组，包括一维数组、二维数组和多维数组，以及字符数组的定义、初始化及使用。

第8章介绍指针的概念、指针变量的定义及初始化方法、指针运算、字符指针、函数指针，以及动态内存管理等内容。

第9章介绍结构体等构造类型数据的定义、声明和使用，还介绍了链表和枚举的构造与基本操作。

第10章介绍文件的应用，包括文件的打开与关闭、文件的几个常用的读写函数、文件的定位及随机读写。

为满足不同读者的需求，本书另提供数制与编码、位运算、综合案例等内容，请扫描本书二维码下载。

本书由于延、李英梅担任主编，李红宇、范雪琴担任副主编，周国辉主审。第1章由李英梅编写，第2～8章由于延编写，第9章由李红宇编写，第10章由范雪琴编写。全书由于延统稿。

由于作者水平有限，书中不妥之处在所难免，敬请广大读者批评指正。为了方便教学和读者上机操作练习，本书配有教学大纲、电子课件、各章案例和习题的所有参考代码、其他相关教学资源等内容，可以通过扫描书中的二维码获得，最新的教学资源请联系作者邮箱(yuyan9999@vip.qq.com或915596151@qq.com)索取。

特别说明：本书提供符合工程教育专业认证标准的教学大纲、电子教案、所有案例源代码、习题源代码，本书所有案例及拓展问题均已设计成在线评测问题(PTA平台)，学生可以在PTA平台上完成题目评测，教师可以利用PTA平台开展实验和实践教学。使用本书的学生和教师可以通过QQ号码915596151联系作者开放题目集。

作　者

2021年9月于哈尔滨新区

目录

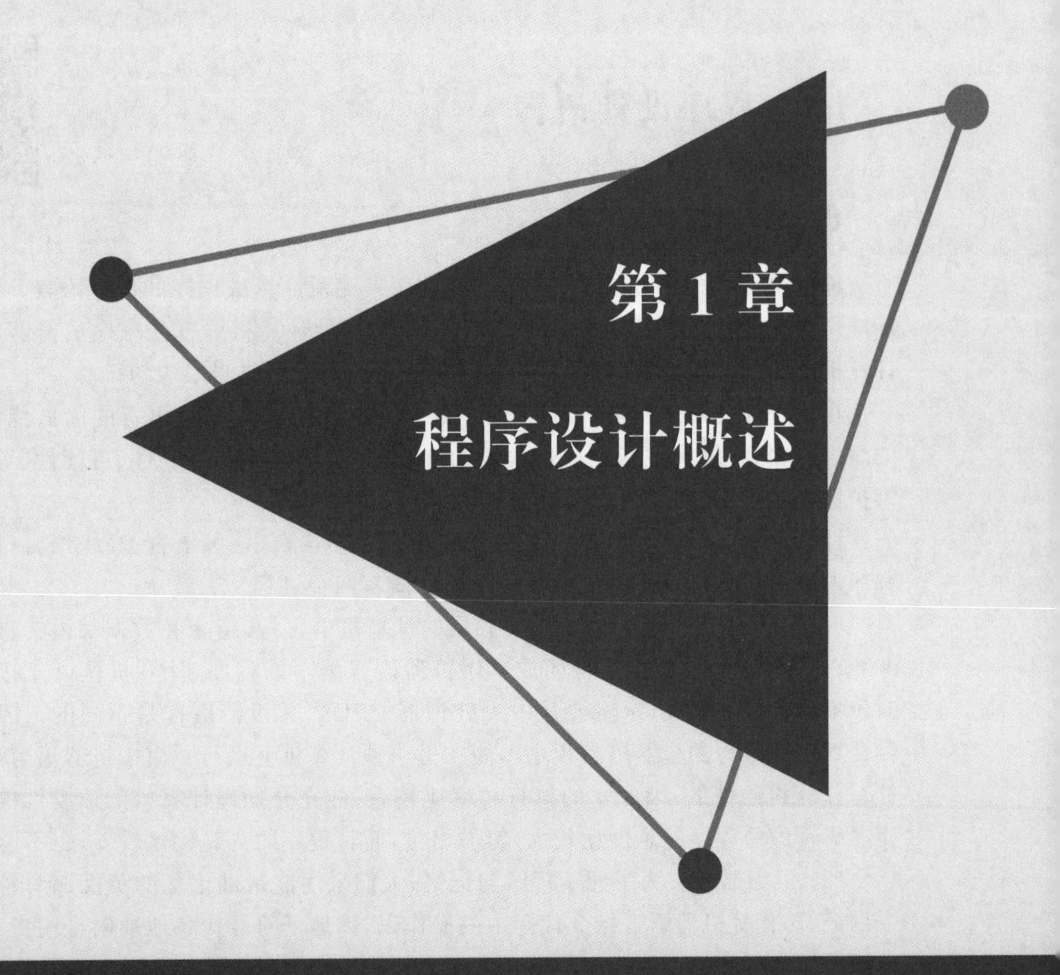

第1章 程序设计概述

亲爱的读者朋友和同学们，欢迎走进C语言的世界！

C语言是一门通用计算机编程语言，应用广泛，是所有学习程序设计人员的入门基础。现在就让我带领您走进C语言的世界，和C语言相遇、相识、相知。

本章学习目标

(1) 了解C程序的基本结构和最简单的C程序的编写。

(2) 掌握C语言编译器的使用。

(3) 掌握算法设计和流程图绘制。

第1章案例代码

1.1 程序设计语言

1. 计算机程序设计语言

编程语言(programming language)是用来编写计算机程序的形式语言。它是一种被标准化的交流技巧,用来向计算机发出指令。一种计算机语言让程序员能够准确地定义计算机所需要使用的数据,并精确地定义在不同情况下应当采取的行动。

在软件开发的过程中,编程语言的选择是很关键的。编程语言的优良特性加上良好的编程风格,将极大地影响软件开发的进程,对确保软件的可靠性、可读性、可测试性、可维护性及可重用性等起很大的作用。

计算机程序设计语言的发展大致经历了机器语言、汇编语言、高级语言(面向过程的程序设计语言),以及面向对象的程序设计语言四个过程。

(1) 机器语言。机器语言是最底层的计算机语言,其指令和数据都由二进制代码(由0和1组成的代码)直接组合而成。用机器语言编写的程序,计算机可以直接识别硬件。对于不同的计算机硬件(主要是中央处理器 CPU),其机器语言是不同的。因此,针对一种计算机所编写的机器语言程序不能在另一种计算机上运行。由于机器语言程序是直接针对计算机硬件的,因此它的执行效率比较高,能充分发挥计算机的速度性能。但是,用机器语言编写程序的难度比较大,容易出错,而且程序的直观性比较差,也不容易移植。

(2) 汇编语言。为了便于理解与记忆,人们采用能帮助记忆的英文缩写符号(称为指令助记符)代替机器语言指令代码中的操作码,用地址符号代替地址码。用指令助记符及地址符号书写的指令称为汇编指令(也称为符号指令),而用汇编指令编写的程序称为汇编语言源程序。汇编语言又称为符号语言。

汇编语言、机器语言与机器(计算机硬件系统)一般是一一对应的。因此,汇编语言也是与具体使用的计算机有关。由于汇编语言采用助记符,因此它比机器语言直观,容易理解和记忆。用汇编语言编写的程序也比机器语言程序易读、易检查、易修改。但是,计算机不能直接识别用汇编语言编写的程序,必须由一种专门的翻译程序将汇编语言源程序翻译成机器语言程序后,计算机才能识别并执行。这种翻译的过程称为“汇编”,负责翻译的程序称为汇编程序。

(3) 高级语言(面向过程的计算机程序设计语言)。机器语言和汇编语言都是面向机器的语言,一般称为低级语言。低级语言对机器的依赖性大,用它们开发的程序通用性很差,普通的计算机用户也很难胜任这一工作。随着计算机技术的发展,以及计算机应用领域的不断扩大,计算机用户的队伍也在不断壮大。为了使广大计算机用户也能胜任程序的开发工作,从20世纪50年代中期开始逐步发展了面向问题的程序设计语言,称为高级语言。高级语言与具体的计算机硬件无关,其表达方式接近被描述的问题,易于被人们接受和掌握。用高级语言编写程序要比用低级语言容易得多,并大大简化了程序的编制和调试过程,使编程效率得到大幅度的提高。高级语言的显著特点是不依赖计算机硬件,通用性和可移植性好。

面向过程的计算机高级语言有上百种之多，许多语言曾经得到广泛应用，如 BASIC、FORTRAN、Pascal、C、COBOL、DBASE、FoxBASE 等。它们的主要特征是程序由过程定义和过程调用组成，即：程序＝过程＋调用。

(4) 面向对象的程序设计语言。面向对象的程序设计语言是一种新的程序设计范型，其主要特征是：程序＝对象＋消息。面向对象程序的基本元素是对象，其主要特点是：程序一般由类的定义和类的使用两部分组成；在主程序中定义各对象并规定它们之间传递消息的规律，程序中的一切操作都是通过向对象发送消息实现的；对象收到消息后，启动有关方法来完成相应的操作。面向对象的程序设计语言也有很多，如 C++、C#、Visual Basic、Delphi、LISP、Prolog、Java、Python 等。

面向对象的程序设计语言，不在本书的讨论范围，建议读者在学完本书的内容以后，再继续学习 C++ 语言、Java 语言和 Python 语言。

2. C 语言概述

1) C 语言的诞生

早期的系统软件几乎都是由汇编语言编写的。汇编语言过分依赖硬件，可移植性很差。在这台计算机上编写的软件移植到另一台计算机上很可能无法运行。一般高级语言又难于实现汇编语言的某些功能，不能很方便地对底层硬件进行灵活的控制和操作。所以，人们急于寻找一种既有高级语言特点又有低级语言功能的中间语言。

在 1960 年出现了 ALOGL(Algorithmic Language，算法语言)，它是所有结构化语言的先驱，具有丰富的过程和数据结构，语法严谨。由于 ALGOL 本身及历史的原因，虽然它在欧洲被广泛使用，但在整个国际上并未被广泛使用。它是面向问题的语言，不宜用来编写系统软件。

1963 年，剑桥大学推出 CPL 语言，它比其他高级语言稍接近硬件，但规模较大、不易实现；1967 年，剑桥大学对 CPL 语言做了适当简化后又推出 BCPL 语言；1970 年，美国贝尔实验室的 Ken Thompson 以 BCPL 为基础作了进一步简化，设计了 B 语言。这种语言更加简单、更加接近硬件。开发者用 B 语言编写了最初的 UNIX 操作系统，尽管它过于简单、功能不全。

1972—1973 年，美国贝尔实验室的 D.M.Ritchie 在 B 语言基础上设计出 C 语言。1973 年，K.Tompson 与 D.M.Ritchie 合作将 UNIX 90%以上的代码用 C 语言进行了改写。

图 1-1 C 语言之父 D.M.Ritchie

1978 年，美国电话电报公司(AT&T)贝尔实验室正式发表了 C 语言。同时，著名的计算机科学家 Brian W. Kernighan 和 C 语言之父的 Dennis M. Ritchie(图 1-1)合著了著名的 *The C Programming Language* 一书，这是一本必读的程序设计语言方面的参考书。它在 C 语言的发展和普及过程中起到了非常重要的作用，被视为

C 语言的业界标准规范(K&R C 标准),而且至今仍然广泛使用。书中以“Hello World”为实例开始讲解程序设计,这已经成为程序设计语言图书的传统。

2）C 语言的标准

1989 年,C 语言被美国国家标准学会(ANSI)标准化,编号为 ANSI X3.159-1989。这个版本又称为 **C89**。标准化的目的是扩展 K&R C,增加了一些新特性。

1990 年,国际标准化组织(ISO)成立工作组,规定国际标准的 C 语言,通过对 ANSI 标准的少量修改,最终制定了 ISO 9899：1990,又称为 **C90**。随后,ANSI 也接受国际标准 C,并不再发展新的 C 标准,此标准在 1994 年又进行了少量修改。

在 ANSI 标准确立后,C 语言的规范在一段时间内没有大的变动。然而,由于 C++ 语言在自己的标准化创建过程中发展壮大,因此在 1994 年为 C 语言创建了一个新标准,但是只修正了一些 C89 标准中的细节和增加了更多更广的国际字符集支持。不过,这个标准引出了 1999 年 ISO 9899：1999 的发表。它通常被称为 **C99**。C99 被 ANSI 于 2000 年 3 月采用。

2011 年 12 月 8 日,ISO 又正式发布了新的标准,称为 ISO 9899:2011,简称为 C11。

早期的 C 语言大多用于 UNIX 系统。由于 C 语言的强大功能和各方面的优点逐渐为人们所认识,到 20 世纪 80 年代,C 开始进入其他操作系统,并很快在各类大、中、小和微型计算机上得到广泛使用,成为当代最优秀的程序设计语言之一。

C 语言的产生震撼了整个计算机界。它的影响不应该被低估,因为它从根本上改变了编程的方法和思路。C 语言的产生是人们追求结构化、高效率高级语言的直接结果,用它可替代汇编语言开发系统程序。

3）C 语言的特点

C 语言发展如此迅速,而且成为最受欢迎的语言之一,主要因为它具有强大的功能。归纳起来,C 语言具有下列特点。

C 语言是中级语言。中级语言并没有贬义,不意味着它功能差和难以使用,或者比 BASIC、Pascal 那样的高级语言原始,也不意味着它与汇编语言相似,会给使用者带来类似的麻烦。C 语言之所以被称为中级语言,是因为它把高级语言的成分同汇编语言的功能结合起来了。它把高级语言的基本结构和语句与低级语言的实用性结合起来。C 语言可以像汇编语言一样对位、字节和地址进行操作,而这三者是计算机最基本的工作单元。

C 语言是结构化语言。结构化语言的显著特征是代码和数据分离。这种语言能够把执行某个特殊任务的指令和数据从程序的其余部分分离出去、隐藏起来。这种结构化方式可使程序层次清晰,便于使用、维护及调试。C 语言是以函数形式提供给用户的,这些函数可方便地调用,并具有多种循环、条件语句控制程序流向,从而使程序完全结构化。

C 语言功能齐全。C 语言具有各种各样的数据类型,并引入了指针概念,可使程序效率更高。另外,C 语言也具有强大的图形功能,支持多种显示器和驱动器,而且计算功能、逻辑判断功能也比较强大,可以实现决策目的。

C 语言应用范围广泛。C 语言适合于多种操作系统,如 DOS、UNIX、Linux、Windows 等,也适用于多种机型。在 21 世纪的网络和人工智能时代,C 语言更多地应用于嵌入式行业、智能电器等领域。

4）C 语言目前的地位

C 语言是世界上最流行、使用最广泛的高级程序设计语言之一。在操作系统和许多系统级程序以及需要对硬件进行操作的场合，用 C 语言明显优于用其他高级语言，许多大型应用软件都是用 C 语言编写的。

TIOBE 编程语言社区排行榜是编程语言流行趋势的一个指标。这个排行榜在一定程度上反映某个编程语言的热门程度，可以用来考查编程技能是否与时俱进，也可以在开发新系统时作为一个语言选择依据。

TIOBE 编程语言社区发布了 2021 年 1 月排行榜（表 1-1，网址为 https://www.tiobe.com/tiobe-index），C 语言、Java 语言和 Python 语言较 2020 年相比排名依然占据前三。

表 1-1 TIOBE 社区排行榜（2021 年 1 月）

Jan 2021	Jan 2020	Change	Programming Language	Ratings	Change
1	2	^	C	17.38%	+1.61%
2	1	∨	Java	11.96%	−4.93%
3	3		Python	11.72%	+2.01%
4	4		C++	7.56%	+1.99%
5	5		C#	3.95%	−1.40%
6	6		Visual Basic	3.84%	−1.44%
7	7		JavaScript	2.20%	−0.25%
8	8		PHP	1.99%	−0.41%
9	18	^^	R	1.90%	+1.10%
10	23	^^	Groovy	1.84%	+1.23%

3. C 语言集成开发环境

下面介绍几种目前常用的 C 语言集成开发软件。

（1）Microsoft Visual C++：简称 Visual C++、MSVC、VC++ 或 VC，微软公司的 C++ 开发工具具有集成开发环境，可编辑 C、C++ 等编程语言。

（2）GCC（GNU 编译器套件）：包括 C、C++、Objective-C、FORTRAN、Java、Ada 和 Go 语言的前端，也包括这些语言的库。

（3）CodeBlocks：一款编辑 C/C++ 语言的编程软件，这款软件可以在多个计算机操作平台中使用，适合新手学习 C 语言。

（4）Dev-C++：一个 Windows 环境下 C/C++ 的集成开发环境（IDE），是一款自由软件，集合了 GCC、MinGW 等众多的自由软件。Dev-C++ 已被全国青少年信息学奥林匹克联赛设为 C&C++ 语言指定编译器。目前比较成熟的 Dev-C++ 最新版本为 5.11。

4. Dev-C++ 软件的使用

1）Dev-C++ 5.11 的下载和安装

Dev-C++ 是 Windows 环境下的一个适合于初学者使用的轻量级 C/C++ 集成开发环境。

Dev-C++ 功能简捷，使用方便，适合在教学中供 C/C++ 语言初学者使用，是学习 C 或 C++ 的首选开发工具，也被很多程序竞赛组织推荐使用。本课程将主要使用 Dev-C++ 软件学习程序设计。请到网上下载最新的安装文件：Dev-C++ 5.11 TDM-GCC 4.9.2 Setup.exe。Dev-C++ 的官方下载网址为 https://bloodshed-dev-c.en.softonic.com/。

下载后，双击运行安装文件，安装过程如下。

(1) 选择 English 安装语言，单击 OK 按钮，如图 1-2 所示。

(2) 单击 I Agree 按钮，同意安装协议，如图 1-3 所示。

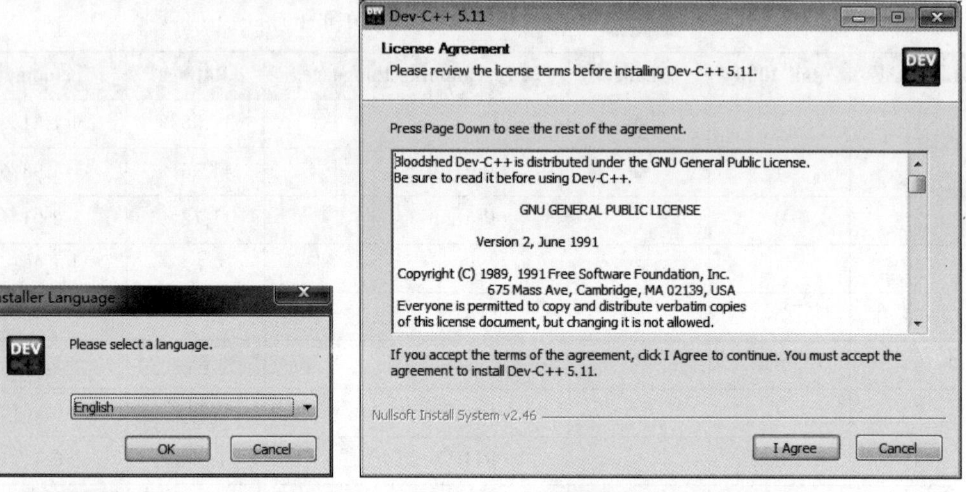

图 1-2 选择安装语言　　图 1-3 同意安装协议

(3) 单击 Next 按钮，选择默认的安装组件，如图 1-4 所示。

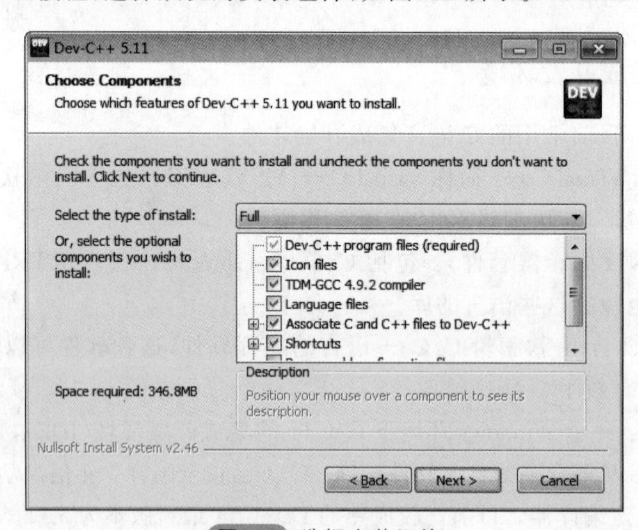

图 1-4 选择安装组件

(4) 选择安装路径，之后单击 Install 按钮开始安装，如图 1-5 所示。安装路径中最好不要有中文字符。

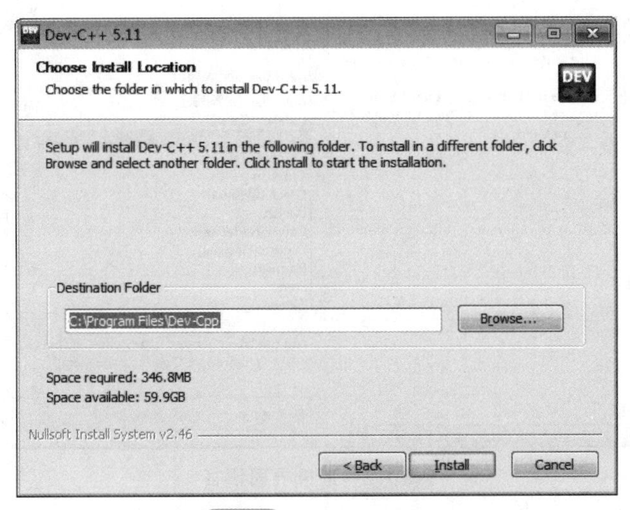

图 1-5 选择安装路径

(5) 安装结束,单击 Finish 按钮完成安装,如图 1-6 所示。

图 1-6 完成安装

(6) 第一次运行,选择界面语言"简体中文"后,单击 Next 按钮,如图 1-7 所示。

(7) 选择主题选项,单击 Next 按钮,如图 1-8 所示。

(8) 单击 OK 按钮,如图 1-9 所示。

(9) 单击 Finish 按钮,完成安装,如图 1-10 所示,进入 Dev-C++,如图 1-11 所示。

2) 源程序文件的新建、保存和打开

在 Dev-C++ 编译器主界面中选择"文件"菜单下的"新建/源文件",或者单击工具栏上的"新建文件"按钮,或者按 Ctrl+N 组合键,都可以新建一个程序源文件。输入以下程序内容(01-02-01.c),如图 1-12 所示。

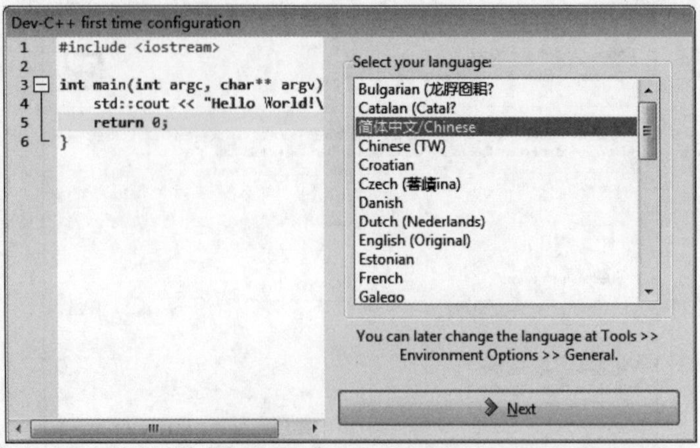

Dev-C++ first time configuration

```
1  #include <iostream>
2
3  int main(int argc, char** argv)
4      std::cout << "Hello World!\
5      return 0;
6  }
```

Select your language:

Bulgarian (龙脬囵耜?
Catalan (Catal?
简体中文/Chinese
Chinese (TW)
Croatian
Czech (蓍嶙ina)
Danish
Dutch (Nederlands)
English (Original)
Estonian
French
Galego

You can later change the language at Tools >> Environment Options >> General.

Next

图 1-7 选择界面语言

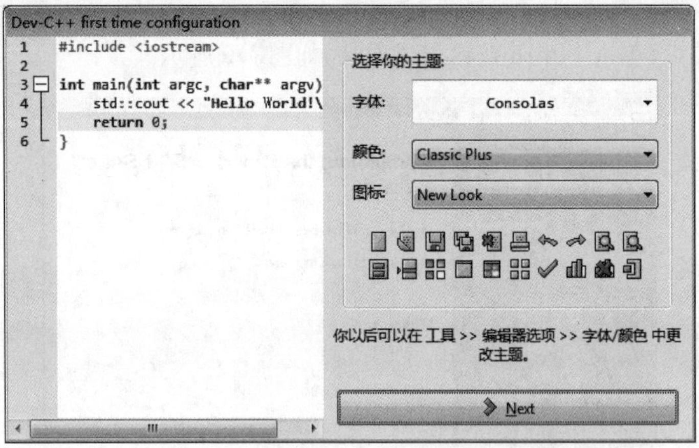

Dev-C++ first time configuration

```
1  #include <iostream>
2
3  int main(int argc, char** argv)
4      std::cout << "Hello World!\
5      return 0;
6  }
```

选择你的主题:

字体: Consolas

颜色: Classic Plus

图标: New Look

你以后可以在 工具 >> 编辑器选项 >> 字体/颜色 中更改主题。

Next

图 1-8 选择主题

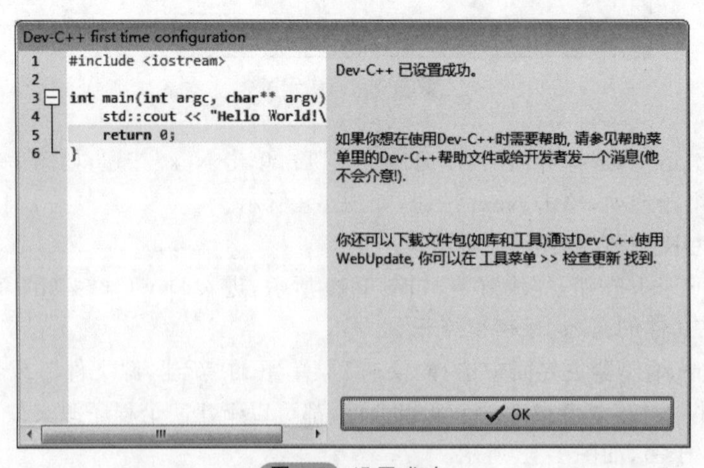

图 1-9 设置成功

图 1-10　设置完成

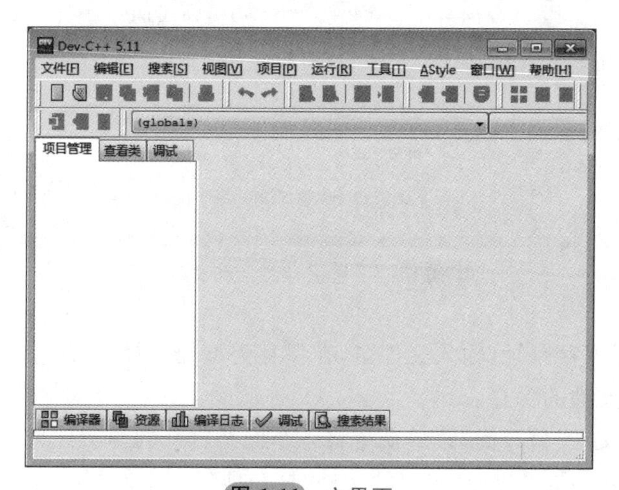

图 1-11　主界面

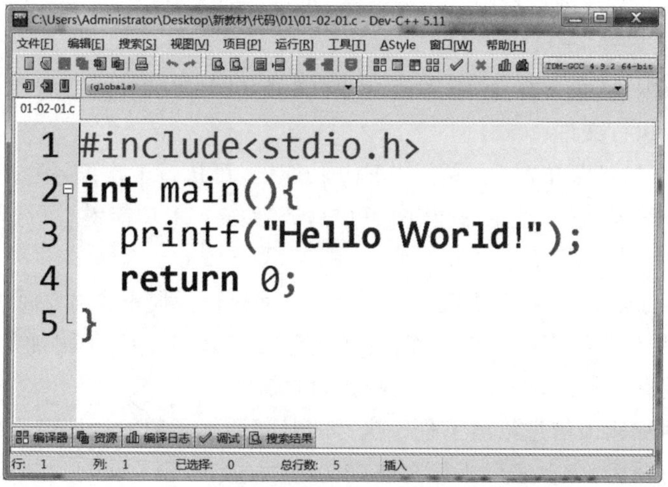

```
#include<stdio.h>
int main(){
  printf("Hello World!");
  return 0;
}
```

图 1-12　新建源文件

在 Dev-C++ 编译器主界面中选择“文件/保存”菜单命令，或者单击“保存”按钮，或者按 Ctrl+S 组合键，系统保存文件到存储器(硬盘或其他存储设备)中，如果是第一次保存，将进入如图 1-13 所示的界面。

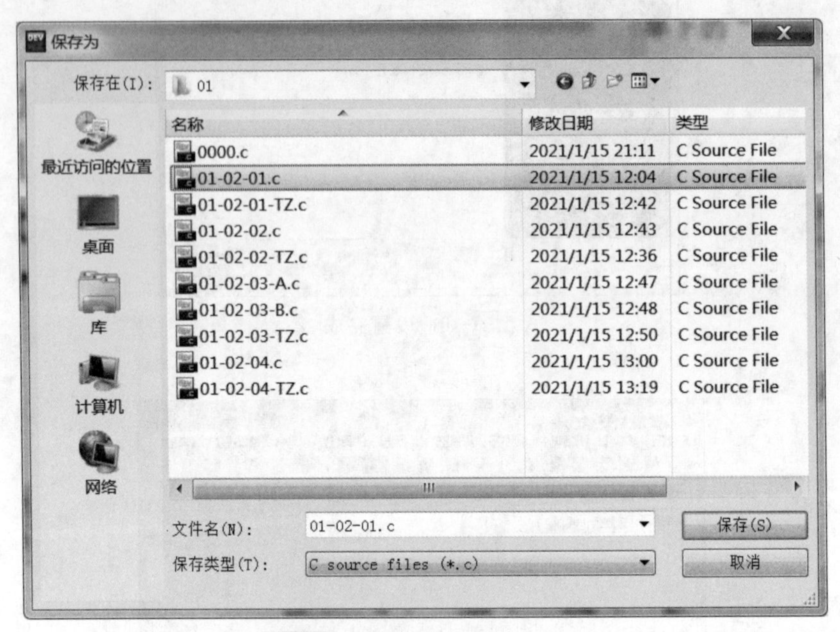

图 1-13 设置保存路径和文件名

在此可以选择保存路径，输入文件名，在保存类型处选择“C source files(* .c)”，单击“保存”按钮，完成文件的保存。

也可以选择“文件/另存为”菜单命令将一个已经打开的源文件另存一份。

在 Dev-C++ 编译器主界面中选择“文件/打开项目或文件”菜单命令，或者按 Ctrl+O 组合键，都可以进入项目或文件打开窗口，选择一个文件打开。

在操作系统的文件浏览器中双击源文件，也可以打开它。

3) 源文件的编译、运行

选择“运行/编译”菜单命令，或者按 F9 功能键，可对源文件进行编译(包括连接)。编译成功后生成可执行文件(.exe)。

选择“运行/运行”菜单命令，或者按 F10 功能键，可执行上次编译生成的可执行文件。

选择“运行/编译运行”菜单命令(图 1-14)，或者按 F11 功能键，可同时连续执行编译和运行操作。

选择编译运行命令(或按 F11 键)，先编译后自动执行。程序输出界面如图 1-15 所示。

Hello World! 为程序的输出，以后的横线等内容为 Dev-C++ 附加的功能，目的是让读者看到自己程序的输出，按任意键后执行窗口关闭。

Dev-C++ 附加输出信息给出了程序执行的时间和主函数的返回值。

执行编译命令后，会生成可执行文件 01-02-01.exe，双击它也可以执行，但输出窗口一闪即消失，用户看不到结果，其实已经在瞬间执行完毕。

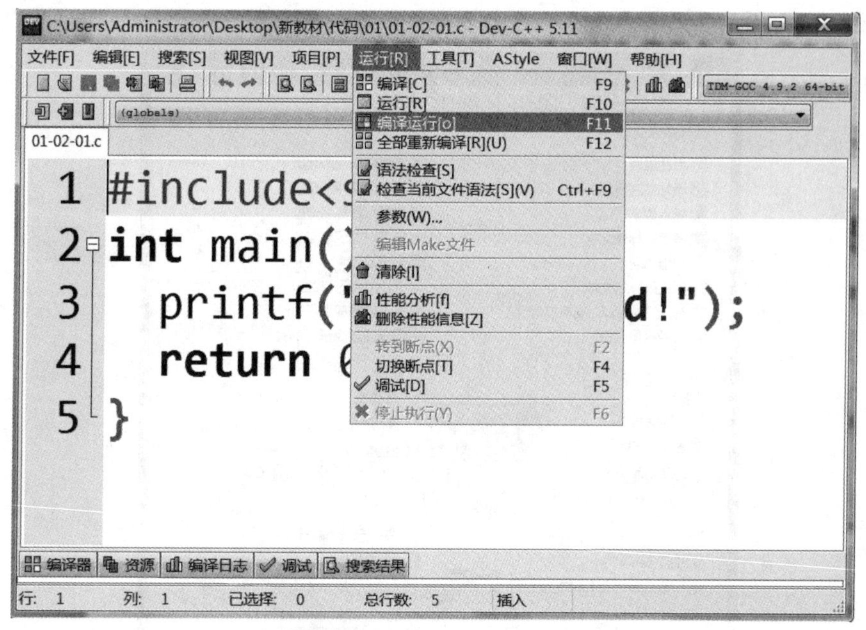

图 1-14 编译和运行菜单命令

图 1-15 程序输出界面

Hello World是一个最著名的程序。对于程序员来说,这个程序几乎是每门编程语言中的第一个示例程序。这个程序的功能只是让计算机显示“Hello World”这句话。传统意义上,程序员一般用这个程序测试一种新的系统或编程语言。对程序员来说,看到这两个单词显示在计算机屏幕上,往往表示他们的代码已经通过编译并正常运行,这个输出结果就是为了证明这一点。

4)设置高亮匹配括号

Dev-C++的代码编辑器中可高亮显示匹配的括号,用户可以关闭这一功能,方法是:选择“工具/编辑器选项”菜单命令,在以下的“编辑器属性”对话框的“基本”页框中设置或取消这一功能,如图1-16所示。

在此页框中还可以设置光标形状、自动缩进等功能。

5)设置编辑器的字体、字号

在Dev-C++的代码编辑器中可以设置字体、字号,方法是:选择“工具/编辑器选项”菜单命令,在以下的“编辑器属性”对话框的“显示”页框中设置,如图1-17所示。

在此页框中还可以设置装订线、行号等。

特别地,在编辑代码时可以通过“按住键盘上的Ctrl键+鼠标中间轮的滚动”动态调节代码字体的大小。

图 1-16 设置高亮匹配括号

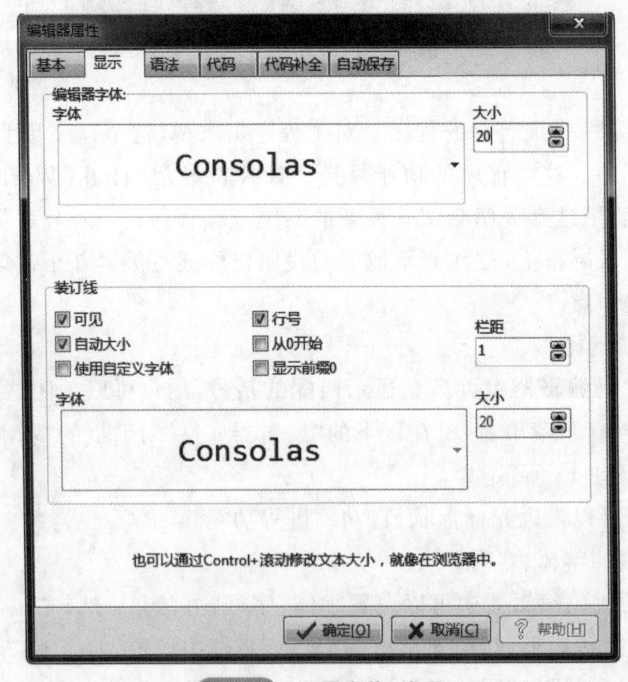

图 1-17 设置字体、字号

6）设置代码补全和自动完成符号

Dev-C++ 的代码编辑器中有代码补全和自动完成符号的功能，比如用户输入左括号，系统自动插入右括号。用户可以打开或关闭这些功能，方法是：选择“工具/编辑器选项”菜单命令，在以下的“编辑器属性”对话框的“代码补全”页框中设置，如图 1-18 和图 1-19 所示。

图 1-18 设置代码补全

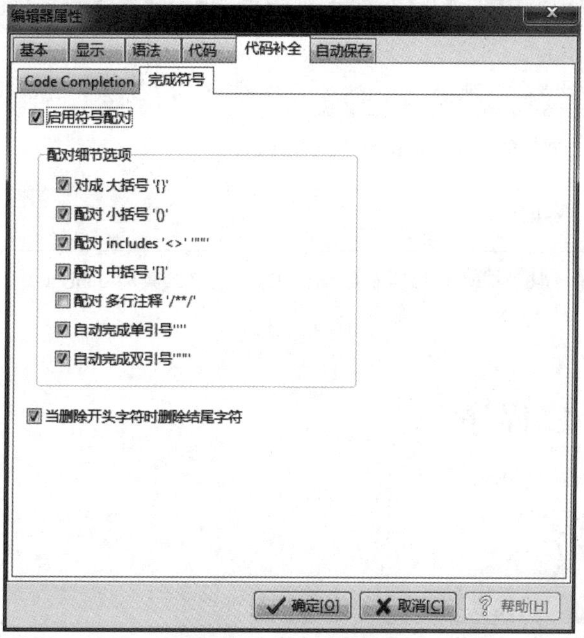

图 1-19 设置完成符号

案例 01-01-01 Dev-C++ 软件的安装和使用

请结合以上教程,或者利用互联网资源自学完成 Dev-C++ 软件的安装和使用方法,包括源程序的创建、编译和执行,完成教程中程序的录入和执行。

案例拓展 在线编译工具

有些网站提供 C 语言在线编译功能(图 1-20),请在互联网上搜索 C 语言在线编译网站,会简单地使用,并在上面编写程序并执行。

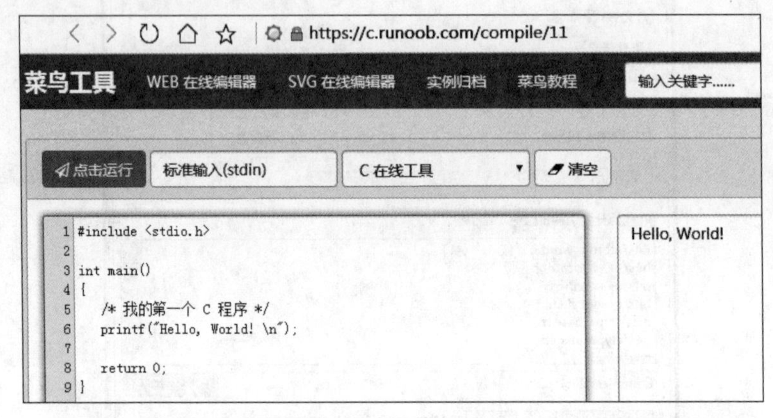

图 1-20 C 语言在线编译工具(菜鸟工具和 dooccn)

1.2 认识 C 程序

1. 认识 C 程序

案例 01-02-01 永远的经典(Hello World!)

"Hello,World"程序的功能是在计算机屏幕上输出"Hello,World"这行字。这个例程因在 Brian W.Kernighan 和 Dennis M. Ritchie 合著的 *The C Programme Language* 一书中使用而广泛流行。

案例代码 01-02-01.c

```
#include<stdio.h>
int main(){
    printf("Hello,World");
    return 0;
}
```

执行程序，结果为：

```
Hello,World
--------------------------------
Process exited after 0.457 seconds with return value 0
请按任意键继续. . .
```

程序分析：

这是认识的第一个 C 语言程序，文件名为 01-02-01.c。请在 Dev-C++ 软件中执行，并得到正确的执行结果。

案例拓展 我爱编程

请编程输出文字：I love Computer，I love Programm，I love C!。

案例 01-02-02 输出多行文本

案例代码 01-02-02.c

```
#include<stdio.h>
int main(){
    printf("为什么我的眼里常含泪水,\n");
    printf("因为我对这土地爱得深沉。\n");
    printf("            ----艾  青");
    return 0;
}
```

执行程序，结果为：

```
为什么我的眼里常含泪水,
因为我对这土地爱得深沉。
            ----艾  青
--------------------------------
Process exited after 0.4488 seconds with return value 0
请按任意键继续. . .
```

程序分析：

要想使程序的输出结果换行，必须在输出字符串中加上换行符'\n'。这里的'\n'代表一个字符，含义是换行。

案例拓展 乡愁

请编程输出以下文字：

小时候，

乡愁是一枚小小的邮票，

我在这头，

母亲在那头。

——选自余光中的《乡愁》

2. C程序的构成

(1) C语言程序的基本组成单位是函数。函数是一个单独的程序模块，完成相对独立的功能。这正体现了结构化程序设计的思想。

(2) 每个C语言程序都是由若干个函数组成，其中至少应该包括一个主函数：

```
int main(){
}
```

主函数的名称是main，在C语言中是固定的，不能被改变。main后面跟一对圆括号，再后面的{ }被称为函数体。函数体中所有的语句都写在{ }之内。

(3) 函数是由语句组成，语句都以分号结束。案例代码01-02-02中的主函数只包含三个语句：

语句“printf("为什么我的眼里常含泪水,\n");”的功能是将括号中的参数字符串内容(用双引号括起来的一串字符)原样输出到计算机屏幕上。

语句“return 0;”的执行使主函数结束，同时使主函数返回一个值0。

案例 01-02-03 输出字符图形

利用printf()函数，可以向屏幕输送字符流，通过输出普通字符和格式控制字符(这里主要是回车符和空格符)，可以输出一些特别的图形和图案。

案例代码 **01-02-03-A.c**

```
#include<stdio.h>
int main(){
    printf("  *\n");
    printf(" ***\n");
    printf("*****\n");
    printf(" ***\n");
    printf("  *");
    return 0;
}
```

执行程序，结果为：

```
  *
 ***
*****
 ***
  *
--------------------------------
Process exited after 1.796 seconds with return value 0
请按任意键继续. . .
```

此程序改写为下面的形式，输出结果不变。

案例代码 01-02-03-B.c

```
#include<stdio.h>
int main(){
    printf("  * \n ***\n*****\n ***\n  * ");
    return 0;
}
```

程序分析：

从以上两个程序可以看出，printf()函数确实是向屏幕输送字符流用于显示输出，只要字符流的内容和顺序相同，就可以单次输出，也可以多次输出，结果是一样的。

案例拓展 V 形图案

请编程输出以下 V 字形的字符图形。

```
*        *
**      **
***    ***
****  ****
**********
```

案例 01-02-04 输出汉字点阵

编程输出用“ * ”组成的汉字“春”。下图为春字的 24×24 点阵样例。

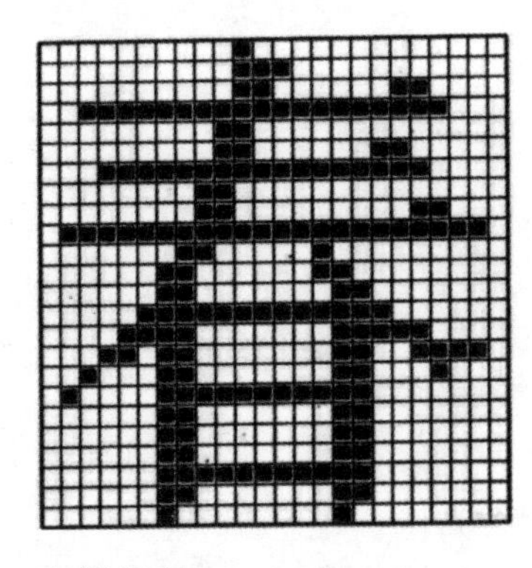

案例代码 01-02-04.c

```
#include<stdio.h>
int main(){
    printf("--123456789012345678901234--\n");
```

```
    printf("01           *            01\n");
    printf("02          ***           02\n");
    printf("03          **    **      03\n");
    printf("04  *****************     04\n");
    printf("05         **             05\n");
    printf("06         **      **     06\n");
    printf("07   *****************    07\n");
    printf("08        **              08\n");
    printf("09        **         **   09\n");
    printf("10 ********************** 10\n");
    printf("11       **     *         11\n");
    printf("12      **      **        12\n");
    printf("13      **       **       13\n");
    printf("14     *************      14\n");
    printf("15    ****       *****    15\n");
    printf("16   ** **      **  ****  16\n");
    printf("17   *   **       **   *  17\n");
    printf("18 *    ***********       18\n");
    printf("19      **       **       19\n");
    printf("20      **       **       20\n");
    printf("21      **       **       21\n");
    printf("22      ***********       22\n");
    printf("23      **       **       23\n");
    printf("24       *        *       24\n");
    printf("--123456789012345678901234--");
    return 0;
}
```

执行程序,结果为:

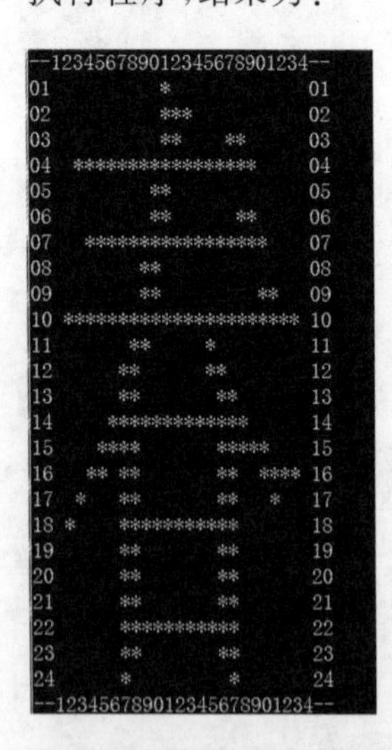

案例拓展 真的是“汉”字

请编程输出以下汉字点阵图形。

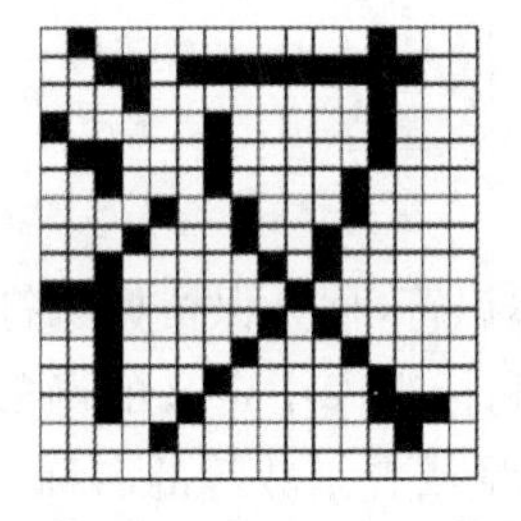

3. 关键字

关键字就是已被 C 语言使用，其含义已被固定，不能作其他用途使用的单词。

由 ISO/ANSI 标准定义的关键字共有 32 个：

auto	double	int	struct	break	else
long	switch	case	enum	register	typedef
char	extern	return	union	const	float
short	unsigned	continue	for	signed	void
default	goto	sizeof	do	volatile	if
while	static				

ISO/ANSI C99 标准新增的关键字有：

inline	restrict	_Bool	_Complex	_Imaginary

以上所列的关键字中人们熟悉的有 int、return。

4. 标识符

常量、变量、函数、标号和其他用户定义的对象所命名的名称统称为标识符。简单地说，标识符就是一个名字。标识符通常要自己指定，标识符的命名有一定规则。

标识符命名的规则为：

(1) 以字母或下画线开头，由字母、下画线或数字组合而成的字符序列。

(2) 用户定义的标识符不能与关键字同名，但可以和 C 语言的库函数(如 printf 和 scanf)重名，不过最好不要这样做。

(3) 标识符的长度无统一的具体限制，一般规定最多可识别 31 个字符。但标识符不应过长，以免难于识别和记忆。

(4) C 语言是大小写敏感的语言，A 和 a 被认为是不同的字符。例如 AB、Ab、aB、ab 会被认为是四个不同的标识符。

下面列举一些正确的和不正确的标识符，请大家注意区别。

正确	不正确	原因
smart	5smart	数字开头
_decision	bomb?	不能有字符?
key_board	key.board	不能有字符.
FLOAT	float	与关键字重名
USA	U.S.A.	不能有字符.

LIMEI　　　　　　LI MEI　　　　　不能有空格

5. 保留标识符

C语言已经使用的标识符,以及使用权利被C语言保留的标识符,称为保留标识符。

保留标识符包括以下画线“_”开始的标识符(如__LINE__)和标准库中定义的函数名(如printf、scanf、getchar等)。不使用保留标识符做自定义的变量或者函数等的名称。

使用保留标识符做自定义变量或者函数等的名称不是语法错误,有时可以通过编译,因为保留标识符是合法的标识符,符合标识符命名法则。但是,因为这些标识符已经被C语言使用或者保留,所以使用保留标识符做自定义变量或者函数等的名称可能会引起意想不到的问题。

1.3 算法与程序结构

1. 算法及示例

算法是计算机科学的核心与灵魂。算法是指解题方案的准确而完整的描述,是一系列解决问题的清晰指令。算法代表着用系统的方法描述解决问题的策略机制。简而言之,解决问题的方法和步骤就是算法。

计算机程序就是算法用某种程序设计语言的具体实现。著名的计算机科学家尼克劳斯·沃思(Niklaus Wirth)提出这样一个公式:

程序=算法+数据结构

案例 01-03-01 交换酒和醋

设杯子A和杯子B分别装有酒和醋,请设计算法将两个杯子中的液体互换。

案例算法:

(1) 将A杯中的液体倒入一空杯C中。

(2) 将B杯中的液体倒入一空杯D中。

(3) 将C杯中的液体倒入B杯中。

(4) 将D杯中的液体倒入A杯中。

算法的代价是需额外增加两个空杯子(数据)C和D,计算步骤为4步。

案例拓展 算法优化——只用一个空杯

重新设计以上算法,只使用一个空杯子。

案例 01-03-02 输出最大值的算法

已知有10个数N1、N2、…、N10,请设计算法,输出其中最大的值。

这个问题的一般形式(推广),即从若干个备选元素中根据某些特定条件选出一个最大(优)的元素。很容易想到体育比赛中为了选出冠军所用的淘汰法,每一轮都是两两比较,优胜者可以参加下一轮的比较,直至剩下最后一个优胜者,即冠军。

案例算法：

(1) 先选第 1 个数，放入盒子 A 中，设一个计数器 I，初始值为 2。

(2) 将第 I 个数与盒子 A 中的数比较，大者放入盒子 A 中。

(3) I 的值增加 1。

(4) 若 $I \leqslant 10$，则转至步骤(2)。

(5) 输出盒子 A 中的数。

案例分析：

在执行算法时，步骤(2)～(4)被重复执行了若干次。这种结构被称为重复结构，也就是循环结构。

案例拓展 1000 个数的和

已知有 1000 个数 N_1、N_2、…、N_{1000}，请使用循环结构设计算法，输出它们的和。

案例 01-03-03 辗转相除法的算法

已知两个自然数 M 和 N，请设计算法输出这两个自然数的最大公约数。

关于最大公约数的计算方法，初等数论中给出了一种被称为辗转相除法的算法，其基本理论依据是：两个自然数 M 和 N，如果 M 是 N 的倍数，则 M 和 N 的最大公约数是 N；否则 M 和 N 的最大公约数一定是 N 和 M 除以 N 的余数的最大公约数。据此原理，得到以下算法。

案例算法：

(1) 输入 M 和 N。

(2) 如果 M 是 N 的整倍数，则输出 N 的值，算法停止。

(3) T＝(M 除以 N 的余数)，$M＝N$，$N＝T$。

(4) 转至步骤(2)。

例如，对于某一组输入“$M＝121$，$N＝220$”，算法执行模拟如下：

M	N	M 除以 N 的余数
121	220	121
220	121	99
121	99	22
99	22	11
22	11	0

案例拓展 最小公倍数算法

已知两个自然数 M 和 N，请设计算法输出这两个自然数的最小公倍数。

案例 01-03-04 判断素数的算法

有一个正整数 $N(N \geqslant 2)$，请设计算法输出 N 是否是素数。

素数(质数)是只有 1 和它本身两个约数的自然数。因为自然数 $N(N \geqslant 2)$不可能有大于$\sqrt{n}$的约数，所以判断一个数 N 是否为素数，只要判断 N 在 2 到$\sqrt{n}$之间的约数是否为 0 个就可以。

案例算法：

```
(1) s=0                            /*用变量 s 记录约数的个数,初值为 0*/
(2) i=2                            /*计数器变量 i,初始值为 2*/
(3) if(n%i==0)s=s+1                /*如果 i 是 n 的约数,则 s 累加 1*/
(4) i=i+1                          /*计数器 i 加 1*/
(5) if(i<=√n)转向(3)                /*如果 i≤√n,则转向步骤(3)*/
(6) if(s==0)输出"是素数!"            /*如果 s 等于 0,则输出"是素数"*/
    else    输出"不是素数!"          /*否则输出"不是素数"*/
```

案例分析：

步骤 1：为了在算法的最后判断 N 的约数个数是否为 0，用一个变量 s 记录这个值，由于 s 的值会马上被累加，所以初始值应该为 0。用 $s=0$ 表示将 0 赋值给变量 s。

步骤 2：为了把从 2 到$\sqrt{n}$之间的每个值都考察一遍，使用计数器变量 i，初值为 2。

步骤 3：这是一个选择结构，括号内为选择条件，如果条件成立，则执行其后的指令，否则不执行。$n\%i$ 表示 n 除以 i 的余数，用 $n\%i==0$ 表示 n 除以 i 的余数等于 0。

步骤 4：计数器 i 的值在步骤 3 中使用完后应该自动加 1，$i=i+1$ 的含义是将变量 i 的值取来并加 1 后再赋值给左边的变量 i，实际上是给变量 i 自动加 1。

步骤 5：如果 i 小于或等于$\sqrt{n}$，则表示还没有计算完所有可能的 i(从 2 到$\sqrt{n}$)，所以需要跳转到步骤 3，继续下一次循环。否则，直接执行下一步骤。

步骤 6：步骤 5 中的条件不成立时，表示所有可能的约数(从 2 到$\sqrt{n}$)都已经计算完毕，这时就可以从 s 的值中得知 n 是不是素数。如果 s 值等于 0，那么输出“是素数”，否则输出“不是素数”。

算法中，符号/*和*/之间的部分为算法的注释部分，使用它可以增加算法的可读性。

案例拓展 真约数的和

已知一个自然数 N，请设计算法输出它所有真约数(不包括它本身)的和。

2. 算法的特性

从上面的例子中，可以概括出算法的 5 个特性。

(1) 有穷性。算法中执行的步骤总是有限次数的，不能无休止地执行下去，这称为有穷性。例如，计算圆周率 π 的值，可用如下公式：

$$\pi=4\left(1-\frac{1}{3}+\frac{1}{5}-\frac{1}{7}+\cdots\right)$$

这个多项式的项数是无穷的。因此，它是一个计算方法，不是算法。要计算 π 的值，只能取有限个项数。例如，如果取精确到小数后第 5 位，那么这个计算就是有限次的，因而才能称得上算法。

(2) 确定性。算法中的每一个步骤操作的内容和顺序必须含义确切，不能是含糊的、模棱两可的，这称为算法的确定性，即算法不能有二义性。

(3) 有效性。算法的有效性也可称为可行性或能行性。它是指算法中的每一步操作都必须可以有效执行,并且能够得到确定的结果,这称为算法的有效性。

例如,执行 a/b 这一操作时必须保证 b 不能为 0,否则将失去有效性,不能有效地执行。

(4) 有零个或多个输入。输入是指算法在执行时,计算机从外界获取的必要信息。一个算法可以没有输入,也可以有多个输入。

(5) 有一个或多个输出。算法的目的是用来解决一个给定的问题,因此,它应向人们提供算法的结果,否则就没有意义。结果的提供是靠数据输出完成的,一个算法至少应该有一个输出,也可以有多个输出,输出的数据越多,提供的结果越详尽。

3. 算法的表示

描述算法有多种不同的工具,采取不同描述算法的工具对算法的质量有很大的影响。如本书中前面的算法是用自然语言(汉语)描述的。使用自然语言描述算法的最大优点在于人们比较习惯,容易接受,但也确实存在很多缺点:一是容易产生二义性;二是比较冗长;三是在算法中如果有分支或转移时,用文字表示就显得不够直观;四是计算机不便于处理,所以自然语言不适合描述算法。在计算机中常用流程图、结构化流程图、计算机程序设计语言等描述工具描述算法。

1) 自然语言表示法

用中文或英文等自然语言直接描述算法(例如本章前面介绍的算法)容易产生二义性,尤其是在描述复杂算法时,往往力不从心。在程序设计中一般不使用这种方法描述算法。

2) 流程图表示法

流程图(图 1-21)也称为框图。它用一些几何框图、流程线和文字说明表示各种类型的操作。流程图中的基本图形、图形意义和长度比例都有国家颁布的标准。

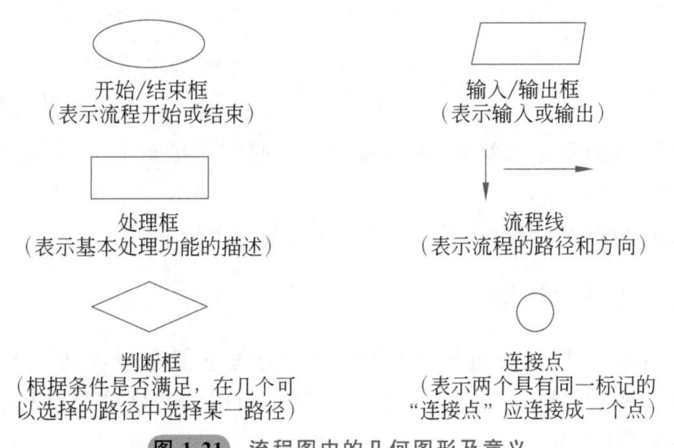

图 1-21　流程图中的几何图形及意义

流程图是人们交流算法设计的一种工具,不是输入给计算机的,只要逻辑正确,人们能看得懂就可以,一般由上而下按执行顺序画。

3）伪代码

伪代码是一种算法描述语言。使用伪代码的目的是使被描述的算法可以容易地以任何一种编程语言（如 Pascal、C、Java 等）实现。因此，伪代码必须结构清晰、代码简单、可读性好，并且类似自然语言，介于自然语言与编程语言，以编程语言的书写形式指明算法职能。使用伪代码，不用拘泥于具体实现。相比程序语言（如 Java、C++ 、C、Delphi 等），它更类似自然语言。伪代码是半角式化、不标准的语言，可以将整个算法运行过程的结构用接近自然语言的形式（可以使用任何一种熟悉的文字，关键是把程序的意思表达出来）描述出来。

输入 3 个数，打印输出其中最大的数。可用如下的伪代码表示：

```
Begin(算法开始)
输入 A,B,C
IF A>B 则    A→Max
否则         B→Max
IF C>Max 则 C→Max
Print Max
End (算法结束)
```

伪代码只是像流程图一样用在程序设计的初期，帮助写出程序流程。简单的程序一般都不用写流程、写思路，但是复杂的代码最好还是把流程写下来，总体上考虑整个功能如何实现。写完的流程不仅可用来作为以后测试、维护的基础，还可用来与他人交流。但是，如果把全部内容写下来，就会浪费很多时间，这时可以采用伪代码方式。再如：

```
if 9点以前 then
    do 私人事务
endif
if 9点到 18点 then
    工作
else
    下班
end if
```

这样不但可以达到文档的效果，而且可以节约时间。更重要的是，这样使得结构比较清晰，表达方式更加直观。

更多关于伪码的知识，请参考其他书籍，或查阅网上资料。

4. 程序的三种基本结构

一个复杂程序多达数万条语句，而且程序的流程也很复杂，1966 年意大利的 Bobra 和 Jacopini 提出三种基本结构。由这三种基本结构组成的程序就是结构化程序。这三种基本结构，分别是顺序结构、选择结构和循环结构。

(1) 顺序结构：程序的流向是从上至下沿着一个方向进行的。即在执行完程序块 A 所指定操作后，必然紧接着执行程序块 B，如图 1-22(a)所示。顺序结构是最简单的一种基本结构。

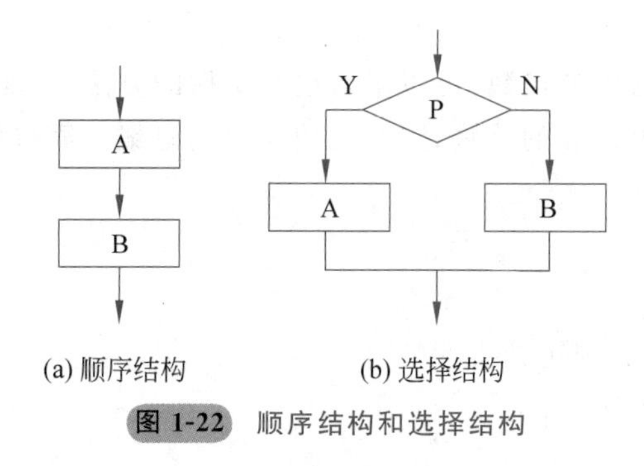

(a) 顺序结构　　(b) 选择结构

图 1-22　顺序结构和选择结构

(2) 选择结构：也称为分支结构。若程序的流程中遇到条件判断，则根据条件 P 是否成立选择程序块 A 与程序块 B 其中之一执行，这就是选择结构，如图 1-22(b)所示。程序块 A 和程序块 B 之间必有一个被执行，而另一个不被执行。

(3) 循环结构：也称为重复结构。程序的流程中一定存在执行顺序的跳转，从而实现循环。在循环过程中一定有一个条件判断，根据条件 P 是否成立决定是否结束循环，继续执行循环结构后面的语句。

循环结构有两种类型：

(1) 当型(while)循环结构(图 1-23(a))，先判断条件是否满足，如果满足，就执行循环体；如果条件不满足，就不执行循环体，并转到出口。

(2) 直到型(until)循环结构(图 1-23(b))，它是先执行循环体，后判断条件。当条件不满足时，继续执行循环体；当条件满足时，停止执行，并转到出口。

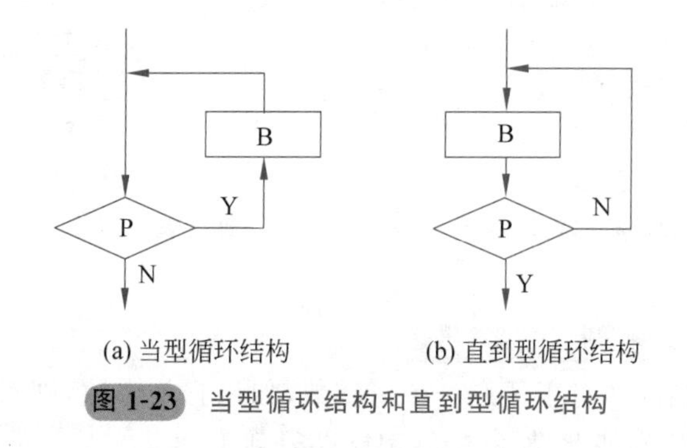

(a) 当型循环结构　　(b) 直到型循环结构

图 1-23　当型循环结构和直到型循环结构

循环结构应当重复有限次，不能无限制地循环下去。

案例 01-03-05 辗转相除法(案例 01-03-03)的流程图

案例流程图如图 1-24 所示。

案例拓展 素数判断算法流程图

请画出案例 01-03-04 算法的流程图。

案例 01-03-06 最小公倍数算法和流程图

给定两个正整数 M 和 N，设计算法求其最小公倍数。例如，24 和 36 的最小公倍数是 72。

案例分析：

本题求 M 和 N 的最小公倍数，可以采取逐步试探的方法，让 k 的初值为 m，每次让 k 加 m，如果某个 k 同时也是 n 的倍数，则此时的 k 就是答案。简单设计的算法描述如下。

案例算法：

(1) 输入整数 m、n。

(2) k＝m。

(3) 如果 k％n＝＝0，则转到步骤(5)。

(4) k＝k＋m，转到步骤(3)。

(5) 输出 k。

参考流程图如图 1-25 所示。

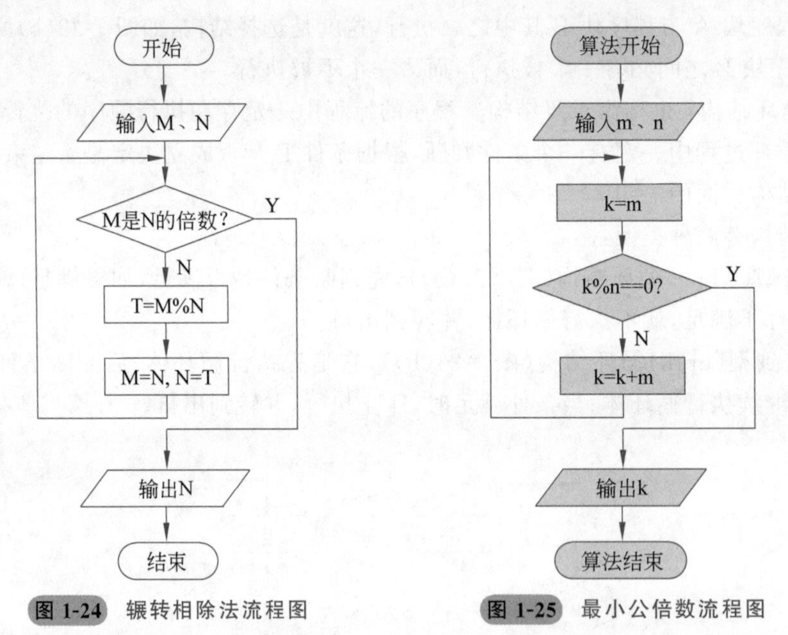

图 1-24 辗转相除法流程图　　图 1-25 最小公倍数流程图

案例拓展 奇偶归一猜想算法流程图

奇偶归一猜想内容为“对于任意一个正整数，如果它是奇数，则对它乘 3 再加 1；如果它是偶数，则对它除以 2，如此循环，最终都能够得到 1”。

例如，整数 7，它的变换过程为：22，11，34，17，52，26，13，40，20，10，5，16，8，4，2，1。

对于某个输入的整数 n，要求设计算法输出整个变换过程并画出算法流程图。

习题 1

一、选择题

1. 一个 C 程序中有且仅有一个________，且总是从这个函数开始执行。

(A) 过程　　(B) 主函数　　(C) 函数　　(D) include

2. ________是 C 程序的基本构成单位。

(A) 函数　(B) 函数和过程　(C) 超文本过程　(D) 子程序

3. 下列字符串是合法标识符的是________。

(A) _HJ　(B) 9_student　(C) long　(D) LINE 1

4. ________不是 C 语言提供的合法关键字。

(A) switch　(B) print　(C) case　(D) default

5. 下列选项可以作为标识符的是________。

(A) INT　(B) 5_student　(C) 2ong　(D) ！DF

6. C 语言规定标识符由________等字符组成。

(A) 字母、数字、下画线

(B) 中画线、字母、数字

(C) 字母、数字、逗号

(D) 字母、下画线、中画线

7. 要把高级语言编写的源程序转换为目标程序，需要使用________。

(A) 编辑程序　(B) 驱动程序

(C) 诊断程序　(D) 编译程序

8. 阅读右图所示的程序框图，输出的 S=________。

(A) 14　(B) 20

(C) 30　(D) 55

开始
S=0, i=1
$S=S+i^2$
i=i+1
i>4?
否
是
输出S
结束

二、编程题

1. 编写程序并调试执行，在屏幕上输出如下图形。

三、算法与流程图设计

1. 设计算法，求 1+2+3+…+N 的和。

2. 已知两个自然数 M 和 N，请设计算法输出它们的最小公倍数。

3. 已知一个自然数 N，请设计算法输出它所有真约数的和。

4. 输入一个正整数，输出其所有正真约数，并写出算法。

5. 输入一个正整数 N(N>2)，输出 Fibonacci 数列的前 N 项的值，并写出算法。

6. 输入一个十进制正整数 N，要求将其所有数字逆序输出，并写出算法。

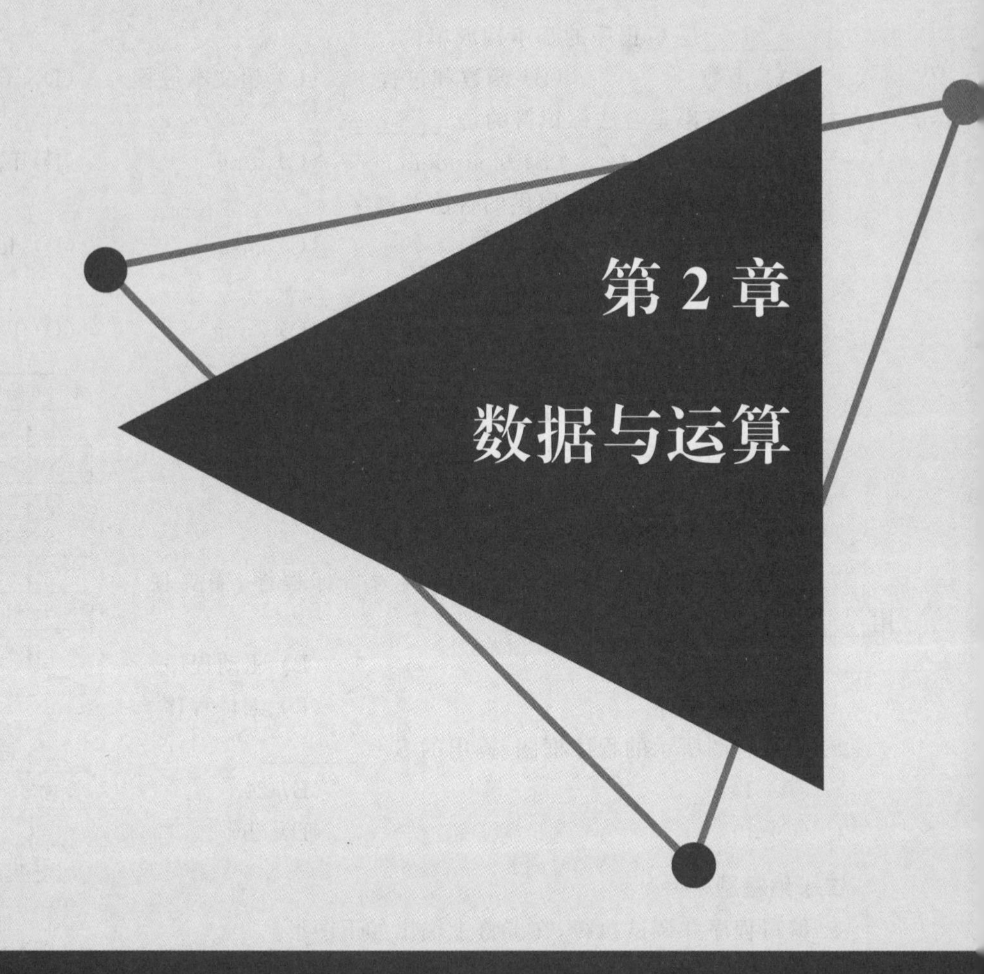

第2章 数据与运算

从这一章开始，系统地学习C语言程序设计。本章将详细地讨论数据类型、常量、变量、运算符和表达式等概念。

本章学习目标

（1）了解各种类型数据及常量的表示。

（2）掌握变量的定义和使用。

（3）掌握运算符规则和表达式设计。

第 2 章案例代码

2.1　数据

1. 数据类型

程序是有穷指令的有序集合。程序就是由指令组成的,程序处理的对象是数据。在C语言中,任何一个数据都必须属于一种类型。数据与操作构成程序的两个基本要素,数据类型是对数据的“抽象”。

C语言提供了丰富的数据类型,如图2-1所示。

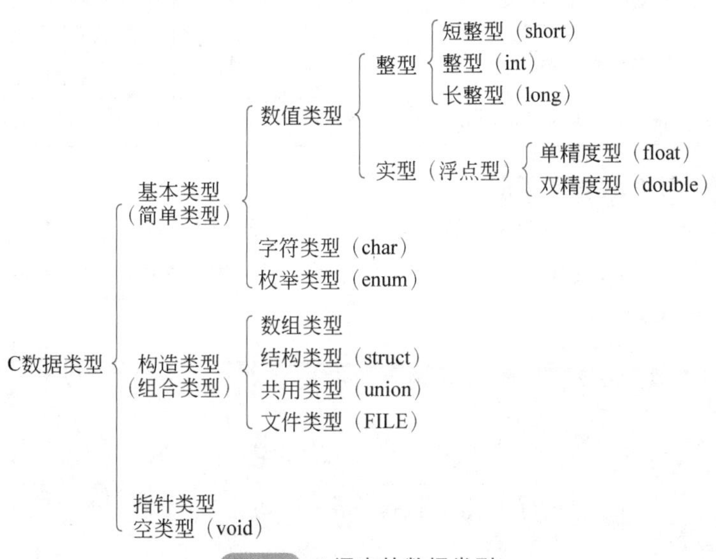

图 2-1　C语言的数据类型

C语言的数据类型总体上可以分为基本类型、构造类型、指针类型和空类型四类。本章只讨论基本类型中的整型、实型和字符类型。其他的数据类型会在以后的章节中详细介绍。

每种数据类型都用一个关键字或标识符表示。例如,前面已经知道关键字int用来表示整型。每种数据类型的数据都占据固定大小的存储空间,所以它们都有自己的取值范围。C数据类型、大小与取值范围见表2-1。

表 2-1　C数据类型、大小与取值范围

类　型	类型关键字	字节	位	取值范围
字符型	char	1	8	−128～+127
短整型	short [int]	2	16	−32768～+32767
整型	int	4	32	−2147483648～+2147483647
长整型	long [int]	4	32	−2147483648～+2147483647

续表

类　　型	类型关键字	字节	位	取 值 范 围
单精度实型	float	4	32	3.4E-38～3.4E+38
双精度实型	double	8	64	1.7E-308～1.7E+308
长双精度实型	long double	16	128	3.4E-4932～1.1E+4932
无符号字符型	unsigned char	1	8	0～255
无符号短整型	unsigned short [int]	2	16	0～65535
无符号整型	unsigned [int]	4	32	0～4294967295
无符号长整型	unsigned long [int]	4	32	0～4294967295
超长整型	long long [int]	8	64	−9223372036854775808～+9223372036854775807
无符号超长整型	unsigned long long [int]	8	64	0～18446744073709551615

案例 02-01-01 sizeof 运算符

C语言提供了一个类似函数的运算符 sizeof,其基本使用方法是 sizeof(参数)。其中参数可以是类型名称、表达式等,其运算结果为参数所代表类型的数据在内存中所占的字节数。

案例代码 02-01-01.c

```
#include<stdio.h>
int main(){
    printf("sizeof(char):%d\n",sizeof(char) );
    printf("sizeof(int) :%d\n",sizeof(int)  );
    printf("sizeof(5+8) :%d\n",sizeof(5+8)  );
    return 0;
}
```

执行程序,输出结果如下:

```
sizeof(char):1
sizeof(int) :4
sizeof(5+8) :4
```

程序分析:

(1) 以上结果是在软件环境 Dev-C++ 5.11、硬件环境 64 位 WIN 7 操作系统下得到的。以上程序在不同的编译环境下,输出结果可能不同,例如,sizeof(int)在低版本或其他编译器中运行结果可能为 2。

(2) printf()函数第一个参数中的"%d",代表的是 1 个十进制整数的格式说明符(占位符),实际输出的值为后面表达式的值。

案例拓展 sizeof 运算符应用

请输出 sizeof(long double)、sizeof(3.14L)、sizeof(314LL)的值并理解它们的含义,请自行设计代码,利用 sizeof 运算符输出你想要的结果。

2. 常量和变量

在程序运行的过程中，有些数据的值是不变的。在程序中，值不能被改变的量称为常量。

常量可分为字面常量和符号常量。字面常量就是直接写出来的一个数据。符号常量是指用一个标识符代表一个常量。字面常量在程序中可以不必进行任何说明而直接使用。

在程序运行的过程中，值可以改变的量称为变量。

每个常量和变量都归属一个数据类型，不同类型的常量和变量占据不同大小的存储空间，具有不同的表示范围。

案例 02-01-02 建国 100 周年

案例代码 02-01-02.c

```
#include<stdio.h>
#define N 1949
int main(){
  int a=100;
  printf("中华人民共和国建于 1949 年\n");
  printf("建国 100 周年是公元:%d 年",N+a);
  return 0;
}
```

执行程序，输出结果如下：

```
中华人民共和国建于1949年
建国100周年是公元:2049年
```

程序分析：

程序中的语句“int a=100;”含义是定义变量 a 为 int 类型，同时赋值 100 给变量 a。100 是字面常量，N 是符号常量，它的值是 1949。

定义符号常量的格式为：

```
#define  符号常量标识符  值
```

符号常量的定义属于编译预处理指令，通常放在主函数外的程序开始处。

案例拓展 两数乘积

编程输出两个整数的乘积（C 语言中的乘号是 * ）。请仿照上例设计代码。

3. 常量数据

1）整型常量

整型常量是直接书写出的整数，它在 C 语言程序中有若干种表示方法。

十进制整数：由 0～9 十个数字表示的整数，逢 10 进 1，整数前不能加前导 0，例如 521、－9、0、123 等。

八进制整数：以数字 0 开头，由 0～7 八个数字表示的整数，逢 8 进 1，例如 0521、－04、＋0123 等。

十六进制整数：以 0x 开头，由 0～9 和 A～F 十六个数字表示的整数，逢 16 进 1，例如 0x521、－0x9、0x1A2B3C 等。字符 x 和数字 A～F 可以大写，也可以小写。

C 语言将没有后缀且在 int 表示范围内的整型常量都视为 int 型，对于超过此范围的整数，根据其大小范围依次认定为 unsigned int、long long 或 unsigned long long 型等。

可以在整型常量的末尾加上字符 L 或 LL，特别说明这是一个 long 型或 long long 型的整型常量，例如 521L、034LL、0xaL 等(L 可小写)。

可以在一个整型常量的末尾加上字符 u 或 U，特别说明一个无符号整型常量。L、LL 和 U 的位置可以互换。例如，12U、12LU、12ULL 都是合法的表示方法。

2）实型常量

实型常量是直接书写出来的实数，只用十进制表示。

实型常量有如下两种表示方法。

小数形式：3.14159265、－0.618 等。其中，小数点前或后的唯一 0 可以省略，但不能全省略，例如 100.、.618、－.618、.0、0.等都是合法的表示方法。

指数形式：当一个实数很小或很大时，用小数形式表示就十分困难，而用指数形式表示则很方便，其格式为：**±尾数部分 E±指数部分**　(E 也可小写)

例如：－1.2e＋2 表示 -1.2×10^{2}、1.32E－2 表示 1.32×10^{-2} 等，e 或 E 前后必须都有数字，且 E 后必须为整数。

不加后缀说明的所有实型常量都被解释成 double 类型；可在实型常量后加上字符 f 或 F 后缀，从而将其说明为 float 类型；也可在实型常量后加上字符 l 或 L 后缀，从而将其强制说明为 long double 类型。

例如，常量 3.1415 是 double 类型，常量 3.14159F 就是 float 类型，常量 3.14159L 就是 long double 类型。

3）字符型常量

由一对单引号括起来的一个字符，称为字符常量。

字符常量的表示方法有两种：普通字符和转义字符。普通字符是用单引号将一个单字符括起来的一种表示方式，例如：'A'、'6'、'$'、';'、'>'、'G'、'?'等。

需要说明的是：单引号只是一对定界符，在普通字符表示中只能包括一个字符。

转义字符是指在一对单引号内括有以'\'开头的多个字符，用这种形式表示一个特殊的字符。常用的转义字符及其含义见表 2-2。

表 2-2 常用的转义字符及其含义

转义字符	含　义
'\a'	报警(ANSI C)
'\n'	换行
'\t'	横向(水平)跳格，跳到下一个 Tab 位置

续表

转义字符	含　义
'\v'	竖向跳格
'\b'	退格
'\r'	回车
'\f'	走纸换页
'\\'	反斜杠(\)
'\''	单引号(')
'\"'	双引号(")
'\?'	问号(?)
'\ddd'	1～3位8进制数(ASCII码)所代表的字符
'\xhh'	1～2位16进制数(ASCII码)所代表的字符
'\0'	空字符(ASCII码为0),通常作为字符串结束标记

由于字符'A'的ASCII码为十进制数65,用八进制表示是0101,用十六进制表示是0x41,所以字符'\0101'和'\x41'都表示字符'A'。用这种方法可以表示任何字符。例如,'\141'表示字符'a'。再如,'\0'、'\000'和'\x00'代表的都是ASCII码为0的控制字符,即空字符。空字符被用来作为字符串结束的标记。

4）ASCII码

ASCII(American Standard Code for Information Interchange,美国标准信息交换代码)是基于拉丁字母的一套计算机编码系统,主要用于显示现代英语和其他西欧语言。它是现今最通用的单字节编码系统,等同于国际标准ISO/IEC 646。

ASCII码使用指定的7位或8位二进制数组合表示128或256种可能的字符。标准ASCII码使用7位二进制数表示所有的大写和小写字母、数字0～9、标点符号,以及在美式英语中使用的特殊控制字符。

256个ASCII码中后128个称为扩展ASCII码。许多基于x86的系统都支持使用扩展ASCII。扩展ASCII字符是128～255(0x80～0xff)的字符,一般用来表示特殊符号、外来语字母和图形符号。

每个ASCII码(即1个字符)在内存占一个字节(8个二进制位),基本ASCII码的最高位为0,扩展ASCII码的最高位为1。

ASCII码表见附录A。

5）字符型数据在内存中的表示

字符型数据在内存中是以整型数据形式存储的。例如,字符'A'在内存中占一个字节,这个字节中所存储的是整型数据65(字符'A'的ASCII码,见本书附录A)。

字符型数据和整型数据可以通用,也可以混合运算,即字符型数据可以当作整型数据使用,整型数据也可以当作字符型数据使用。

6）字符串常量

字符串常量是以双引号括起来的一串字符序列。例如,"This is a c program."、"ABC"、"I LOVE C"或""(空串)等。其中,双引号为字符串的定界符,不属于字符串的内容。

字符串常量在存储时,从内存中的某个存储单元开始依次存储各个字符的 ASCII 码(1个整数),并在最后一个字符的下一个位置自动额外存储一个空字符'\0',表示字符串结束。

字符串数据在内存中存储在一块连续的地址空间中,字符串数据所占内存空间(长度)为其实际字符个数加 1。例如,字符串"CHINA"在内存中所占用的存储空间不是 5 个字节,而是 6 个字节。

7）符号常量

有时在程序中会频繁使用某一固定的常量,如某商品的价格或税率。可以在程序中定义一个标识符(符号)来固定地表示这个常量,这就是符号常量。

定义符号常量的格式为:

```
#define  符号常量标识符   值
```

例如,可以使用:

```
#define  PI  3.14159265
```

定义 PI 为一个符号常量,这等于告诉 C 语言的编译系统,在程序中所有的 PI(字符串内部除外)都用 3.14159265 代替。

案例 02-01-03 不同类型常量的输出

案例代码 02-01-03.c

```
#include<stdio.h>
int main(){
    //%o、%x 分别代表八进制和十六进制整型数据,#代表输出前导 0 或 0x
    printf("%d,%o,%#o,%x,%#X\n",34,34,34,34,34);
    //%lf 代表实型数据,默认小数位数为 6 位
    printf("%lf,%lf\n", 3.1415926,3141.5926E-3);
    //%c 代表字符型数据号,字符型数据同时也是整型数据
    printf("%c,%d\n",'A','A');
    //%s 代表字符串
    printf("绿水青山就是金山银山\n");
    printf("%s","冰天雪地也是金山银山");
    return 0;
}
```

```
34,42,042,22,0X22
3.141593,3.141593
A,65
绿水青山就是金山银山
冰天雪地也是金山银山
```

程序分析:

请注意不同的格式说明符对应不同类型的数据。

案例拓展 输出常量数据训练

依照上例编程输出不同类型的常量数据，进一步理解不同格式说明符的含义。

4. 变量

在程序运行过程中，值可以改变的量称为变量。

变量有不同的数据类型，占据不同大小的存储空间，具有不同的表示范围。

变量的基本属性包括变量名称、变量类型和变量值。每个变量都有一个变量名，都从属于某一个数据类型，在其生存期内的每一时刻都有值。变量一经定义，其类型不再改变。

1）变量的定义

变量定义语句的一般格式为：

```
数据类型标识符　变量名表;
```

变量名表中如果是多个变量，变量之间要用逗号分隔。变量一定要先定义后使用，并且在同一个作用域内变量不可重复定义。例如：

```
int a,b,s;
short f;
long p,q,r;
unsigned long k;
char c1,c2;
float x,y;
double d1,d2;
```

2）对变量赋初值

第一次给变量赋值，也称为给变量赋初值。给变量赋初值可以通过一个单独的赋值语句完成，例如：int a;　a=8。

给变量赋初值也可以在定义变量的时候一次完成，例如：

```
int a=8;                 /* 定义变量 a 为整型,同时赋初始值为 8 */
float f=3.14;            /* 定义变量 f 为单精度实型,同时赋初始值为 3.14 */
double d=0.5;            /* 定义变量 d 为双精度实型,同时赋初始值为 0.5 */
```

也可以在定义变量时只给部分变量赋初值，例如：

```
int a=3,b,c;             /* 定义 a、b、c 三个整型变量,只给 a 赋初始值 3 */
```

定义变量，必须一个一个进行。例如，想给多个变量(a,b,c,d)赋相同的初始值 6，则必须写成：int a=6,b=6,c=6,d=6;不允许写成 int a=b=c=d=6;。

案例 02-01-04 小明父亲的工资

“那是我小时候，常坐在父亲肩头。父亲是儿那登天的梯，父亲是那拉车的牛。忘不了粗茶淡饭将我养大，忘不了一声长叹半壶老酒”。歌曲《父亲》饱含深情地表达了中华儿女对父辈的尊敬和热爱，演唱者崔京浩表示“歌声不仅可以带给人们美的享受，还可以给人们带来希望和力量”。

小明非常爱他的父亲，请编程输入小明父亲每个月的工资数（单位元，实数）和工作时间（月份数，整数），小明父亲单位发工资时要扣除15％的所得税，输出应发工资总额（实数，保留2位小数）。

案例代码 **02-01-04.c**

```
#include<stdio.h>
int main(){
    double x,s;               //double 型变量,x 表示每月工资数,s 表示应发工资总额
    int t;                    //int 型变量,表示工作月数
    scanf("%lf%d",&x,&t);     //输入数据赋给变量 x 和 t
    s=x*t*(1-0.15);
    printf("%.2lf",s);
    return 0;
}
```

执行程序，在键盘上输入：

```
8000.5  10
```

程序输出：

```
68004.25
```

程序分析：

本程序定义了2个double型变量x，s和1个int型变量t。

语句“scanf("%lf%d",&x,&t);”中的scanf是输入函数，双引号中的字符串说明要求用户从键盘输入1个实数，再输入1个整数，输入数据之间可由空格、TAB或回车分隔，输入的数据按顺序赋值给右边的变量x和t。

输出实型数据时，可以在%lf之间加上X.Y表示输出时的总宽度和小数位数，X可省略。

案例拓展 鸡兔同笼

中国古代《孙子算经》中记载了有趣的“鸡兔同笼”问题：“雉兔同笼，上有三十五头，下有九十四足，问雉兔各几何？”

请仿照上例编程输入一组可能的头数量和脚数量，分别输出鸡兔各多少只（提示：可能的数据有：头35脚94、头88脚244、头100脚200、头80脚240等）。

2.2 运算

1. 运算符、表达式、优先级和结合性

1）运算符

运算符是指表达操作数之间运算规则的符号。

C语言的运算符十分丰富、灵活，主要包括算术运算符、关系运算符、逻辑运算符、位运算符、赋值运算符、条件运算符、逗号运算符、指针运算符、求字节数运算符、强制类型转换运算符、分量运算符、下标运算符等多种类型。

在C语言中，通常把只需要一个操作对象的运算符(如!、++、--等)称为单目运算符；把需要两个操作对象的运算符(如+、-)称为双目运算符；把需要三个操作对象的运算符(如 ? :)称为三目运算符。

2）表达式

表达式是指用运算符将运算对象连接起来的式子。运算对象包括常量、变量、函数等。例如，下面是合法的C语言表达式：

```
a+b、a * b+c、3.1415926 * r * r、(a+b) * c-10/d、
a>=b、m+3<n-2、x>y&&y>z、a * b+6/c-1.2+'a'
```

特别地，15、3.1415926、x、(n)等也是表达式。

C语言的运算符及优先级别和结合性见表2-3。

表2-3 C语言的运算符及优先级别和结合性

优先级	运 算 符	名 称	运算对象个数	结合方向
1	( ) [ ] -> .	圆括号 下标运算符 指向结构体成员运算符 结构体成员运算符		自左至右
2	! ~ ++ -- - (类型说明符) * & sizeof()	逻辑非运算符 按位取反运算符 自增1运算符 自减1运算符 负号 类型转换运算符 指针运算符 取地址运算符 取长度运算符	1(单目运算符)	自右至左
3	* / %	乘法运算符 除法运算符 取余运算符	2(双目运算符)	自左至右
4	+ -	加法运算符 减法运算符	2(双目运算符)	自左至右
5	<< >>	左移运算符 右移运算符	2(双目运算符)	自左至右
6	<、<=、>、>=	关系运算符	2(双目运算符)	自左至右
7	== !=	等于运算符 不等于运算符	2(双目运算符)	自左至右
8	&	按位与运算符	2(双目运算符)	自左至右

续表

优先级	运　算　符	名　　称	运算对象个数	结合方向
9	^	按位异或运算	2(双目运算符)	自左至右
10	|	按位或运算符	2(双目运算符)	自左至右
11	&&	逻辑与运算符(并且)	2(双目运算符)	自左至右
12	||	逻辑或运算符(或者)	2(双目运算符)	自左至右
13	?:	条件运算符	3(三目运算符)	自右至左
14	=、+=、-=、*=、/=、%=、>>=、<<=、&=、^=、|=	赋值运算符及各种复合赋值运算符	2(双目运算符)	自右至左
15	,	逗号运算符		自左至右

3）优先级和结合性

每种运算符都有不同的优先级别，当在一个表达式中有多种运算混合时，运算次序要严格按优先级别进行。所有的运算符中，括号的优先级最高。

在求解表达式值的时候，根据运算符的优先级和结合性，具体规定如下：

(1) 在求解某个表达式时，如果某个操作对象的左右都出现运算符，则首先按运算符优先级别高低的次序执行运算。

例如，在表达式 a+b*c 中，操作对象 b 的左侧为加号运算符，右侧为乘号运算符，而乘号运算符的优先级高于加号，所以 b 优先和其右侧的乘号结合，先运算 b*c，表达式相当于 a+(b*c)。

(2) 在表达式求值时，如果某个操作对象的左右都出现运算符且优先级别相同时，则要按运算符的结合性决定运算次序。

例如，在表达式 a+b-c 中，操作对象 b 的左侧为加号运算符，右侧为减号运算符，而减号运算符与加号运算符的优先级别相同。那么，这个表达式的运算次序是什么呢？这时要看运算符加号和减号的结合性，由于它们的结合性是“自左至右”，所以运算对象 b 优先和其左侧的减号结合先运算 a+b，表达式相当于(a+b)-c。

案例 02-02-01 优先级和结合性

案例代码 **02-02-01.c**

```
#include "stdio.h"
int main(){
    int a,b,c;
    a=100; b=20; c=3;
    printf("a+b*c=%d\n",a+b*c);
    printf("a+b-c=%d\n",a+b-c);
    return 0;
}
```

执行程序，输出：

```
a+b * c=160
a+b-c=117
```

案例拓展 优先级和结合性训练

仿照上例设计表达式，编程输出它们的值，请思考优先级和结合性，并积极与其他同学研讨。

4）不同类型数据的混合运算

C 语言还规定，只有类型相同的两个操作数才能出现在一个运算符的两侧。

如果运算符两侧的操作数类型不同但相容（如 char 和 double），系统会按一定的规则自动转换某一方，使得双方的类型一致。系统进行自动类型转换的规则如图 2-2 所示。

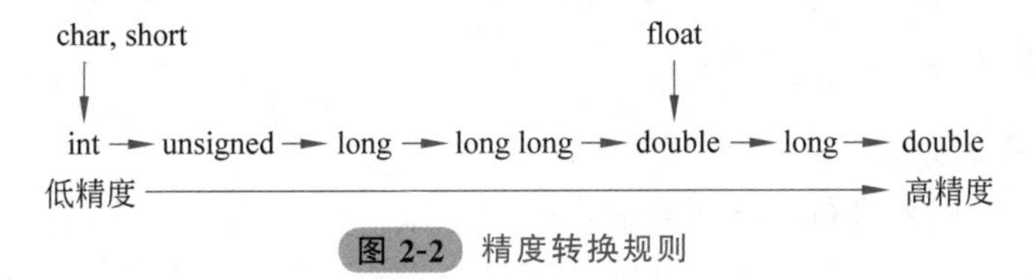

图 2-2 精度转换规则

图 2-2 中，纵向的转换是无条件的，也就是说，字符型或短整型都无条件地先转换成基本整型再参与运算，单精度实型都无条件地转换成双精度实型再参与运算。图 2-2 中，横向的转换是在运算符两边操作对象类型不一致时进行的，精度低的类型自动转换成精度高的类型。（注：Dev-Cpp 和 VC++ 中的单精度实型不再自动转换成双精度类型）。

例如，表达式 100+'A'-5.0 * 8 是合法的表达式。它的运算过程如图 2-3 所示。

```
100+ 'A' -5.0*8                (图中的箭头表示类型转换，双竖线表示运算结果)
      ↓
     65=>100+65-5.0*8
              ||
           165=>165-5.0*8
                      ↓
                    8.0=>165-5.0*8.0
                               ||
                           40.0=>165-40.0
                                    ↓
                                 165.0=>165.0-40.0
                                              ||
                                            125.0
```

图 2-3 表达式 100+'A'-5.0 * 8 的运算过程示意图

系统自左至右扫描表达式至'A'时，首先无条件地将'A'转换成基本整型数据 65，表达式变成 100+65-5.0 * 8。继续扫描发现 65 左右的运算符分别为+和-，而它们的优先级相同并且结合性是自左至右，所以 65 和其左侧的+号结合，即先计算 100+65，其结果为 165。表达式变成 165-5.0 * 8，在扫描表达式至 5.0 时发现其左右两端的运算符-和 * 优先级别不同，那么 0.5 自然和优先级别高的 * 结合，先计算 5.0 * 8，系统自动将精度低的整型常量 8 转换成双精度实型 8.0，运算结果为 40.0。表达式最终变成 165-40.0，这时系统首先将 165 转换成 165.0，然后运算，得到结果 125.0。

5）强制类型转换

在 C 语言中，除系统自动进行的类型转换外，也可以利用强制类型转换运算符将一个表达式转换成所需的类型。其一般格式为：

```
(类型标识符)表达式
```

例如：

```
(int)(5.2+3.3)     将表达式 5.2+3.3 的值转换成 int 类型,转换后的值为 8
(double)(5+3)      将表达式 5+3 的值转换成 double 类型,转换后的值为 8.0
(float)(x+y)       将表达式 x+y 的值的类型转换成 float 类型
(float)x+y         将表达式 x 的值转换成 float 类型后再与 y 相加
```

请注意(float)(x＋y)与(float)x＋y 的区别。

2. 算术运算

1）基本的算术运算

算术运算符是用来进行数学运算的，一共有＋、－、*、/、%、＋＋、－－7 个。用算术运算符连接起来的式子就是算术表达式。算术表达式的值是一个数值。

C 语言中基本的算术运算符有：

＋（加法运算符，或正值运算符，如 5＋6，a＋c，＋3，＋b）

－（减法运算符，或负值运算符，如 5－6，a－c，－3，－b）

*（乘法运算符，如 5 * 6，值为 30）

/（除法运算符，如 25/3，值为 8）

%（求余运算符或称为取模运算符，如 15%6，值为 3）

对基本算术运算符需要说明的是：基本算术运算符都是双目运算符(除表示取正的＋和取负的－以外)，其结合性都为自左至右。

C 语言规定，两个整型数相除的结果仍然是整型数。例如，5/2 的结果为整数 2，不保留小数部分。若被除数或除数有一个为实型，则结果为 double 类型。例如，5.0/2 的结果为实型数 2.5。

取模运算符%的意义是求解两个操作数相除后的余数。例如，7%3 的结果为 1，15%6 的结果为 3。另外，余数的符号与被除数一致，如－15%6 的结果为－3，－15%－6 的结果也为－3。

C 语言规定，模运算符的两侧必须均为整型数据，因为只有整型数据才能取余数。如果一方为实型数据，则编译程序时会出错。

当不同的运算出现在同一个表达式中时，各种运算是有先后次序的，依据是各个运算符的优先级及结合性。

在表达式中遇到不同类型数据间的混合运算时，按前面小节介绍的规则进行转换。

任何时候都可以使用括号改变运算次序，而且恰当地使用括号会增加表达式的可读性。

案例 02-02-02 苹果装盘

有 N 个苹果要全部装盘，每个盘子装两个，编程输入苹果数量 N，输出这些苹果能装多少盘。

输入样例 1：

```
10
```

输出样例 1：

```
5
```

输入样例 2：

```
11
```

输出样例 2：

```
6
```

案例代码 02-02-02.c

```
#include<stdio.h>
int main(){
  int n,p;                              //int 型变量,苹果数量 n,盘子数量 p
  scanf("%d",&n);                       //输入苹果数量
  p=n/2+n%2;                            //请思考该表达式的意义,此处还有另一种解法,你会吗?
  printf("%d",p);
  return 0;
}
```

案例拓展 球的表面积和体积

编程输入半径 r 的值(实数),请输出半径为 r 的球的表面积和体积。

2）特殊的算术运算符(++、--)

C 语言还提供了两个功能特殊的算术运算符：

++(自增 1 运算符)

--(自减 1 运算符)

关于这两个算术运算符,特别说明如下：

++和--两个运算符都是单目运算符,其结合性是自右至左。

这两个运算符的操作数只能是一个变量,不可以是其他任何形式的表达式。它们既可以作为前缀运算符放在变量的左侧,也可以作为后缀运算符放在变量的右侧。

设 n 为一整型变量,则有下面的规则：

作为后缀运算符：

n++(先使用 n 的值,当使用完成后再让 n 的值自加 1)

n--(先使用 n 的值,当使用完成后再让 n 的值自减 1)

作为前缀运算符：

++n(先让 n 的值自加 1,然后再使用 n 的值)

－－n（先让 n 的值自减 1，然后再使用 n 的值）

例如，假设变量 i 的值为 3，那么：

执行 j=i＋＋；后 j 的值为 3，i 的值为 4；

执行 j=i－－；后 j 的值为 3，i 的值为 2；

执行 j=＋＋i；后 j 的值为 4，i 的值为 4；

执行 j=－－i；后 j 的值为 2，i 的值为 2；

也可以这样理解：

j=i＋＋；相当于 j=i； i=i＋1；或相当于 j=i；i＋＋；

j=＋＋i；相当于 i=i＋1；j=i； 或相当于 i＋＋；j=i；

可以知道，当 i＋＋或＋＋i 单独出现在独立的表达式中，其作用都是使 i 加 1；当 i－－或－－i 单独出现在独立的表达式中，i－－和－－i 的作用都是使 i 减 1，二者在功能上没有区别。

案例 02-02-03“＋＋、－－”代码分析

案例代码 03-02-03.c

```
#include<stdio.h>
int main(){
    int a,b,c;
    a=7;b=2; c=++a+b;       printf("1.c=%d,a=%d,b=%d\n", c,a,b);
    a=7;b=2; c=a++ +b;      printf("2.c=%d,a=%d,b=%d\n", c,a,b);
    a=7;b=2; c=a++ + ++b;   printf("3.c=%d,a=%d,b=%d\n", c,a,b);
    a=7;b=2; c=++a + ++b;   printf("4.c=%d,a=%d,b=%d\n", c,a,b);
    a=7;b=2; c=++a + ++b;   printf("5.c=%d,a=%d,b=%d\n", c,++a,b++);
    a=7;b=2; c=++a + b++;   printf("6.c=%d,a=%d,b=%d\n", c,++a,b++);
  return 0;
}
```

执行程序，输出：

```
1.c=10,a=8,b=2
2.c=9,a=8,b=2
3.c=10,a=8,b=3
4.c=11,a=8,b=3
5.c=11,a=9,b=3
6.c=10,a=9,b=3
```

程序分析：

程序中，＋＋、－－运算符的优先级高于其他算术运算符。

程序中的运算符之间加入空格，使对程序的理解和表达式的解析变得清晰和明确。

案例拓展“＋＋、－－”代码分析训练

请分析下面程序的运行结果，然后上机验证。

```
#include<stdio.h>
    int main(){
```

```
    int x,y,z;
    x=6;y=5; z=4;          printf("\n01.x=%d,y=%d,z=%d",x,y,z);
    x=6;y=5; z=-x--;       printf("\n02.x=%d,y=%d,z=%d",x,y,z);
    x=6;y=5; z=x+++y;      printf("\n03.x=%d,y=%d,z=%d",x,y,z);
    x=6;y=5; z=++x+--y;    printf("\n04.x=%d,y=%d,z=%d",x,y,z);
    x=6;y=5; z=++x-y++;    printf("\n05.x=%d,y=%d,z=%d",x,y,z);
    x=6;y=5; z=--x-++y;    printf("\n06.x=%d,y=%d,z=%d",x,y,z);
    x=6;y=5; z=x++-++y;    printf("\n07.x=%d,y=%d,z=%d",x,y,z);
    x=6;y=5; z=x--+--y;    printf("\n08.x=%d,y=%d,z=%d",x,y,z);
    x=6;y=5; z=x--+y++;    printf("\n09.x=%d,y=%d,z=%d",x,y,z);
  return 0;
}
```

提示：

(1) 由于++运算符、--运算符、-(负号)运算符、!(非)运算符的优先级相同，结合性都是自右至左，所以表达式-n--会被理解成-(n--)，表达式！n++会被理解成！(n++)。

所以语句 z=-x--；被理解成 z=-(x--)，此后输出：02.x=5,y=5,z=-6

(2) C语言规定，在理解有多个连续运算符的表达式时，尽可能自左至右地将更多的字符组成一个运算符，所以表达式 m+++n 会被理解成(m++)+n。

所以语句 z=x+++y；被理解成 z=(x++)+y；此后输出：03.x=7,y=5,z=11

(3) 尽可能自左至右地将更多的字符组成一个运算符，当自左至右扫描表达式，如果读入下一个字符而不能构成运算符时，则将当前符号和下一个符号断开理解成两个运算。例如，表达式 m-++n 会被理解成 m-　++n，也就是 m-(++n)。

所以语句 z=++x+--y；被理解成 z=++x+(--y)；此后输出：04.x=7,y=4,z=11

3. 赋值运算

1）赋值运算符

在前面的程序中接触了很多关于赋值的操作，C语言中赋值也是一种运算，运算符为单个等号=。赋值运算的一般格式是：

```
变量名称=表达式
```

它的功能是将赋值运算符右侧表达式的值赋给其左侧的变量。赋值运算符的左侧只能是一个变量。

赋值是一种运算，由赋值运算符连接组成的式子称为赋值表达式。赋值表达式是有值的，它的值就是最终赋给变量的值。赋值表达式的值还可以参加运算。

```
a=3                    a的值是3,整个赋值表达式的值为3
b=5+(a=3)              a的值为3,b的值为8,整个赋值表达式的值为8
a=b=c=8                相当于a=(b=(c=8)),a,b,c的值为8,整个表达式的值为8
a=(b=10)/(c=2)         b的值是10,c的值是2,a的值是5,整个表达式的值是5
b=(a=5)+(c=++a)        求解后,a与c的值是6,b的值是11,整个表达式的值是11
```

2）不同类型间赋值

当赋值运算符两侧的数据类型不一致但相容时（如均为数值），系统会通过类型自动转换规则将表达式值的类型转换成左侧变量的类型后完成赋值。如果是低精度向高精度赋值，其精度将自动扩展；如果是高精度向低精度赋值，那么可能会发生溢出或损失精度（通常是小数）。例如：

```
int a=5.8;                    //a最后收到的值是5
double d=5;                   //d最后收到的值是5.0
```

3）复合赋值运算符

复合赋值运算符有：+=、-=、*=、/=、%=、<<=、>>=、&=、^=、|=等。这里暂时只讨论前5种，后5种关于位操作的复合赋值运算符本书不作讨论。

复合赋值运算是某种赋值运算的简写，即如果把某变量与另一表达式的某种运算结果赋值给这个变量本身，例如a=a+3，那么这一赋值表达式就可以用复合赋值运算符简写为a+=3。请看以下的几种复合情形。

```
x*=8等价于x=x*8
x*=y+8等价于x=x*(y+8),注意,不是等价于x=x*y+8
x%=3等价于x=x%3
```

4. 关系运算和条件运算

1）关系运算符

在C程序设计中，除了算术运算和赋值运算以外，还常常需要比较两个值之间的大小关系，或判断某个条件是否成立，这时就需要用到关系运算（比较运算）。

C语言提供的关系运算符有以下6种：

>	（大于）	>=	（大于或等于）
<	（小于）	<=	（小于或等于）
==	（等于）	!=	（不等于）

关系运算符的优先级高于赋值运算符，低于算术运算符。在关系运算符中，前4个运算符（>，>=，<，<=）的优先级高于后两个运算符（==，!=）。例如：

```
x<y+z                         相当于x<(y+z)
x+5==y<z                      相当于(x+5)==(y<z)
x=y>z                         相当于x=(y>z)
```

2）关系表达式

用关系运算符将两个表达式连接起来，就称为关系表达式。

关系运算符两侧的表达式可以是算术表达式、关系表达式、逻辑表达式（后面介绍）、赋值表达式等。例如，下面的表达式都是合法的关系表达式。

```
6>5、a+b<=c+d、a>b!=c、4<100-a、a>=b>=c、'A'>'B'
```

3）关系表达式的值

任何合法的表达式都应该有一个确定的值，关系表达式也不例外。关系表达式的值是一个逻辑值，若表达式成立，则其值为真，用 1 表示；否则值为假，用 0 表示。也就是说，关系表达式的值为一个整型数，或者是 1，或者是 0。

关系表达式的值也可参加其他运算。例如，若有语句 int x=2,y=3,z=5，则 x>=2 的值为 1，x>y 的值为 0，x==y 的值为 0，x!=y 的值为 1，z>=x<=y 的值为 1。

4）条件运算符

条件运算符需要三个操作数，是一个三目运算符。条件表达式的一般形式为：

```
表达式 1 ? 表达式 2 : 表达式 3
```

条件运算符的运算规则为：首先求解表达式 1，若表达式 1 的值为非 0(真)，则求解表达式 2，并将表达式 2 的值作为整个表达式的值；若表达式 1 的值为 0(假)，则求解表达式 3，并将表达式 3 的值作为整个表达式的值。

条件运算符的优先级别仅高于赋值运算符和逗号运算符。条件表达式给出了根据某一条件从两个值中选择一个的方法，应用十分广泛，例如：

```
b=6>7?1:0                        6>7 不成立，所以 b 被赋值为 0
x>=0?x:-x                        整个表达式的值为 x 的绝对值
x>y?x:y                          表达式值为 x 与 y 中的较大者
(x>y?x:y)>z?(x>y?x:y):z          表达式值为 x,y,z 三个变量的最大值
```

案例 02-02-04 人体发热

人体的正常平均体温在 36～37℃(腋窝)，若超过 37℃，则认为有发烧症状。编程输入体温(实数)，输出是否发烧。

案例代码 02-02-04.c

```c
#include<stdio.h>
int main(){
  double t;                      //体温
  scanf("%lf",&t);               //输入温度
  printf(t>37.0?" have a fever":"no");
  return 0;
}
```

执行程序，输入 37.5，输出“have a fever”；

再次执行，输入 36.5，输出“no”。

案例拓展 最大值

利用关系运算和条件运算，编程输入 3 个整数，输出它们中的最大值。

5. 逻辑运算

1）逻辑运算符

C 语言提供的逻辑运算符有以下 3 个：

&& 逻辑与(并且)

|| 逻辑或(或者)

! 逻辑非(取反、否定)

运算符!是单目运算符,它的优先级别最高,高于算术运算符;运算符 && 和||是双目运算符。运算符!的优先级别最高,其次是 &&,再次是||。

2)逻辑表达式

用逻辑运算符将两个关系表达式或逻辑量连接起来的式子称为逻辑表达式。

例如,下面的一些表达式就是合法的逻辑表达式:

```
a>b&&c<d         相当于(a>b)&&(c<d)
!a&&b>4          相当于(!a)&&(b>4)
a>5||b<6&&c>9    相当于(a>5)||(b<6)&&(c>9)
a=!b&&c+6        相当于 a=(!b)&&(c+6)
```

逻辑表达式的值和关系表达式的值都是一个逻辑量。如果表达式成立,则值为真,用1表示;否则值为假,用0表示。也就是说,在表示真假值时,用1表示真,用0表示假。

但在判断真假时,C语言规定非0为真,0为假。例如:

```
!5        5是非0值,为真(1);所以!5的值为假(0)
!(5>6)    5>6不成立,值为0;0为假,!0为真;所以表达式的值为1
5>6>7     5>6不成立,值为0;0>7不成立,所以表达式 5>6>7 的值为0
```

3)运算规则

逻辑与运算符 && 的运算规则是只有当两个操作数都为真时,表达式的值才为真;

逻辑或运算符||的运算规则是只有当两个操作数都为假时,表达式的值才为假;

非运算符!的运算规则是非真的值为假,非假的值为真。逻辑运算的真值表见表2-4。

表2-4 逻辑运算的真值表

a	b	!a	!b	a&&b	a||b
真(非0)	真(非0)	假(0)	假(0)	真(1)	真(1)
真(非0)	假(0)	假(0)	真(1)	假(0)	真(1)
假(0)	真(非0)	真(1)	假(0)	假(0)	真(1)
假(0)	假(0)	真(1)	真(1)	假(0)	假(0)

C99标准以前C语言中没有专门的逻辑型数据,逻辑值就是整型数据,可参与各种运算。例如:

```
a=(5>3)&&(3<2)                       a的值为0
b=(5<=6)+3                           b的值为4
```

案例 02-02-05 闰年

编程输入年份(正整数),输出该年份是否为闰年。

案例代码 02-02-05.c

```
#include<stdio.h>
int main(){
  int y;
  scanf("%d",&y);
  printf(
          (y%4==0&&y%100!=0)||(y%400==0)?"Leap Year":"Not Leap Year"
          );
  return 0;
}
```

执行程序输入：2000，输出：Leap Year；

执行程序输入：2100，输出：Not Leap Year。

案例拓展 2100 年的日期合法性

输入 2100 年某一天的月和日的值，输出这一天是否为合法日期（表达式会很长）。

案例拓展 日期合法性

输入某一天的年、月和日的值，输出这一天是否为合法日期（表达式会很长）。

4）逻辑运算特别说明

在一个整体上全与运算的表达式中，若某个子表达式的值为 0，则不再求解其右侧的子表达式，整个表达式的值为 0。

在一个整体上全或运算的表达式中，若某个子表达式的值为 1，则不再求解其右侧的子表达式，整个表达式的值为 1。

案例 02-02-06 逻辑运算的特别之处

案例代码：02-02-06.c

```
#include<stdio.h>
int main(){
    int a,b,c,d;
    a=5; b=6;
    c=(a<=8)&&(b=7)>5;   printf("c=%d,b=%d\n",c,b);
    a=5; b=6;
    c=(a<=4)&&(b=7)>5;   printf("c=%d,b=%d",c,b);
}
```

执行程序，输出：

```
c=1,b=7
c=0,b=6
```

程序分析：

c=(a<=4)&&(b=7)>5；语句中，由于(a<=4)的值为 0，将导致 && 右侧的表达式被忽略求解，(b=7)不会被执行。全与表达式，遇假值则停止求解右侧表达式。

尽量不要在逻辑表达式中嵌入赋值操作,否则不能保证程序的正确执行(隐藏 BUG)。

案例拓展 逻辑陷阱代码分析

分析下面代码的执行结果,并上机验证,请积极思考并与同学研讨。

```
#include<stdio.h>
int main(){
    int a,b,c,d;
    a=5; b=6;
    d=(a>=8)||(b=19)<90; printf("d=%d,b=%d\n",d,b);
    a=5; b=6;
    d=(a>=4)||(b=19)<90; printf("d=%d,b=%d",d,b);
}
```

6. 逗号运算等

逗号运算符是C语言提供的比较特殊的一个运算符。用逗号运算符将两个或多个表达式连接起来,就构成一个逗号表达式。

逗号表达式的一般形式为:

```
表达式,表达式
```

逗号运算符在所有运算符中优先级别最低。逗号表达式的运算规则为从左至右依次求解每一个表达式的值。

逗号表达式的值为构成该逗号表达式的最后一个表达式的值。

例如:

```
3+5,6+9                           值为 15
a=5+6,a++                         值为 11
(a=5),a+=6,a+9                    值为 20
1+(a=2),a-=8,(a=78,a++,a-=60)     值为 19
```

7. 常用的数学函数

在程序设计的过程中经常用到数学计算,对较为复杂的数学计算(例如求平方根)一般通过调用数学函数完成。

1)数学计算函数

C语言提供了许多已定义好的数学函数,主要的数学函数有(函数名前面的类型名称为函数返回值的类型):

double exp(x)　　返回自然对数 e 的 x 次方的值
double log(x)　　返回以自然对数 e 为底 x 的对数
double log10(x)　　返回以 10 为底 x 的对数
double sqrt(x)　　返回 x 的算术平方根(参数 x 必须是非负值,否则出错)
double pow(x,y)　　返回 x 的 y 次方的值

int abs(n)　　返回参数 n 的绝对值,n 为整型数
double fabs(x)　　返回参数 x 的绝对值,x 为实型数
long labs(ln)　　返回参数 ln 的绝对值,ln 为长整型数
double sin(x)　　返回弧度 x 的正弦值
double cos(x)　　返回弧度 x 的余弦值
double tan(x)　　返回弧度 x 的正切值
double asin(x)　　返回实数 x 的反正弦值(x 的值在－1～1)
double acos(x)　　返回实数 x 的反余弦值(x 的值在－1～1)
double atan(x)　　返回实数 x 的反正切值

所有的关于角度运算的函数中,参数 x 均被定义成弧度。

C 语言对数学标准函数的定义多位于头文件"math.h"中。在使用了数学函数的 C 程序中,必须在程序的开头加上下面的编译预处理命令:

```
#include <math.h>
```

案例 02-02-07 数学函数举例

案例代码 02-02-07.c

```
#include<stdio.h>
#include<math.h>
#define PI 3.1415926
int main(){
    double a,b;
    scanf("%lf%lf",&a,&b);    /*输入两个实数,格式说明符%lf 代表 double 类型*/
    printf("sin(%lf)=%lf\n",a,sin(a*PI/180));
                              /*a 为角度,则 a*PI/180 为弧度*/
    printf("cos(%lf)=%lf\n",a,cos(a*PI/180));
    printf("exp(%lf)=%lf\n",a,exp(a));
    printf("log(%lf)=%lf\n",a,log(a));
    printf("log10(%lf)=%lf\n",a,log10(a));
    printf("pow(%lf,%lf)=%lf\n",a,b,pow(a,b));
}
```

执行程序,输入:

```
3 2
```

输出:

```
sin(3.000000)=0.052336
cos(3.000000)=0.998630
exp(3.000000)=20.085537
log(3.000000)=1.098612
log10(3.000000)=0.477121
pow(3.000000,2.000000)=9.000000
```

案例拓展 输出函数值

编程输入实数 x，输出函数 $f(x)=e^{2x}+\sin x^{3.5}+\ln x-1$ 的值。

输入样例：

```
2.0
```

输出样例：

```
53.341477
```

2）随机数产生函数

C 语言还提供了两个关于产生随机整数的函数：

```
void  srand(unsigned seed)          初始化随机数发生器
int   rand()                        返回一个 0~32767 范围内的随机整数
```

C 语言关于这两个函数的定义位于头文件"stdlib.h"中。所以，在使用这两个函数的程序中，必须在程序的开头加上下面的编译预处理命令：

```
#include <stdlib.h>
```

函数 srand()需要一个种子(无符号整数)作为参数，同一个种子产生的随机序列是相同的，通常的用法是 srand((unsigned)time(NULL));，即用 time(NULL)函数的返回值作为参数，time(NULL)函数的返回值为从 1970 年 1 月 1 日零时整到现在所持续的秒数。使用 time(NULL)函数需要在程序开始处加上下面的编译预处理命令：

```
#include <time.h>
```

案例 02-02-08 计算机出加法题

编程实现如下功能：让计算机随机生成两个 1～100 的整数，并输出一个加法算式，用户从键盘输入这两个整数的和。若输入正确，则输出 GOOD!，否则输出 SORRY!。

案例代码 **02-02-08.c**

```
#include<stdio.h>
#include <stdlib.h>
#include <time.h>
int main(){
    int a,b,c;
    srand(time(NULL));
    a=rand()%100+1;
    b=rand()%100+1;
    printf("%d+%d=",a,b);
    scanf("%d",&c);
    printf(c==a+b?"GOOD!":"SORRY!");
}
```

执行程序，首先输出：65＋99＝

输入：164

输出：GOOD!

再次执行程序，首先输出：36＋74＝

输入：56

输出：SORRY

案例拓展 石头剪子布

你和计算机玩石头剪子布的游戏，编程输入你出的是什么，然后计算机随机出，最后输出游戏结果“You Win!”或者“Computer Win!”。假设用整数1表示石头，2表示剪子，3表示布。

案例 02-02-09 等差数列末项计算

给出一个等差数列的前两项a1、a2，求第n项是多少？输入格式：一行，包含三个整数a1、a2，n。$-100\leqslant a1\leqslant 100$，$-100\leqslant a2\leqslant 100$，$0<n\leqslant 1000$。输出格式：一个整数，即第n项的值。

输入样例：

```
1 4 100
```

输出样例：

```
298
```

案例代码 **02-02-09.c**

```
#include<stdio.h>
int main(){
  int a1,a2,an,d,n;
  scanf("%d%d%d",&a1,&a2,&n);
  d=a2-a1;
  an=a1+(n-1)*d;
  printf("%d",an);
  return 0;
}
```

案例拓展 三阶行列式

要求读入一个三阶行列式，输出这个行列式的值。输入格式：输入数据共三行，每行三个数字(都是整数，绝对值不大于100)，代表一个三阶行列式。输出格式：输出行列式的值。

输入样例：

```
1 2 3
6 5 4
8 7 9
```

输出样例：

```
-21
```

案例 02-02-10 计算并联电阻的阻值

对于阻值为 r1 和 r2 的电阻，其并联电阻的阻值公式计算如下：R＝1/(1/r1＋1/r2)。输入格式：两个电阻阻抗大小，浮点型，以一个空格分开。输出格式：并联之后的阻抗大小，结果保留小数点后 2 位。

输入样例：

```
1 2
```

输出样例：

```
0.67
```

案例代码 02-02-10.c

```
#include<stdio.h>
int main(){
    double r1,r2,R;
    scanf("%lf%lf",&r1,&r2);       //注意用%lf
    R=1.0/(1.0/r1+1.0/r2);
    printf("%.2lf",R);
    return 0;
}
```

案例拓展 后 N 天

如果今天是星期三，后 2 天就是星期五；如果今天是星期六，后 3 天就是星期二。用数字 1～7 对应星期一到星期日。给定某一天，请输出那天的“后 N 天”是星期几。输入格式：输入第一个正整数 D(1≤D≤7)，代表星期里的某一天。输入第二个正整数 N(0≤N≤1000)，代表后 N 天。输出格式：在一行中输出 D 的后 N 天是星期几(1 个数字)。

输入样例：

```
3 2
```

输出样例：

```
5
```

习题 2

一、单项选择题

1. 下列选项中，合法的字符常量是________。

(A) '\t'　　(B) "A"　　(C) a　　(D) "\x32"

2. 下列选项中，不是合法整型常量的是________。

(A) 160　　(B) -0xcdg　　(C) -01　　(D) -0x48a

3. 在 C 语言程序中，数字 029 是一个________。

(A) 八进制数　　(B) 十六进制数　　(C) 十进制数　　(D) 非法数

4. 与代数式(x * y)/(u * v)不等价的 C 语言表达式是________。

(A) x * y/u * v　　(B) x * y/u/v

(C) x * y/(u * v)　　(D) x/(u * v) * y

5. 设变量 n 为 float 型，m 为 int 类型，则以下能实现将 n 中的数值保留小数点后两位，第三位进行四舍五入运算的表达式是________。

(A) n=(n * 100+0.5)/100.0　　(B) m=n * 100+0.5,n=m/100.0

(C) n=n * 100+0.5/100.0　　(D) n=(n/100+0.5) * 100.0

6. 能正确表示 a 和 b 同时为正或同时为负的逻辑表达式是________。

(A) (a>=0||b>=0)&&(a<0||b<0)

(B) (a>=0&&b>=0)&&(a<0&&b<0)

(C) (a+b>0)&&(a+b<=0)

(D) a * b>0

7. 设有如下定义：char　ch='Z';，则执行语句 ch=('A'<=ch&&ch<='Z')?(ch+32)：ch;后变量 ch 是值为________。

(A) A　　(B) a　　(C) Z　　(D) z

8. 为了表示关系 x>=y>=z，应使用 C 语言表达式________。

(A) (x>=y)&&(y>=z)　　(B) (x>=y)AND(y>=z)

(C) (x>=y>=z)　　(D) (x>=y)&(y>=z)

9. 若 x=3，y=z=4，则下列表达式的值分别为________。

(1) (z>=y>=x)? 1：0　(2)z>=y&&y>=x

(A) 0 1　　(B) 1 1　　(C) 0 0　　(D) 1 0

二、填空题

1. 十进制数 175 的八进制数和十六进制数分别是________和________。

2. 字符 '5' 和 'h' 的 ASCII 代码值分别为________和________。

3. 若 a 是 int 变量，则执行表达式 a=25/3%3 后，a 的值是________。

4. 当 a=3，b=4，c=5 时，写出下列各式的值。

a<b 的值为________，a<=b 的值为________，a==c 的值为________，a!=c 的值为________，a&&b 的值为________，! a&&b 的值为________，a||c 的值为________，! a||c 的值为________，a+b>c&&b==c 的值为________。

5. 整型变量 a 的值是 5，表达式 a/=a+a;的值应为________。

6. 已知 a=3，b=4，c=5，逻辑表达式 a||b+c&&b-c 的值应为________，逻辑表达式! (a>b)&&! c||1 的值应为________。

7. 已知 int a=5;，则执行 a+=a-=a * a;语句后，a 的值为________。

三、写程序运行结果

1. 写出下面程序的执行结果。

```
#include<stdio.h>
int main() {
    int k=10;
    float a=3.5,b=6.7,c;
    c=a+k%3*(int)(a+b)%2/4;
    printf("%f",c);
    return 0;
}
```

2. 写出下面程序的执行结果。

```
#include<stdio.h>
int main(){
    float x=4.9;int y;
    y=(int)x;
    printf("x=%lf,y=%d",x,y);
    return 0;
}
```

3. 写出下面程序的执行结果。

```
#include<stdio.h>
int main() {
    int  a=5,b=4,c=6,d;
    printf("%d\n",d=a>b?(a>c?a:c):(b));
    return 0;
}
```

4. 写出下面程序的执行结果。

```
#include<stdio.h>
int main() {
    int a=4,b=5,c=0,d;
    d=!a&&!b||!c;
    printf("%d\n",d);
    return 0;
}
```

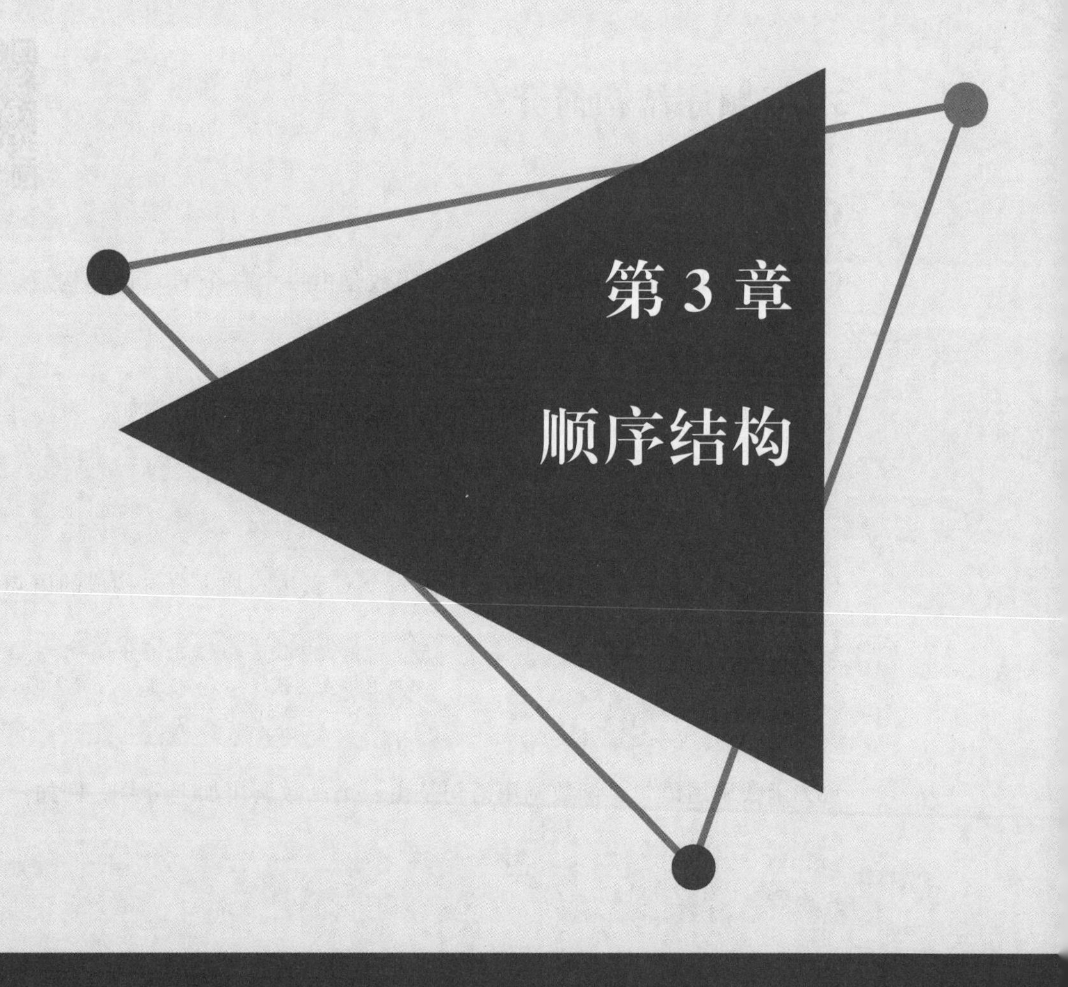

第3章 顺序结构

本章首先介绍C语言的语句，之后详细讨论C语言中输入输出函数的使用方法和规则，通过程序案例使读者理解什么是顺序结构程序。

本章学习目标

（1）了解输入输出函数的使用方法。

（2）掌握输入输出格式控制方法。

（3）掌握应用顺序结构程序解决问题的方法。

3.1 顺序结构简介

第 3 章案例代码

1. 语句

C 语言程序是以函数为基本单位的，函数是由一个一个的 C 语句构成。C 语句必须以分号结束。

C 语言的语句主要分为以下 6 类。

（1）说明语句。说明语句一般用来定义变量数据类型等。例如：

```
int a=5,b;
float f1,f2;
```

（2）表达式语句。表达式语句是指由一个 C 表达式加上分号构成的语句。例如：

```
a=b+1;                          /*赋值表达式 a=b+1 加上分号*/
i=1,j=2;                        /*逗号表达式 i=1,j=2 加上分号*/
i++;                            /*表达式 i++加上分号*/
```

（3）函数调用语句。函数调用语句是由一个函数调用加上分号。例如：

```
printf("\n");
srand(time(NULL));
```

这类语句也可以归属于表达式语句，因为函数调用本身也是一个表达式。

（4）空语句。空语句是仅由一个分号构成的语句，没有任何动作。例如：

```
;
```

（5）复合语句。复合语句是指将一组语句用大括号（{}）括起来，从而使整个大括号变成一个整体（复合语句）。整体上看，复合语句是一个语句。例如：

```
{
  a=5;
  b=6;
  c=7;
}
```

复合语句在 C 语言程序中的用处很大，在以后的学习中大家会逐渐体会到。有的书中也将复合语句称为分程序或语句块。

（6）控制语句。控制语句完成一定的控制功能，实现程序流程的跳转。C 语言提供的控制语句有：

```
goto                无条件转向语句
if() … else …       选择语句
switch(){  }        多分支选择语句
while()             循环语句
for()               循环语句
do{  }while()       循环语句
break               循环控制语句
continue            循环控制语句
return              从函数返回语句
```

2. 顺序结构案例

顺序结构是最简单的程序结构,也是最常见的程序结构。顺序结构程序的执行顺序是自上而下,依次执行。之前章节中编写的所有程序都是顺序结构。

案例 03-01-01 考考你

案例代码 03-01-01.c

```
#include <stdio.h>
#include <stdlib.h>
#include <time.h>
int main(){
    int a,b,c,d,r;
    srand((unsigned)time(NULL));
    printf("*********两位数四则运算测试*********\n");
    printf("请输入以下算式的结果:\n");
    a=rand()%89+11;
    b=rand()%89+11;
    c=rand()%4+1;
    (c==1)?(printf("%d+%d=",a,b),d=a+b):1;
    (c==2)?(printf("%d-%d=",a,b),d=a-b):1;
    (c==3)?(printf("%d*%d=",a,b),d=a*b):1;
    (c==4)?(printf("%d/%d=",a,b),d=a/b):1;
    scanf("%d",&r);
    printf(d==r?"答对了,你真棒!":"真对不起,你答错了!");
    return 0;
}
```

程序分析:

此例程序是顺序结构的程序,程序从第一条语句开始,依次向下一条一条语句执行,直到最后一个语句。请运行并分析此程序的功能。

案例拓展 考考计算机

请仿照以上案例编写顺序结构的程序,请设计由你输入一个加法或减法算式,然后由程序输出这个算式的结果。例如,你输入 1+2 时,程序输出 3;你输入 10−6 时,程序输出 4。

3.2 标准输入输出函数

C 语言数据的输入输出都是通过函数调用实现的。标准函数库 stdio.h 中包括标准输入输出函数 scanf()和 printf(),以及字符输入输出函数 getchar()和 putchar()等,使用这些函数的 C 程序中,应该在程序的开头处加上下面的编译预处理命令:

```
#include<stdio.h>
```

1. 标准格式输出函数 printf()

标准格式输出函数 printf()一般用于向标准输出设备(显示器)按规定的格式输出信息。调用 printf()函数的一般形式为:

```
printf(格式控制字符串,输出值参数列表);
```

功能说明:

(1) 格式控制字符串是一串用双引号括起来的字符,其中包括普通字符和格式转化说明符。格式转化说明符以%开头,后跟一个或几个规定字符,简称格式说明符。一个格式说明符用来代表一个输出的数据,并规定了该数据的输出格式。

例如,在语句: printf("a=%d,b=%d",a,b);中,字符串"a=%d,b=%d"是格式控制字符串。a,b 是输出值参数列表。在格式控制字符串"a=%d,b=%d"中,a=和 b=是普通字符,%d 是格式说明符。

(2) 格式控制字符串中的普通字符要按原样输出。

(3) 一个格式说明符用来代表一个输出的数据,所代表的数据在输出值参数列表中。输出值参数列表是一系列用逗号分开的表达式,表达式的个数和顺序与前面的格式说明符要一一对应。

例如,有 int a=3,b=8;,则执行以下语句: printf("a=%d,b=%d",a,b);输出结果是: a=3,b=8。

2. 格式说明符

不同类型的数据在输出时应该使用不同的格式说明符。C 语言提供的格式说明符及其含义见表 3-1。

表 3-1 C 语言提供的格式说明符及其含义

格式说明符	所代表的数据类型;输出形式
%d	int 型;十进制有符号整数,正数符号省略
%ld	long 型;十进制有符号长整数,正数符号省略

续表

格式说明符	所代表的数据类型;输出形式
%u	int 型;十进制无符号整数
%o	int 型;无符号八进制整数,不输出前导 0
%x,%X	int 型;无符号十六进制整数,不输出前导 0x
%#o、%#x、%#X	八进制和十六进制整型数据的输出须加上前导 0 或 0x 或 0X
%c	int 型(char 型);一个字符
%f	float 型;十进制小数,默认小数位数为 6 位
%lf	double 型;十进制小数,默认小数位数为 6 位
%e	double 型;指数形式,输出浮点数
%g	double 型;自动在%f 和%e 之间选择输出宽度小的表示法,且不输出小数末尾的 0
%s	字符串;顺序输出字符串的每个字符,不输出'\0'
%%	%本身

说明:

(1) 在"%"和字母之间加上一个整数表示最大场宽,即输出数据在输出设备(屏幕)所占据的最大宽度(字符个数)。例如:

%3d 表示输出场宽区为 3 的整数,若不够 3 位,则右对齐,左补空格。

%8s 表示输出 8 个字符的字符串,若不够 8 个字符,则右对齐,左补空格。

(2) 在"%"和字母之间加上一个由'.'分隔的两个整数(例如%9.2f),前一个整数表示最大场宽,后一个整数表示小数位数。例如:

%9.2f 表示输出场宽为 9 的浮点数,其中小数位为 2,小数点占 1 位,整数部分自然只余下 6 位,若整数部分不够 6 位,则右对齐,左补空格。

(3) 如果数据的实际值超过所给的场宽,则将按其实际长度输出。但是,对于浮点数,若整数部分位数超过给定的整数位宽度,则将按实际整数位输出,若小数部分位数超过给定的小数位宽度,则按给定的宽度以四舍五入输出。

(4) 如果想在输出数据前补 0 来补足场宽,就应在场宽前加 0。例如,%04d 表示在输出一个小于 4 位的整数时,将在前面补 0,使其总宽度为 4 位。

(5) 如果用类似 6.9 的形式表示字符串的输出格式(如%6.9s),那么小数点后的数字代表最大宽度,小数点前的数字代表最小宽度。

例如,%6.9s 表示输出一个字符串,其输出所占的宽度不小于 6 且不大于 9。若字符个数小于 6,则左补空格补至 6 个字符;若字符个数大于 9,则第 9 个字符以后的内容将不被显示。

(6) 控制输出的数据是左对齐或右对齐。方法是:在"%"和字母之间加入一个"-"号说明输出为左对齐,否则为右对齐。例如:

%-7d 表示输出整数占 7 位场宽,若不足 7 位,则左对齐,右补空格

%-10s 表示输出字符串占 10 位场宽,若不足 10 位,则左对齐,右补空格

案例 03-02-01 使用格式说明符输出数据

案例代码 03-02-01.c

```
#include <stdio.h>
int main(){
    int a=1234, i; char c;
    float f=3.141592653589;
    double x=0.12345678987654321;
    i=12;  c='\x41';
    printf("\n01.a=%d.", a);
    printf("\n02.a=%6d.", a);
    printf("\n03.a=%06d.", a);
    printf("\n04.a=%2d.", a);
    printf("\n05.a=%-6d.",a);
    printf("\n06.f=%f.", f);
    printf("\n07.f=%6.4f.", f);
    printf("\n08.x=%lf.",x);
    printf("\n09.x=%18.16lf.", x);
    printf("\n10.c=%c.", c);
    printf("\n11.c=%x.", c);
    printf("\n12.%s."  ,"ABCDEFGHIJK");
    printf("\n13.%4s."  ,"ABCDEFGHIJK");
    printf("\n14.%14s.","ABCDEFGHIJK");
    printf("\n15.%-14s.","ABCDEFGHIJK");
    printf("\n16.%4.6s.","ABCDEFGHIJK");
    return 0;
}
```

执行程序，输出：

```
01.a=1234.
02.a=␣␣1234.
03.a=001234.
04.a=1234.
05.a=1234␣␣.
06.f=3.141593.
07.f=3.1416.
08.x=0.123457.
09.x=0.1234567898765432.
10.c=A.
11.c=41.
12.ABCDEFGHIJK.
13.ABCDEFGHIJK.
14.␣␣␣ABCDEFGHIJK.
15.ABCDEFGHIJK␣␣␣.
16.ABCDEF.
```

案例拓展 格式说明代码分析

请分析以下程序的输出结果，并理解相关格式说明符的功能。

```
#include <stdio.h>
int main(){
    int a=1234;
    printf("\n01.a=%d.a=%#d", a,a);
    printf("\n02.a=%o.a=%#o", a,a);
    printf("\n03.a=%x.a=%#x", a,a);
    printf("\n05.a=%-8X.a=%#8X", a,a);
    printf("\n06.a=%08X.a=%#08X", a,a);
    return 0;
}
```

3. 标准格式输入函数 scanf()

C 语言中的标准格式输入函数是 scanf()，功能为：从标准输入设备(键盘)上读取用户输入的数据，并将输入的数据赋值给相应的变量。

调用输入函数 scanf()的一般形式为：

```
scanf(格式控制字符串,变量地址列表)
```

功能说明：

(1) 格式控制字符串是用来规定以何种形式从输入设备上接收数据，也就是规定用户以何种格式输入数据。格式控制字符串中包含以下三种字符。

① 格式说明符：这里的格式说明符与 printf()函数中的格式说明符基本相同，一个格式说明符代表一个输入的数据。

② 空白字符：空白字符会使 scanf()函数在读取数据时略去输入数据中的一个或多个空白字符。空白字符包括空格、回车和制表符(Tab 键)。

③ 普通字符：在输入数据时普通字符要原样输入。

(2) 变量地址列表是用逗号分隔的变量地址，与格式说明符一一对应。取变量地址的运算符为 &。

(3) 函数从前向后读取数据，如果突然读到非法数据，则函数结束，程序会往下运行并不报错。但从遇到非法数据的变量开始，以后的变量将得不到输入的值，通常它们的值是随机的(内存中原有的值)。

(4) 格式说明中也可以规定场宽，用来表示接收数据的最大位数。

(5) 读取某个具体整型或实型数据时，遇到第一个不是空白的字符便开始，遇到下列情况时认为该数据结束：空白字符、达到指定宽度、非法输入。

案例 03-02-02 使用格式说明符输入整数

案例代码 03-02-02.c

```
#include <stdio.h>
int main(){
  int a,b,c,d;
  scanf("%d%d", &a, &b);
```

```
    scanf("%d,%d",&c,&d);
    printf("a=%d,b=%d,c=%d,d=%d\n",a,b,c,d);
    printf("a+b+c+d=%d",a+b+c+d);
    return 0;
}
```

执行程序输入：

```
12□34□56,78↙(□表示一个空格,↙表示一个回车,下同)
```

程序输出：

```
a=12,b=34,c=56,d=78
a+b+c+d=180
```

程序分析：

scanf("%d%d",&a,&b);语句中,"%d%d"的意义是：首先读取一个整数赋给变量 a,然后忽略若干空白字符(空格、回车、TAB),最后再读入另一个整数赋给变量 b。

scanf("%d,%d",&c,&d);语句中,"%d,%d"的意义是：读一个整数赋给 c,再读一个逗号,再读一个整数赋给变量 d,逗号作为普通字符要原样读入。

再次执行该程序,输入：

```
12□34□56□78↙
```

程序输出：

```
a=12,b=34,c=56,d=32767
a+b+c+d=32869
```

程序分析：

简单地说,当读完整数 56 并赋给变量 c 之后,程序要求读一个逗号,而此时输入数据(输入流)中剩下的第一个字符是空格,所以 scanf()函数因发生内部错误而结束,变量 d 并没有得到赋值,它的值是不可预期的(内存中原有的值)。

案例拓展 使用格式说明符输入实数

请编程输入 4 个实数,并输出它们的方差,结果保留 4 位小数。请注意格式说明符 %lf 的使用。(提示：方差是各个数据与平均数之差的平方的平均数)

4. 字符型数据输入输出

通过 scanf()函数输入数据时,用户从键盘上输入的一串字符,可以看作一个字符流,程序从该字符流中依次读取数据。

当用 scanf()函数输入字符数据时,如果格式说明符%c 前面没有空格,则输入流中的空白字符将会被当作一个字符读走;如果格式说明符%c 前面有空格,则输入流中的空白字符将会被忽略，从而读取下一个非空白字符。

C语言还提供了以下专门的字符输入输出函数。

字符输出函数 putchar(表达式 c)的功能是在标准输出设备(显示器)上输出一个字符，表达式 c 的值为将要输出的字符或其 ASCII 码。

字符输入函数 getchar()的功能是从标准输入设备(键盘)上读入一个字符，返回值为读入的字符(ASCII 码)。

案例 03-02-03 读取字符

案例代码 03-02-03.c

```
#include <stdio.h>
int main(){
  int a1,a2;
  char c1,c2;
  scanf("%d%c",&a1,&c1);
  scanf("%d %c",&a2,&c2);
  printf("a1=%d,c1=%c,c1=%d\n",a1,c1,c1);
  printf("a2=%d,c2=%c,c2=%d\n",a2,c2,c2);
  return 0;
}
```

执行程序，输入：

```
5□□□6□□□A□↙
```

输出：

```
a1=5,c1= ,c1=32
a2=6,c2=A,c2=65
```

程序分析：

语句 scanf("%d%c",&a1,&c1);在正确读入整数 5 给 a1 后，又读取到输入流中的字符空格给 c1。

语句 scanf("%d %c",&a2,&c2);在正确读入整数 6 给 a2 后，由于格式说明符%c 前有一个空格，所以忽略掉若干空白字符后，读取到输入流中的第一个非空白字符 A 给 c2。

案例拓展 字符输入分析

对于以上案例，请分析以下输入时的执行结果，积极思考并参与研讨。

输入样例 1：

```
5,6.
```

输入样例 2：

```
□□□5678□□□90
```

5. 从输入流中跳过某些数据

字符'*'用于格式说明中(例如%*d),表示在输入流中读入数据后不做赋值处理,直接忽略。

案例 03-02-04 某些输入被忽略

案例代码 03-02-04.c

```
#include<stdio.h>
int main(){
  int a,b;
  scanf("%d%*d%*2d%d",&a,&b);
  printf("a=%d,b=%d",a,b);
  return 0;
}
```

执行程序,输入:

```
123 4  56789↙
```

输出:

```
a=123,b=789
```

程序分析:

格式说明"%d%*d%*2d%d"的含义是:先读 1 个整数 123 给 a,再读 1 个整数 4 忽略,再读 1 个 2 位整数 56 忽略,再读整数 789 给 b。

对于上例程序,再次执行程序,输入:123 45 6 789↙,同样输出:a=123,b=789。请分析执行结果。

案例拓展 输入定制

输入数据是一大串数字,要求读取五个数,但要求只处理其中的第 1、3、5 个数,输出这三个数的和。第一个数只读 1 位数,第二个数只读 2 位数,第三个数只读 3 位数,第四个数只读 4 位数,第五个数只读 5 位数。

输入样例:

```
1234567890123456789
```

输出样例:

```
12802     (注:实际为 1+456+12345 的和)
```

6. scanf()函数的返回值

scanf()函数有返回值,具体为成功读入数据的个数。如果开始读入数据时就遇到

“文件结束”(后面没有数据了,在线评测时非常有用),则返回 EOF(−1)。

案例 03-02-05 scanf()函数的返回值

案例代码 03-02-05.c

```
#include<stdio.h>
int main(){
    int a,b,s;
    s=scanf("%d%d",&a,&b);
    printf("a=%d,b=%d,s=%d",a,b,s);
    return 0;
}
```

执行程序,几组输入输出结果如下:

输入样例 1: 23 54 89↙ 输出样例 1: a=23,b=54,s=2	输入样例 2: 23,54↙ 输出样例 2: a=23,b=5064,s=1	输入样例 3: X23A54↙ 输出样例 3: a=356,b=5064,s=0	输入样例 4: ^Z^Z↙ 输出样例 4: a=1,b=0,s=-1

程序分析:

第 1 组输入数据,程序成功读入两个数据,scanf()函数的返回值为 2;

第 2 组输入数据,程序成功读入一个数据,scanf()函数的返回值为 1。变量 b 没有读到数据,其值是不确定的,也是没意义的;

第 3 组数据没有读入成功,scanf()函数的返回值为 0。变量 a 和 b 没有读到数据,其值是不确定的,也是没意义的;

第 4 组数据中输入的是两次 CTRL+Z,CTRL+Z 在 Windows 操作系统中表示文件结束符(输入流结束,通常按两次才好使)。因为读第一个数据时就遇到了文件结束符,输入流中无数据可读,所以此时 scanf()函数的返回值为−1,变量 a 和 b 没有读到数据,其值是不确定的,也是没意义的。

案例拓展 输出几个数的和

编程输入最少 1 个最多不超过 4 个整数,输出它们的和。

```
输入样例 1:5 6 7 8          输出样例 1:26
输入样例 2:1 5              输出样例 2:6
输入样例 3:1 5 4            输出样例 3:10
输入样例 4:5                输出样例 4:5
```

温馨提示:输入数据时可以在最后一个数据后输入 CTRL+Z 两次,再按回车键表示输入流结束。请使用条件运算符完成不同情况的判断。

3.3 顺序结构的应用

案例 03-03-01 统计三个数

编程输入三个整数,输出这三个整数的和及平均值。

这是一个比较简单的问题,但请读者朋友注意三个整数的平均值可能是一个实数,所以在定义变量时,要将代表平均值的变量定义成浮点数。程序如下:

案例代码 **03-03-01.c**

```
#include<stdio.h>
int main(){
    int num1,num2,num3,sum;
    double aver;
    printf("Please input three numbers:");
    scanf("%d%d%d",&num1,&num2,&num3);              /* 输入三个整数    */
    sum=num1+num2+num3;                              /* 求和           */
    aver=sum/3.0;                                    /* 求平均值        */
    printf("num1=%d,num2=%d,num3=%d\n",num1,num2,num3);  /* 输出结果 */
    printf("sum=%d,aver=%lf\n",sum,aver);
    return 0;
}
```

执行程序,在提示信息后输入:

```
Please input three numbers:11 12 13↙
```

输出:

```
num1=11,num2=12,num3=13
sum=36,aver=12.000000
```

案例 03-03-02 三角形面积

输入三角形的三边长 a、b、c,输出其面积 s(假设用户输入的 a、b、c 可以构成三角形)。

已知三角形的三边长,可以利用海伦公式计算它的面积。设三角形的三边长分别为 a、b 和 c,$p=\frac{(a+b+c)}{2}$,则计算该三角形面积的海伦公式为 $s=\sqrt{p(p-a)(p-b)(p-c)}$。由此,就能得到以下程序。

案例代码 **03-03-02.c**

```
#include<stdio.h>
#include<math.h>
int main(){
```

```
    double a,b,c,p,s;
    scanf("%lf%lf%lf",&a,&b,&c);
    p=(a+b+c)/2.0;
    s=sqrt(p*(p-a)*(p-b)*(p-c));
    printf("s=%lf",s);
    return 0;
}
```

执行程序,输入:

```
3 4 5↙
```

输出:

```
s=6.000000
```

再次执行程序,输入:

```
6 8 10↙
```

输出:

```
s=24.000000
```

因为在程序中使用了开平方的函数 sqrt(),所以要在程序开始处加上预处理命令#include<math.h>。

案例 03-03-03 一元二次方程的两个根

输入一元二次方程的三个系数 a、b、c 的值,输出其两个根(假设方程有实根)。

一元二次方程的求根公式大家一定不陌生,请先编写解决该问题的程序,通过上机运行检验程序的正确性,然后再和下面的程序对比,相信读者朋友们一定会很快地掌握和理解这一问题。

案例代码 03-03-03.c

```
#include<stdio.h>
#include<math.h>
int main(){
    double a,b,c,deta,x1,x2;
    scanf("%lf %lf %lf",&a,&b,&c);
    deta=b*b-4*a*c;
    x1=(-b+sqrt(deta))/(2*a);
    x2=(-b-sqrt(deta))/(2*a);
    printf("\nX1=%lf\nX2=%lf",x1,x2);
    return 0;
}
```

执行程序,输入:

```
1  4  3↙
```

输出:

```
X1=-1.000000
X2=-3.000000
```

执行程序,输入:

```
1 2 1↙
```

输出:

```
X1=-1.000000
X2=-1.000000
```

程序分析:

对于上面的程序,请大家一定要注意避免经常有人会犯的一个错误,那就是将求根的语句写成:

```
x1=-b+sqrt(deta)/2*a;
x2=-b-sqrt(deta)/2*a;
```

请大家分析一下,这样书写程序,会得到正确的结果吗?应该怎样避免出现此类错误呢?

案例 03-03-04 倒序 4 位数

输入一个 4 位的正整数,倒序输出。

关于这个问题,可以这样考虑:要想倒序输出一个整数,需要知道这个整数的每位数字是多少,然后将这些数字倒序输出就可以了。可以在输入语句中依次读入每一位数字,程序如下:

案例代码 **03-03-04-A.c**

```
#include<stdio.h>
int main(){
    int a,b,c,d;
    scanf("%1d%1d%1d%1d",&a,&b,&c,&d);
    printf("\n%d%d%d%d",d,c,b,a);
}
```

执行程序,输入:

```
1234↙
```

输出：

```
4321
```

再次执行程序，输入：

```
1  23   4567↙
```

输出：

```
4321
```

可以看出，通过输入4个1位正整数实现输入一个4位正整数，所以才会出现后一种输入输出结果。

也可以采取一次读取整个4位整数，然后通过运算处理得到它的各个数位上的数字。

案例代码 **03-03-04-B.c**

```
#include<stdio.h>
int main(){
    int n,a,b,c,d;
    scanf("%d",&n);                 /* 输入整数      */
    a=n/1000;                       /* 取得千位数字  */
    b=n%1000/100;                   /* 取得百位数字  */
    c=n%100/10;                     /* 取得十位数字  */
    d=n%10;                         /* 取得个位数字  */
    printf("%d%d%d%d",d,c,b,a);
    return 0;
}
```

执行程序，输入：

```
1234↙
```

输出：

```
4321
```

执行程序，输入：

```
2500↙
```

输出：

```
0052
```

执行程序，输入：

```
123  4↙
```

输出：

```
3210
```

此程序一次性读取一个完整的 4 位整数，通过取余数和除法操作的解析方法取得各位数字(1 位数)，最后反序一位一位输出。

也可以根据解析出的 4 位数字构造一个新的 4 位数，然后输出(见下例)。

案例代码 **03-03-04-C.c**

```
#include<stdio.h>
int main(){
    int n,a,b,c,d;
    scanf("%d",&n);                  /* 输入整数                    */
    a=n/1000;                        /* 取得千位数字                */
    b=n%1000/100;                    /* 取得百位数字                */
    c=n%100/10;                      /* 取得十位数字                */
    d=n%10;                          /* 取得个位数字                */
    n=d*1000+c*100+b*10+a;           /* 重新组合成一个新的 4 位数   */
    printf("\n%04d",n);              /* 输出结果,若不足 4 位,则前补 0   */
    return 0;
}
```

程序执行结果同上例，请读者自行试验其他输入输出案例。

关于如何取得一个整数的各位数字，本程序中已经给读者做出了示范，这一应用技巧在以后还会多次用到，请大家一定掌握。

案例 03-03-05 大小写转换

输入一字母(大写或小写)，输出其对应的另一字母(小写或大写)。

案例分析：

字符型数据和整型数据可以混合运算。一个字符其实就是一个整数，在数值上等于它的 ASCII 码。而一个大写字符的 ASCII 码和其对应的小写字符的 ASCII 码总是相差 32。输入一个字符后，在输出结果以前应该首先判断它是否为一个大写字符，如果是，则输出它加上 32 后的值；如果不是，则输出它减去 32 后的值(前提是用户输入的必须是字母)。具备判断功能的运算符只有条件运算符，所以得到如下程序：

案例代码 **03-03-05.c**

```
#include<stdio.h>
int main(){
    char n;
    n=getchar();
    putchar(n>=65&&n<=65+25?n+32:n-32);
    return 0;
}
```

执行程序，输入：

```
ABCD↙
```

输出：

```
a
```

执行程序，输入：

```
abcd↙
```

输出：

```
A
```

案例 03-03-06 辛巳蛇宝男

2001 年 01 月 24 日是农历辛巳蛇年的春节（大年初一），2002 年 02 月 11 日是辛巳蛇年的除夕。赵中瑞同学的生日是 2002 年 01 月 07 日，所以称他为"辛巳蛇宝男"，赵中瑞想知道还有谁和他一样是"辛巳蛇宝男"，试帮他找出来。

输入格式：一行中给出一个中华人民共和国的二代身份证号和姓名，中间没有空格。注意：身份证号倒数第 2 位若为奇数，则为男生；若为偶数，则为女生。为保密，样例中的身份证号前 6 位统一设为 239999。

输出格式：若是"辛巳蛇宝男"，则输出 YES，否则输出 NO。

```
输入样例 1:239999200003132617于龙        输出样例 1:NO
输入样例 2:239999200002210832杨冰        输出样例 2:NO
输入样例 3:239999200201131429张玮娜      输出样例 3:NO
输入样例 4:239999200201210017刘哲        输出样例 4:YES
```

案例代码：**03-03-06.c**

```
#include<stdio.h>
int main(){
  int t,date,y;
  scanf("%*6d%8d%*2d%1d",&date,&y);
  printf( date>=20010124&&date<=20020211&&y%2==1?"YES":"NO" );
  return 0;
}
```

案例 03-03-07 X 在哪里

X 同学是好学生。他每天严格按作息时间过着"宿舍—食堂—教室"三点一线的生活。他早 6 点前，晚 6 点后在宿舍学习，早上 6 点至 7 点、中午 12 点至 1 点、下午 5 点至 6 点在食堂吃饭，其余时间在教室上课。你知道 X 现在在哪里吗？（不许用 if 语句和 switch 语句）

输入格式：一行中给出当天的一个时间点，形如：HH:MM:SS，HH 表示小时，MM 表示分，SS 表示秒，全天时间采用 24 小时制表示。

输出格式：根据不同情况，输出一行文本，若确定在宿舍，则输出 dormitory；若确定在食堂，则输出 canteen；若确定在教室，则输出 classroom；两段时间交接处不确定在哪里时，则输出 on the way。

```
输入样例 1:20:10:20          输出样例 1:dormitory
输入样例 2:06:00:00          输出样例 2:on the way
输入样例 3:08:00:00          输出样例 3:classroom
输入样例 4:17:30:00          输出样例 4:canteen
```

案例代码：**03-03-07.c**

```
#include<stdio.h>
int main(){
  int h,m,s,t;
  scanf("%d%*c%d%*c%d",&h,&m,&s);
  t=h*10000+m*100+s;
  t>60000&&t<70000 || t>120000&&t<130000 || t>170000&&t<180000 ?
      printf("canteen"):0;
  t>70000&&t<120000 || t>130000&&t<170000 ? printf("classroom"):0;
  t<60000 || t>180000 ? printf("dormitory"):0;
  t==60000||t==70000||t==120000||t==130000||t==170000||t==180000 ?
     printf("on the way"):0;
  return 0;
}
```

案例 03-03-08 日期格式化

世界上不同国家有不同的写日期的习惯。例如，美国习惯写成"月-日-年"，而中国习惯写成"年-月-日"。于龙同学在写一些日期时不小心把年份写错位置了，可能在最前，可能在中间，也可能在最后。请写一个程序，自动把读入的于龙日期改写成中国习惯的日期。

输入格式：在一行中按照"mm-dd-yyyy"或"mm-yyyy-dd"或"yyyy-mm-dd"的格式给出年、月、日。题目保证给出的日期是 1900 年元旦至今合法的日期，保证月在前日在后，保证年份是 4 位数。

输出格式：在一行输出正确的中国人习惯的日期格式，要求月份和日期都用 2 位输出，若不足 2 位，则前补 0。

```
输入样例:5-1-2019            输出样例:2019-05-01
输入样例:11-2019-05          输出样例:2019-11-05
```

案例代码 **03-03-08.c**

```
#include<stdio.h>
int main(){
  int a,b,c,y,m,d;
```

```
    scanf("%d%*c%d%*c%d",&a,&b,&c);
    a>=1000?(y=a,m=b,d=c):
    b>=1000?(y=b,m=a,d=c):
            (y=c,m=a,d=b);
    printf("%4d-%02d-%02d",y,m,d);
    return 0;
}
```

习题 3

一、单项选择题

1. C 语言的程序在编写源文件时，________。

(A) 一行只能写一个语句　　(B) 一个语句只能写在一行

(C) 一个语句可以写在多行　　(D) 语句可在任意处断开写在多行

2. 执行下列程序片段时输出结果是________。

```
float x=-1023.012;
printf("%8.3f,",x);
printf("%10.2f",x);
```

(A) 1023.012，　－1023.012　　(B) －1023.012，　－1023.01

(C) 1023.012，－1023.012　　(D) －1023.012，－1023.012

3. 已有如下定义和输入语句，若要求 a1，a2，c1，c2 的值分别为 10，20，A 和 B，当从第一列开始输入数据时，正确的数据输入方式是________。

```
int a1,a2; char c1,c2;
scanf("%d%c%d%c",&a1,&c1,&a2,&c2);
```

(A) 10A　　20↙B↙　　(B) 10　　A　　20　　B↙

(C) 10A20B↙　　(D) 10A20　　B↙

4. 执行下列程序片段时，输出结果是________。

```
int x=13,y=5;
printf("%d",x%=(y/=2));
```

(A) 3　　(B) 2　　(C) 1　　(D) 0

5. 若定义 x 为 double 型变量，则能正确输入 x 值的语句是________。

(A) scanf("%f",x);　　(B) scanf("%d",&x);

(C) scanf("%lf",&x);　　(D) scanf("%o",&x);

二、写出程序的运行结果

1. 写出下列程序的运行结果。

```
#include<stdio.h>
int main(){
    int x=3,y=5,z=7;
    printf("%d,%d\n",(x++,--y),++z);
    return 0;
}
```

2. 写出下列程序的运行结果。

```
#include<stdio.h>
int main(){
    int a=12345;
    double  b=-198.345, c=6.5;
    printf("a=%4d,b=%-10.2e,c=%6.2f\n",a,b,c);
    return 0;
}
```

三、编程题

1. 编程输入圆柱体的底半径 r，高 h，输出其体积。

2. 输入一个华氏温度 F，要求输出摄氏温度 c。转换公式为 $c=\frac{5}{9}(F-32)$。

3. 从键盘输入 5 个整数，求它们的和、平均值并输出。

4. 编写程序，从键盘上输入一个大的秒数，将其转换为几小时几分钟几秒的形式。例如输入 5000，得到的输出为 1 小时 23 分钟 20 秒。

5. 编程，让计算机生成一个 1～6 的随机整数来表示骰子的点数，由用户输入 1 个字符猜大小(规定 1、2、3 点小，4、5、6 点大)，输入字符'1'猜大，输入字符'2'猜小，输出用户猜的是否正确。

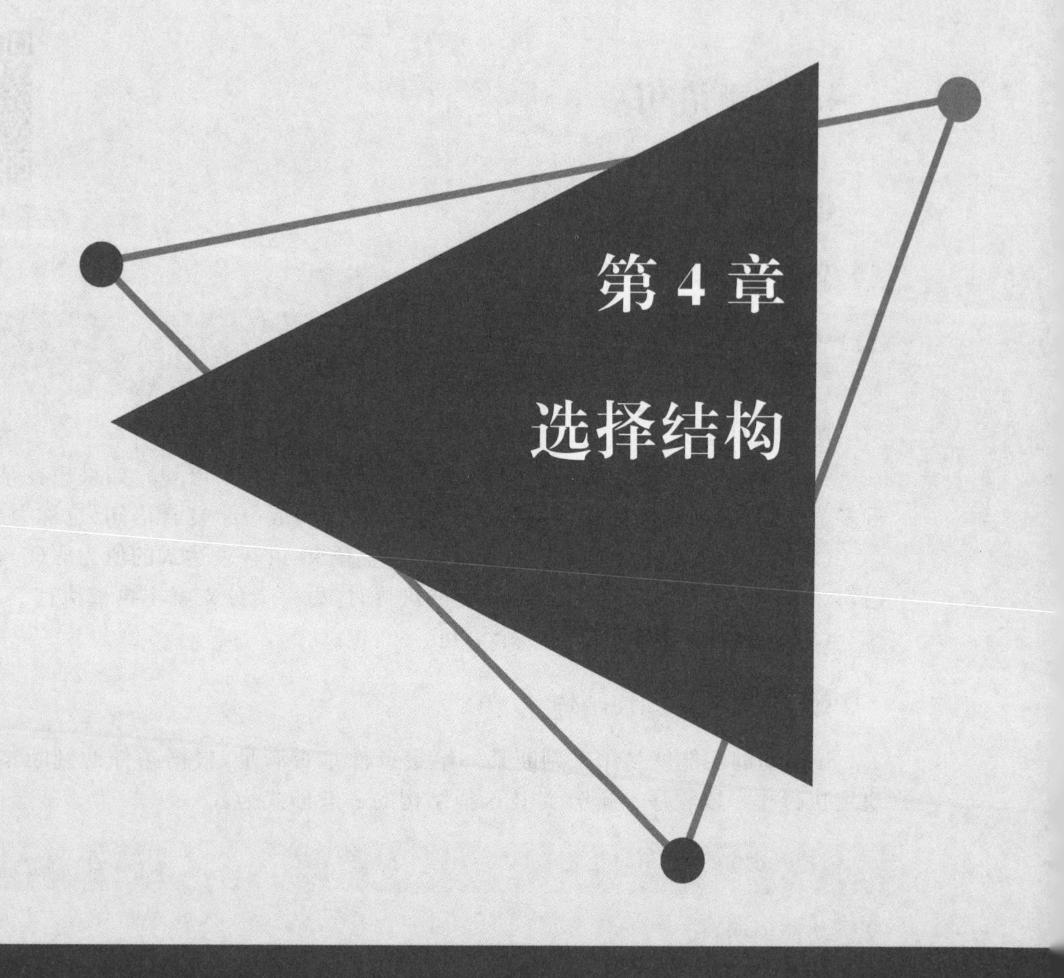

第4章 选择结构

顺序结构的程序是按语句的书写顺序依次执行的。有时需要根据某个条件的成立与否决定哪些语句执行，而哪些语句不执行，这就是选择结构的程序。C语言提供了 if 语句(if-else 结构)和 switch 语句。本章主要介绍这两个语句在选择结构程序设计中的应用。

本章学习目标

(1) 掌握语句的用法。

(2) 掌握 switch 和 break 语句的用法。

(3) 掌握应用选择结构程序解决问题的方法。

第 4 章案例代码

4.1 if 语句

1. 双分支 if 选择结构

双分支 if 语句的一般形式是：

```
if(表达式)  分支语句 1;
else        分支语句 2;
```

功能说明：

(1)if 和 else 后面各有一个分支，每个分支只能是一个语句。如果想在某个分支中执行多个语句，必须用大括号{}将这些语句括起来，构成一个复合语句(也称为分程序)。

(2)若表达式的值为真(非 0)，则执行分支语句 1；若表达式的值为假(0)，则执行分支语句 2，如图 4-1 所示。当有一个分支被执行时，另一个分支就不再被执行。

(3) if 语句从整体上看是一个语句。

2. 单分支 if 选择结构

if 语句的功能就是用来判断某一给定条件是否满足，根据条件的判断结果(真或假)决定执行哪一段程序。单分支 if 选择结构的一般形式为：

```
if(表达式) 分支语句;
```

功能说明：

括号中表达式的值是非 0 时为真、是 0 时为假，通常是条件表达式，或者是逻辑表达式。如果表达式的值为真(非 0)，就执行分支语句，否则不执行，如图 4-2 所示。

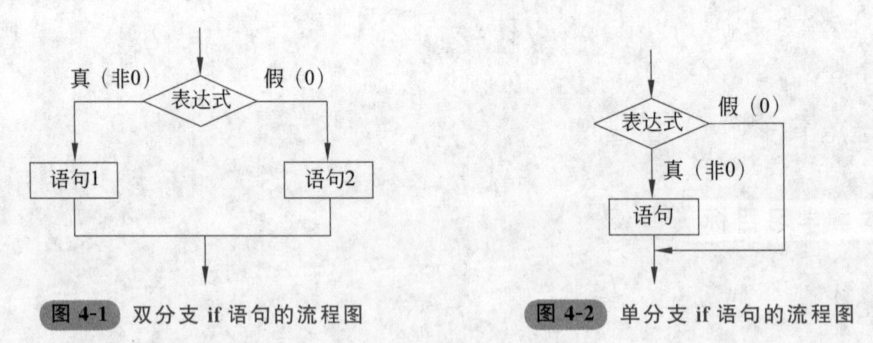

图 4-1 双分支 if 语句的流程图　　图 4-2 单分支 if 语句的流程图

案例 04-01-01 输出绝对值

输入一个整数，编程输出其绝对值。

案例代码 **04-01-01-A.c**(一个双分支 **if** 语句)

```
#include<stdio.h>
```

```
int main(){
    int i;
    scanf("%d",&i);
    if(i>=0)
        printf("%d",i);
    else
        printf("%d",-i);
    return 0;
}
```

案例代码 04-01-01-B.c（两个单分支 if 语句）

```
#include<stdio.h>
int main(){
    int i;
    scanf("%d",&i);
    if(i>=0)  printf("%d",i);
    if(i<0)   printf("%d",-i);
    return 0;
}
```

案例代码 04-01-01-C.c（一个单分支 if 语句）

```
#include<stdio.h>
int main(){
    int i;
    scanf("%d",&i);
    if(i<0) i=(-i);
    printf("%d",i);
    return 0;
}
```

案例代码 04-01-01-D.c（没用 if 语句，用条件运算符解决）

```
#include<stdio.h>
int main(){
    int i;
    scanf("%d",&i);
    printf("%d",i>=0?i:-i);
    return 0;
}
```

执行程序，输入：－5，输出：5。

再次执行程序，输入：13，输出：13。

程序分析：

案例代码 06-01-01-B.c 中的两个单分支 if 语句是相互独立的，彼此没有任何关系，前一个 if 语句的执行不影响后一个 if 语句。

案例拓展 01 奇数或偶数

编程输入一个正整数,输出它是奇数还是偶数,请仿照上例至少用 4 种方法解决。

```
输入样例 1:5     输出样例 1:Odd
输入样例 2:6     输出样例 2:Even
```

案例拓展 02 整数符号

输入一个整数,请输出它的符号(正数输出+,负数输出-,零输出 0)。

案例 04-01-02 两个数排序

输入两个整数,编程按从小到大的顺序输出。

```
输入样例:8 5          输出样例:5 8
```

案例代码 04-01-02.c(交换变量值)

```
#include<stdio.h>
int main(){
    int m,n,t;
    scanf("%d%d",&m,&n);
    if(m>n){
      t=m; m=n; n=t;
    }
    printf("%d,%d",m,n);
    return 0;
}
```

程序分析:

程序中 if 语句的分支是一个复合语句,是一个整体。要么整体执行一次,要么整体不执行。复合语句中的三个赋值语句实现的就是交换两个变量 m 和 n 的值。

通过比较交换可以排序,这是一个非常重要的方法,在以后的很多问题中会反复应用,请大家熟练掌握。

案例拓展 01 三个数排序

编程输入三个整数,按从小到大的顺序输出。

案例拓展 02 四个数排序

编程输入四个整数,按从小到大的顺序输出。

3. if 语句的嵌套

if 语句的某一个分支是另一个 if 语句,这种情况被称为 if 语句的嵌套。

if 语句嵌套的一般形式如下:

```
if(   )
    if(   ) 语句 1;
```

```
    else    语句 2;
else
    if(   ) 语句 3;
    else    语句 4;
```

从以上的嵌套形式,可以很清楚地看到内外层之间的嵌套关系。但对于以下形式,就不那么容易了,例如:

```
if(   )
    if(   ) 语句 1;
else
    if(   ) 语句 2;
    else     语句 3;
```

虽然在上面的程序结构中好像第一个 if 与第一个 else 是配对关系,但事实并不是这样的。由于 C 语言程序的语句在书写上是很自由和随意的,所以不能简单地从书写格式上判断 if 和 else 的配对关系。那么,C 语言对这个问题是怎么规定的呢?

C 语言规定,从最内层开始,else 总是与它上面最近的 if(未曾和其他 else 配对过)配对。由此可以看出,上例中的第一个 if 没有 else 与之配对。为了强调 if 与 else 的配对关系,可以使用复合语句。例如:

```
if(   ){
  if(   )  语句 1;
}
else{
    if(   )语句 2;
    else  语句 3;
}
```

这样,此结构就变成了整体上的双分支选择结构。在编写类似结构的程序时,一定要注意这个问题,有时使用复合语句是一个良好的习惯。

4. 多分支 if 选择结构

if 语句的嵌套从根本上说属于多种情况的问题,此时可以使用多分支 if 选择结构(图 4-3)来解决。

多分支 if 选择结构的一般形式为:

```
if(表达式 1)          分支语句 1;
else if(表达式 2)     分支语句 2;
else if(表达式 3)     分支语句 3;
    ...
else if(表达式 n)     分支语句 n;
else                  分支语句 n+1;
```

功能说明:

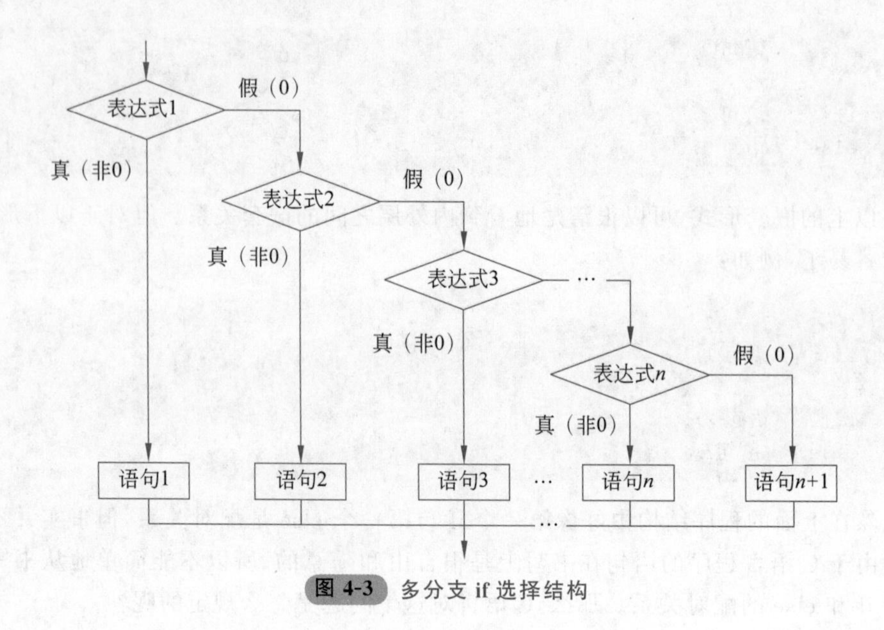

图 4-3 多分支 if 选择结构

整体上看，这是一个多分支选择结构，是一个语句。从上至下考察括号内的表达式，当某个表达式的值为真时，执行其对应的分支语句，其他分支都不执行。若所有表达式的值均为假，则执行最后一个 else 分支的分支语句。也可以不加最后的 else 分支。

案例 04-01-03 一元二次方程

编程输出一元二次方程 $ax^2+bx+c=0$ 的根。系数 a、b、c（实数）的值从键盘中输入，要求按不同情况输出方程的两个不同的实根、两个相同的实根和方程没有实根的情形。

输入样例 1：

```
1.0 5.0 4.0
```

输出样例 1：

```
x1=-1.000000
x2=-4.000000
```

输入样例 2：

```
1 2 1
```

输出样例 2：

```
x1=x2=-1.000000
```

输入样例 3：

```
1 1 9
```

输出样例 3：

```
This equation has no real root!
```

案例分析：

大家都知道，一元二次方程的根有三种情形：

(1) 当 $b^2-4ac>0$ 时，方程有两个不同的实根：

$$x_1=\frac{-b+\sqrt{b^2-4ac}}{2a},\quad x_2=\frac{-b-\sqrt{b^2-4ac}}{2a}$$

(2) 当 $b^2-4ac=0$ 时，方程有两个相同的实根：$x_1=x_2=\frac{-b}{2a}$

(3) 当 $b^2-4ac<0$ 时，方程没有实根。

本例提出的问题涉及三种情况，可以分别用三个独立的单分支 if 选择结构来完成，每个 if 语句完成一种情况的判断。程序如下：

案例代码 **04-01-03.c**

```
#include<math.h>
int main(){
    double a,b,c,deta,x1,x2;
    scanf("%lf %lf %lf",&a,&b,&c);
    deta=b*b-4*a*c;
    if(deta>0){
      x1=(-b+sqrt(deta))/(2*a);
      x2=(-b-sqrt(deta))/(2*a);
      printf("x1=%lf\n", x1);
      printf("x2=%lf\n", x2);
    }
    if(deta==0)
      printf("x1=x2=%lf",(-b)/(2*a));
    if(deta<0)
      printf("This equation has no real root!");
    return 0;
}
```

执行程序，输入输出结果同样例。

案例拓展 三角形

输入三条线段的长度(实型)，根据是否能组成三角形，输出以下结果之一：锐角三角形、直角三角形、钝角三角形、不能构成三角形。

案例 04-01-04 超市促销

已知某超市大白菜正在促销，单次购买 5kg 以下 1.8 元/kg；5kg 以上(包括 5kg，下同)1.6 元/kg；10kg 以上 1.4 元/kg；20kg 以上 1.0 元/kg。编程输入购买大白菜的千克数，输出应付的钱数。

案例代码 **04-01-04-A.c**

```
#include<stdio.h>
int main(){                                    //多分支 if 语句
    double g,y;
    scanf("%lf",&g);
    if(g<5)         y=1.8*g;
    else if(g<10)   y=1.6*g;
    else if(g<20)   y=1.4*g;
    else            y=1.0*g;
    printf("%lf",y);
    return 0;
}
```

执行程序,输入:2.5

输出:4.500000

执行程序,输入:12.6

输出:17.640000

执行程序,输入:68

输出:68.000000

案例代码 **04-01-04-B.c**

```
#include<stdio.h>
int main(){                                    //双分支 if 语句嵌套
  double g,y;
  scanf("%lf",&g);
  if(g<10){                                    //(0,10)
      if(g<5)   y=1.8*g;                       //(0,5)
      else      y=1.6*g;                       //[5,10)
  }
  else{                                        //[10,无穷)
      if(g<20) y=1.4*g;                        //[10,20)
      else     y=1.0*g;                        //[20,无穷)
  }
  printf("%lf",y);
  return 0;
}
```

案例代码 **04-01-04-C.c**

```
#include<stdio.h>                              //条件运算符
int main(){
    double g,y;
    scanf("%lf",&g);
    y=g<5?1.8*g:(g<10?1.6*g:(g<20?1.4*g:1.0*g));
    printf("%lf",y);
    return 0;
}
```

案例代码 04-01-04-D.c

```
#include<stdio.h>                          //妙用逻辑表达式
int main(){
    double g,y;
    scanf("%lf",&g);
    y=((g<5)*1.8+(g>=5&&g<10)*1.6+(g>=10&&g<20)*1.4+(g>=20)*1.0) * g;
    printf("%lf",y);
    return 0;
}
```

案例拓展 计算邮费

邮局根据邮件的质量和用户是否选择加急计算邮费。计算规则：质量在1000g以内(包括1000g)，基本费为8元。超过1000g的部分，每500g加收超重费4元，不足500g部分按500g计算；如果用户选择加急，则多收5元。

输入格式：输入一行，包含整数和一个字符，以一个空格分开，分别表示质量(单位为g)和是否加急。如果字符是y，说明选择加急；如果字符是n，说明不加急。

输出格式：输出一行，包含一个整数，表示邮费。

```
输入样例：1200 y
输出样例：17
```

案例 04-01-05 某月天数

编程输入年份和月份，输出这一年的这个月有多少天。

```
输入样例 1:2015 10          输出样例 1:31
输入样例 2:2016  2          输出样例 2:29
```

案例分析：

众所周知，一个月有多少天，总共有以下几种情况：

(1) 每年的1、3、5、7、8、10、12月份固定为31天。

(2) 每年的4、6、9、11月份固定为30天。

(3) 每年的2月份，如果是闰年，则为29天。

(4) 每年的2月份，如果是非闰年，则为28天。

据此，应用4个单分支if语句得到如下的程序：

案例代码 04-01-05.c

```
#include<math.h>
int main(){
    int year,month,day;
    scanf("%d%d",&year,&month);
    if(month==1||month==3||month==5||month==7||
       month==8||month==10||month==12)                         day=31;
    if(month==4||month==6||month==9||month==11)                day=30;
```

```
    if(month==2&&((year%4==0&&year%100!=0)||(year%400==0)))     day=29;
    if(month==2&&!((year%4==0&&year%100!=0)||(year%400==0)))    day=28;
    printf("%d",day);
    return 0;
}
```

案例拓展 第几天

编程输入年、月、日三个整数(保证是合法日期),输出这一天是这一年的第几天。

```
输入样例 1:2050 10 1          输出样例 1:304
输入样例 2:2060 5 31          输出样例 2:152
```

4.2 switch 语句和 break 语句

1. switch 语句

C 语言提供了一个专门的多分支选择结构语句:switch 语句。

switch 语句的一般形式是:

```
switch(表达式){
  case 常量表达式 1:
       语句序列 1;
  case 常量表达式 2:
       语句序列 2;
       ....
  case 常量表达式 n:
       语句序列 n;
  default:
       语句序列 n+1;
}
```

功能说明:

(1) 括号内表达式的值必须是有序可数的类型(如字符型、整型或枚举型),不能是实型等无序不可数的类型。

(2) 每个 case 结构是一个分支。每个 case 后面的值只能是常量表达式,常量表达式后要加冒号。每个冒号的后面就是一个分支语句序列,如果是多条语句,则可以不定义成复合语句。default 也是一个分支,该分支也可以省略。

(3) 执行过程:首先求解括号内表达式的值,然后按从上至下的顺序依次与每个 case 后的常量比较。如果相等,就执行这一分支及其以后的所有分支。如果都不相等,就执行 default 分支。

2. break 语句

break 语句的一般形式是：

```
break;
```

它的功能是跳出 switch 结构，结束 switch 语句，这样就可以阻止不必要的分支参与执行。

案例 04-02-01 输出分数成绩

用字符代表成绩水平，规定 A 代表[90-100]、B 代表[80-90)、C 代表[70-80)、D 代表[60-70)、E 代表[0-60)。请编程输入一个字符，输出这个字符所代表的分数范围。

案例代码 04-02-01.c

```
#include<stdio.h>
int main(){
    char s;
    scanf("%c",&s);
    switch(s){
        case 'A': printf("[90-100]"); break;
        case 'B': printf("[80-90)");  break;
        case 'C': printf("[70-80)");  break;
        case 'D': printf("[60-70)");  break;
        case 'E': printf("[0-60)");   break;
        default:  printf("Error!");
    }
    return 0;
}
```

执行程序，输入：

```
A
```

输出结果为：

```
[90-100]
```

再次执行程序，输入：

```
C
```

输出结果为：

```
[70-80)
```

请分析如果没有 break 语句，输出结果会是什么样？使用 switch 语句时，一定要注意恰当地使用 break 语句。

案例拓展 01：输出成绩等级

用字符代表成绩水平，规定 A 代表[90-100]、B 代表[80-90)、C 代表[70-80)、D 代表[60-70)、E 代表[0-60)。请编程输入一个成绩（整数），输出代表该成绩的字符。

案例拓展 02：汽车时代

据说看车牌可以知道车辆归属地点，已知黑龙江省车牌归属地的基本规则是：黑 A 表示哈尔滨、黑 B 表示齐齐哈尔、黑 C 表示牡丹江、黑 D 表示佳木斯、黑 E 表示大庆、黑 F 表示伊春、黑 G 表示鸡西、黑 H 表示鹤岗、黑 J 表示双鸭山、黑 K 表示七台河、黑 L 表示松花江地区、黑 M 表示绥化市、黑 N 表示黑河市、黑 P 表示大兴安岭地区、黑 R 表示农垦系统。

输入格式：一个车牌号，例如黑 A36Q61，测试数据，保证所有车牌都是黑字开头。由于不同系统对汉字处理有不同机制，所以测试数据中的汉字黑用两个“-”代替。

输出格式：输出车牌所属地区的拼音全拼，首字母大写。如果不能识别所属地区，则输出 Noname。

```
输入样例:--H54250          输出样例:Hegang
输入样例:--P54250          输出样例:Daxinganlingdiqu
输入样例:--RJ5942          输出样例:Nongkenxitong
输入样例:--X12345          输出样例:Noname
```

4.3 选择结构的应用

案例 04-03-01 一元二次方程的所有根

输入三个系数，求一元二次方程的解，要求输出所有可能的情况，包括复根。

案例代码 **04-03-01.c**

```
#include<stdio.h>
#include<math.h>
int main(){
    double a,b,c,deta,x1,x2,p,q;
    scanf("%lf%lf%lf", &a, &b, &c);              //输入一元二次方程的系数 a、b、c
    deta=b*b-4*a*c;                              //求出 deta 的值
    if(fabs(deta)<=1e-8){                        //deta==0
        printf("x1=x2=%lf", -b/(2*a));           //输出两个相等的实根
    }
    else if(deta>1e-6){                          //deta>0
        x1=(-b+sqrt(deta))/(2*a);                //求出两个不相等的实根
        x2=(-b-sqrt(deta))/(2*a);
        printf("x1=%lf,x2=%lf", x1, x2);
    }
    else{                                        //deta<0
        p=-b/(2*a);                              //求出两个共轭复根的实部、虚部
```

```
        q=sqrt(fabs(deta))/(2*a);
        printf("x1=%lf+%lfi\n", p, q);          //输出两个复根
        printf("x2=%lf-%lfi", p, q);
    }
    return 0;
}
```

案例 04-03-02 计算机出题你来答

编程实现如下功能：让计算机随机出一道形如 A+B 的四则运算题，由用户输出结果。若正确，则输出"GOOD!"；若错误，则输出"SORRY!"。其中，两个运算数为 1～100 范围内的随机整数，运算符为随机产生的加、减、乘、除四种运算之一。

输入样例 1(输入样例中的下画线部分为计算机输出)：

```
56+23=79
```

输出样例 1：

```
GOOD!
```

输入样例 2：

```
45/21=3
```

输出样例 2：

```
SORRY!
```

案例代码 **04-03-02.c**

```
#include<stdlib.h>
int main(){
    int a,b,c,d,op,result;
    srand(time(NULL));              //初始化随机序列
    a=rand()%100+1;                 //产生 1~100 的随机整数
    b=rand()%100+1;
    c=rand()%4+1;                   //产生 1~4 的随机整数,表示运算
    switch(c){
        case 1 : op='+'; result=a+b; break;
        case 2 : op='-'; result=a-b; break;
        case 3 : op='*'; result=a*b; break;
        case 4 : op='/'; result=a/b; break;
    }
    printf("%d%c%d=",a,op,b);
    scanf("%d",&d);
    printf(d==result?"GOOD!":"SORRY!");
    return 0;
}
```

案例 04-03-03 你出题计算机来答

编程实现如下功能：由用户随机输入一个形如 A+B 的四则运算式(加、减、乘、除)，让计算机输出运算结果。

输入样例 1：

```
56+23
```

输出样例 1：

```
56+23=79
```

输入样例 2：

```
12*3
```

输出样例 2：

```
12*3=36
```

案例代码 **04-03-03.c**

```
#include<stdio.h>
int main(){
    int a,b,c,d;
    char op;
    int result;
    scanf("%d%c%d",&a,&op,&b);
    if(op=='/'&&b==0){
      printf("非法操作,除数为 0!");
      exit(0);
    }
    switch(op){
      case '+' : result=a+b; break;
      case '-' : result=a-b; break;
      case '*' : result=a*b; break;
      case '/' : result=a/b; break;
      default  : printf("非法操作符!"); exit(0);
    }
    printf("%d%c%d=%d",a,op,b,result);
    return 0;
}
```

案例 04-03-04 分段函数

已知函数 $y=f(x)$的定义如下,编程输入 x,输出 y。

$$y=\begin{cases}3x+5 & (1\leqslant x<2)\\ 2\sin x-1 & (2\leqslant x<3)\\ \sqrt{1+x^2} & (3\leqslant x<4)\\ x^2-2x+5 & (4\leqslant x<5)\end{cases}$$

案例代码 **04-03-04.c**

```
#include<stdio.h>
#include<math.h>
int main(){
    double x,y;
    scanf("%lf",&x);
    if(x<1||x>=5){
        printf("x值不在定义域内!");
        exit(0);
    }
    else if(x>=1.0&&x<2.0)
        y=3.0*x+5;
    else if(x>=2.0&&x<3.0)
        y=2*sin(x)-1;
    else if(x>=3.0&&x<4.0)
        y=sqrt(1+x*x);
    else if(x>=4.0&&x<5.0)
        y=x*x-2*x+5;
    printf("y=%lf",y);
    return 0;
}
```

案例 04-03-05 于龙加

于龙设计了一个特别的加法规则，加法被重新定义，因此称之为于龙加。两个非负整数的于龙加的意义是将两个整数按前后顺序连接合并形成一个新整数。

输入格式：空格分隔的两个整数。两个整数都是小于 10000 的非负整数。输出格式：一个整数。

```
输入样例 1:123  456          输出样例 1:123456
输入样例 2:12 3456           输出样例 2:123456
输入样例 3:123  0            输出样例 3:1230
```

案例代码 **04-03-05.c**

```
#include<stdio.h>
int main(){
  int a,b,c;
  scanf("%d%d",&a,&b);
  if(b<10)            c=a*10+b;
  else if(b<100)      c=a*100+b;
  else if(b<1000)     c=a*1000+b;
```

```
  else                c=a*10000+b;
  printf("%d",c);
  return 0;
}
```

案例 04-03-06 混合算术

编程输出一个形如 AXBXC 的四则运算式的结果。例如 1＋2＊3、5＊6＋7、100-50/5。

输入格式：在一行内包含一个算式。算式中有 2 个运算符，3 个操作数。运算符保证是“＋、－、＊、/”之一，所有的操作数都是非负整数。除法运算结果与 C 语言整数除法规则一致，所有测试数据中保证除数不为 0。

输出格式：输出算式结果。

```
输入样例 1:1+2*3              输出样例 1:7
输入样例 2:10+20/3            输出样例 2:16
```

案例代码：**04-03-06.c**

```
#include<stdio.h>
int main(){
  int a,b,c,r=0;
  char op1,op2,op;
  int x,y,z;
  scanf("%d%c%d%c%d",&a,&op1,&b,&op2,&c);
  if((op1=='+'||op1=='-')&&(op2=='*'||op2=='/')){   //先算后面 b op2 c
    x=b;op=op2;y=c;
    z=(op=='+')?(x+y):(op=='-')?(x-y):(op=='*')?(x*y):(x/y);
    x=a;op=op1;y=z;
  }
  else{//先算 a op1 b
    x=a;op=op1;y=b;
    z=(op=='+')?(x+y):(op=='-')?(x-y):(op=='*')?(x*y):(x/y);
    x=z;op=op2;y=c;
  }
  z=(op=='+')?(x+y):(op=='-')?(x-y):(op=='*')?(x*y):(x/y);
  printf("%d",z);
  return 0;
}
```

案例 04-03-07 运动会跳绳比赛

于龙在运动会上和 4 位同学进行跳绳比赛，需要一个排名程序。先输入每位同学的成绩（跳绳计数），再输出每位同学的成绩及排名（成绩从高到低排列）。

输入格式：五个空格分隔的整数，代表 5 个人的成绩。

输出格式：按行输出名次与成绩，之间用一个横线分隔，横线前后各一个空格，横线就是减号。

```
输入样例 1:
150 120 180 135 100
输出样例 1:
1 - 180
2 - 150
3 - 135
4 - 120
5 - 100
```

```
输入样例 2:
180 120 120 180 120
输出样例 2:
1 - 180
1 - 180
3 - 120
3 - 120
3 - 120
```

案例代码 **04-03-07.c**

```
#include<stdio.h>
int main(){
  int a1,a2,a3,a4,a5,p1,p2,p3,p4,p5,t;;
  scanf("%d%d%d%d%d",&a1,&a2,&a3,&a4,&a5);
  if(a1<a2){t=a1;a1=a2;a2=t;}
  if(a1<a3){t=a1;a1=a3;a3=t;}
  if(a1<a4){t=a1;a1=a4;a4=t;}
  if(a1<a5){t=a1;a1=a5;a5=t;}
  if(a2<a3){t=a2;a2=a3;a3=t;}
  if(a2<a4){t=a2;a2=a4;a4=t;}
  if(a2<a5){t=a2;a2=a5;a5=t;}
  if(a3<a4){t=a3;a3=a4;a4=t;}
  if(a3<a5){t=a3;a3=a5;a5=t;}
  if(a4<a5){t=a4;a4=a5;a5=t;}
  p1=1;
  if(a2==a1) p2=p1;
  else       p2=2;
  if(a3==a2) p3=p2;
  else       p3=3;
  if(a4==a3) p4=p3;
  else       p4=4;
  if(a5==a4) p5=p4;
  else       p5=5;
  printf("%d - %d\n",p1,a1);
  printf("%d - %d\n",p2,a2);
  printf("%d - %d\n",p3,a3);
  printf("%d - %d\n",p4,a4);
  printf("%d - %d\n",p5,a5);
  return 0;
}
```

案例拓展 于龙减

两个非负整数的于龙减“A－B”的意义是：在A的所有数字中，凡是在B中出现的数字都划掉，A中剩下的数就是结果，如果不剩，则结果就是0。

输入格式：空格分隔的两个非负整数A和B。A最多是5位数，B最多是3位数。

输出格式：一个整数。

```
输入样例:12346 24          输出样例:136
输入样例:20032 20          输出样例:3
输入样例:123  456          输出样例:123
```

习题 4

一、单项选择题

1. 以下程序,说法正确的是________。

```
#include<stdio.h>
int main(){
    int a=5, b=0, c=0;
    if (a=b+c) printf("***\n");
    else       printf("$$$\n");
}
```

(A) 有语法错误,不能通过编译　　(B) 可以通过编译但不能通过连接

(C) 输出***　　(D) 输出 $ $ $

2. 以下程序的输出结果是________。

```
int main(){
    int x=2, y=-1, z=2;
    if (x<y)
        if (y<0)  z=0;
        else  z=z+1;
    printf("%d\n", z);
    return 0;
}
```

(A) 3　　(B) 2　　(C) 1　　(D) 0

3. 以下程序的输出结果是________。

```
#include<stdio.h>
int main(){
    int x=1,a=0,b=0;
    switch(x){
        case 0:b++;
        case 1:a++;
        case 2:a++;b++;
    }
    printf("a=%d,b=%d\n",a,b);
    return 0;
}
```

(A) a=2,b=1　　(B) a=1,b=1　　(C) a=1,b=0　　(D) a=2,b=2

4. 以下程序的输出结果是________。

```
#include<stdio.h>
int main(){
    float x=2.0,y;
    if(x<0.0)  y=0.0;
    else if(x<10.0)  y=1.0/x;
    else  y=1.0;
    printf("%f\n",y);
    return 0;
}
```

(A) 0.000000　　(B) 0.250000　　(C) 0.500000　　(D) 1.000000

二、写出程序的运行结果

1. 写出下面程序段的执行结果。

```
int x=1, y=0;
  switch (x){
   case 1:
   switch (y){
     case 0 : printf("**1**\n"); break;
     case 1 : printf("**2**\n"); break;
   }
   case 2: printf("**3**\n");
}
```

2. 写出下面程序段的执行结果。

```
main(){
   int a, b, c, d, x;
   a=c=0;    b=1;     d=20;
   if (a)  d=d-10;
   else if (!b)
       if (!c)  x=15;
       else x=25;
   printf("%d\n",d);
}
```

三、编程题

1. 给定一个不多于4位的正整数,要求:(1)求它是几位数;(2)分别打印出每一位数字;(3)按逆序打印出各位数字。例如,若原数为321,则应输出123。

2. 将两个10000以下的正整数按前后顺序连接合并形成一个整数后输出。

```
输入样例 1:123  456     输出样例 1:123456
输入样例 2:12  3456     输出样例 3:123456
输入样例 3:1234  5      输出样例 3:12345
```

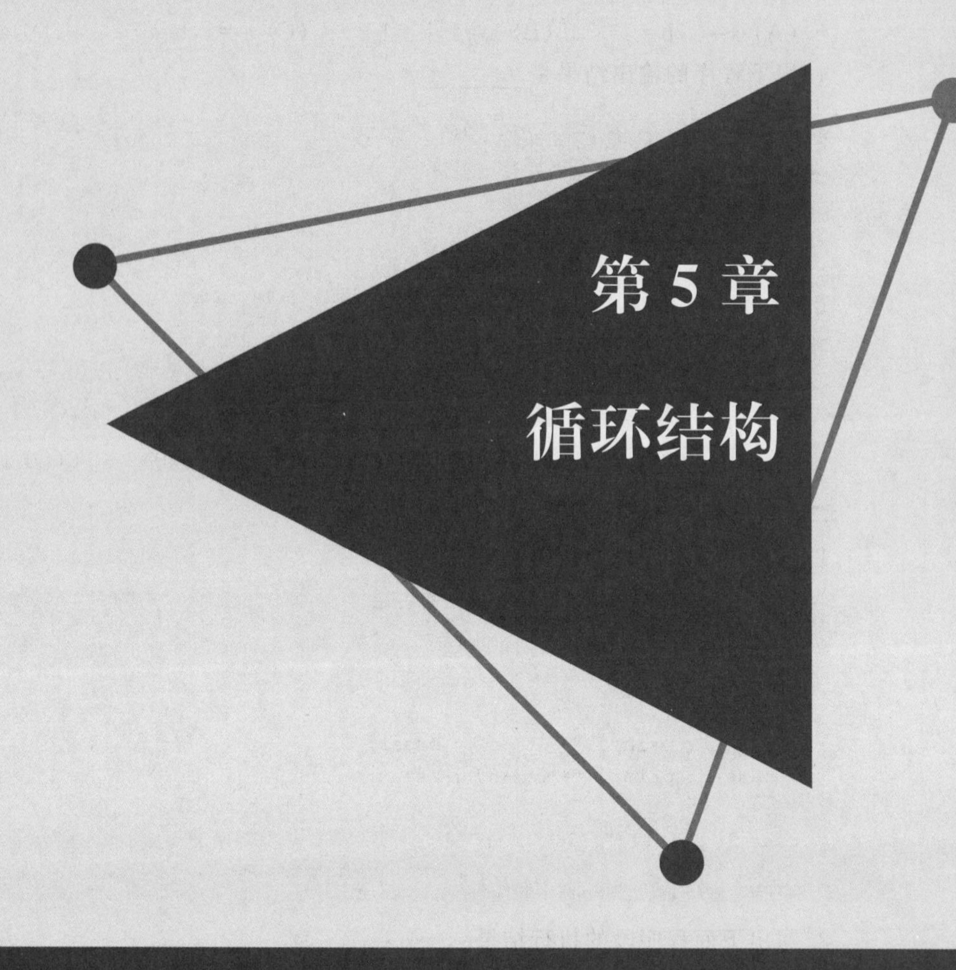

第 5 章 循环结构

在第 1 章中看到算法中有一些步骤是被重复执行的。这种重复执行是通过某一个有条件的跳转指令实现的，即根据某一条件决定某些语句是否被重复执行。这种在程序中不断被重复执行的结构，被称为循环结构。循环结构有时也被称为重复结构。本章主要介绍三种循环结构语句及其应用。

本章学习目标

(1) 掌握三种循环语句的基本用法。

(2) 能应用循环结构编程解决问题。

(3) 能灵活应用穷举法和多重循环。

(4) 能灵活使用 break 和 continue 语句。

5.1　循环语句

第 5 章案例代码

1. while 循环(当型循环)

C 语言中,while 语句用来实现“当型”循环结构(图 5-1),它的一般形式如下:

```
while(表达式) 循环体语句;
```

功能说明:

(1) 首先求解表达式的值,若表达式的值为真,则执行循环体,否则结束循环。

(2) 循环体语句执行完成后,自动转到循环开始处再次求解表达式的值,开始下一次循环。

(3) 循环体只能是一个语句。若有多个语句,则应该用大括号将其括起来使之成为一个复合语句。

2. do-while 循环(直到型循环)

在 C 语言中,可以用 do-while 语句实现“直到型”循环结构(图 5-2),它的一般形式如下:

```
do
   循环体语句;
while(表达式);
```

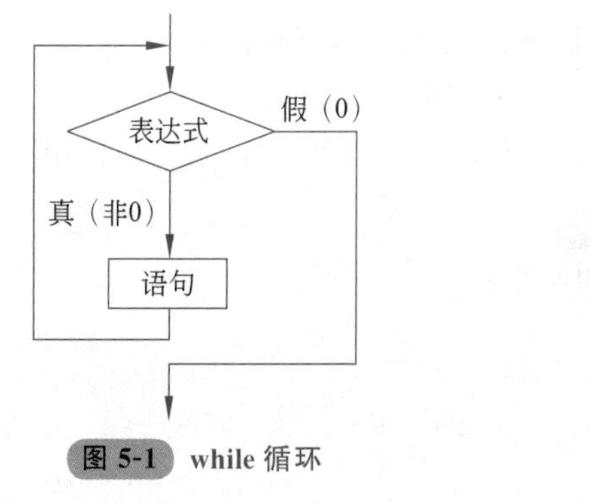

图 5-1　while 循环

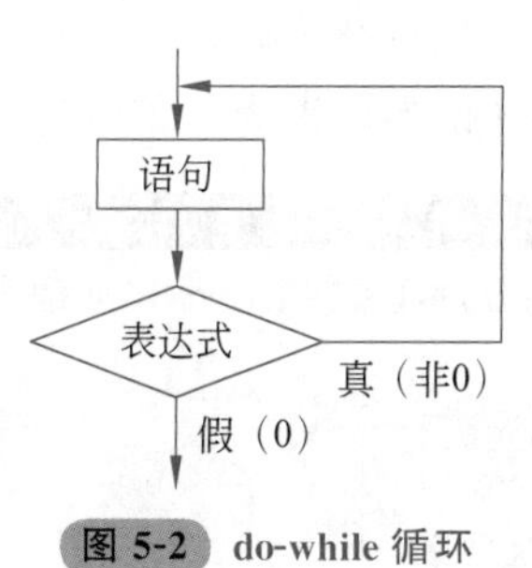

图 5-2　do-while 循环

功能说明:

(1) 在此结构中,do 相当于一个标号(其后面不用加:),标志循环结构开始。

(2) 首先无条件地执行一次循环体,然后求解表达式的值。若表达式的值为真,则再次执行循环体(转到 do),开始下次循环,否则结束循环。

(3) 若循环体多于一个语句,则应使用复合语句。

(4) do-while 结构整体上是一条语句,所以大家不要忘记在 while 的括号后加上语句结束符——分号。

3. for 循环

除了 while 语句和 do-while 语句,C 语言还提供了另外一个使用最为广泛的循环语句——for 语句(图 5-3)。

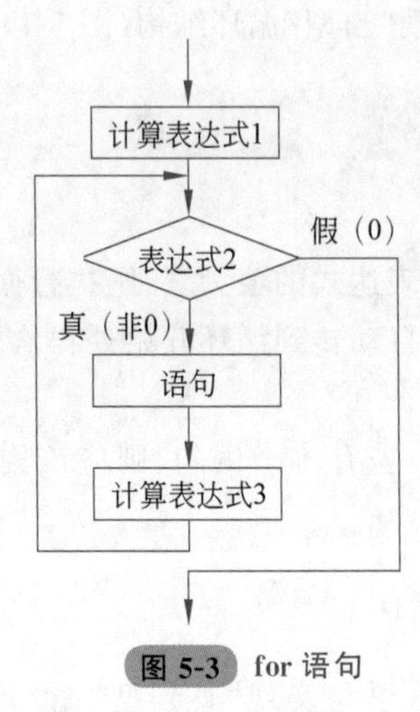

图 5-3 for 语句

for 语句的一般形式为:

```
for(表达式 1;表达式 2;表达式 3) 循环体语句;
```

功能说明:

(1) 求解表达式 1(该表达式只在这一步骤被求解一次)。

(2) 求解表达式 2,若为真,则执行循环体,否则结束 for 语句。

(3) 循环体执行结束后,求解表达式 3,并转向步骤(2)。

(4) 循环体语句应该为一条语句,如果有多条语句要执行,则应该使用复合语句。

案例 05-01-01 输出从 1 加到 *n* 的和

案例代码 05-01-01-A.c(while 语句实现)

```
#include<stdio.h>
int main(){
    int i,s,n;
    i=1; s=0;
    scanf("%d",&n);
    while(i<=n){
        s=s+i;
        i=i+1;
    }
    printf("%d",s);
```

```
    return 0;
}
```

执行程序，输入：1000，输出：500500

案例代码 **05-01-01-B.c**（**do-while** 语句实现）

```
#include<stdio.h>
int main(){
    int i,s,n;
    scanf("%d",&n);
    i=1; s=0;
    do{
        s=s+i;
        i=i+1;
    }while(i<=n);
    printf("%d",s);
    return 0;
}
```

案例代码 **05-01-01-C.c**（**for** 语句实现）

```
#include<stdio.h>
int main(){
    int i,s=0,n;
    scanf("%d",&n);
    for(i=1;i<=n;i++)
        s=s+i;
    printf("%d",s);
    return 0;
}
```

案例拓展 输出约数

编程输入一个正整数，输出它所有的约数。

输入样例:100　　输出样例:1 2 4 5 10 20 25 50 100

案例 05-01-02 输出最大公约数

输入两个数，输出它们的最大公约数。

输入样例:36　24　　输出样例:12

案例代码 **05-01-02-A.c**　（穷举法，用 **while** 语句实现）

```
#include<stdio.h>
int main(){
    int m,n,i,k;
    scanf("%d%d",&m,&n);
```

```
    i=1;
    while(i<=n&&i<=m){
        if(m%i==0&&n%i==0) k=i;
        i++;
    }
    printf("%d",k);
    return 0;
}
```

执行程序,输入:

```
36 48
```

输出:

```
12
```

案例代码 05-01-02-B.c (穷举法,用 for 语句实现)

```
#include<stdio.h>
int main(){
    int m,n,i,k;
    scanf("%d%d",&m,&n);
    for(i=1;i<=n&&i<=m;i++)
       if(m%i==0&&n%i==0) k=i;
    printf("%d",k);
    return 0;
}
```

案例代码 05-01-02-C.c (辗转相除法,用 while 语句实现)

```
#include<stdio.h>
int main(){
  int m,n,t;
  scanf("%d%d",&m,&n);
  while(m%n!=0){
    t=m%n;
    m=n;
    n=t;
  }
  printf("%d",n);
  return 0;
}
```

案例拓展 输出最小公倍数

输入两个数,输出它们的最小公倍数。

```
输入样例:36  24      输出样例:72
```

案例 05-01-03 素数判断

输入一个正整数,输出其是否为素数。

案例代码 **05-01-03-A.c**

```
#include<stdio.h>
int main(){
    int n,i,f=1;
    scanf("%d",&n);
    for(i=2;i<n;i++)                                   //判断 n 在区间[2,n-1]是否有约数
      if(n%i==0) f=0;
    if(f==1) printf("YES");
    else     printf("NO");
    return 0;
}
```

执行程序,输入:

```
15
```

输出:

```
NO
```

案例代码 **05-01-03-B.c**

```
#include<stdio.h>
int main(){
    int n,i,f=1;
    scanf("%d",&n);
    for(i=2;i<=sqrt(n)&&f==1;i++)             //判断 n 在区间[2,sqrt(n)]是否有约数
      if(n%i==0) f=0;
    printf(f==1?"YES":"NO");
    return 0;
}
```

执行程序,输入:

```
17
```

输出:

```
YES
```

案例拓展 $\sqrt{2}$ 的迭代

有一个迭代公式很神奇:$x_n=\sqrt{x_{n-1}+2}$,无论 x 的初值(正数)选得多么大,若干次迭

代之后，都与$\sqrt{2}$无限接近，也就是说，x 序列的极限是$\sqrt{2}$。假设 $x_0=99999999$，编程输入一个正整数 n，输出 x_n 的值(保留 10 位小数)。

输入样例 1:16	输出样例 1:x[16]=2.0000000790
输入样例 2:8	输出样例 2:x[8]=2.0051798692

案例 05-01-04 用穷举法算阶乘

输入一个正整数 n 的值，编程输出 $n!$（n 的阶乘）。

案例代码 05-01-04-A.c （穷举法，用 for 语句实现）

```
#include<stdio.h>
int main(){
    long long i, n;
    long long fact=1;                /* 将累乘积 fact 初始化为 1 */
    scanf("%lld", &n);
    for(i=1; i<=n; i++)
        fact *= i;                   /* 实现累乘 */
    printf("%lld!=%lld", n, fact);
  return 0;
}
```

执行程序，输入：5

输出：5!=120

案例代码 05-01-04-B.c （穷举法，用 while 语句实现）

```
#include<stdio.h>
int main(){
    long long i, n;
    long long fact=1;                /* 将累乘积 fact 初始化为 1 */
    scanf("%lld", &n);
    i=1;
    while(i<=n){
        fact *= i;                   /* 实现累乘 */
        i++;
    }
    printf("%lld!=%lld", n, fact);
    return 0;
}
```

案例拓展 乘方计算

给出一个整数 a 和一个正整数 n，求乘方 a^n。

输入格式：一行，包含两个整数 a 和 n。$-1000\leqslant a\leqslant 1000$，$1\leqslant n\leqslant 100$。

输出格式：一个整数，即乘方结果。题目保证最终结果的绝对值不超过 1000000。

```
输入样例:2 3        输出样例:8
```

案例 05-01-05 Fibonacci 数列

Fibonacci 数列的通项公式为：$f_n=\begin{cases}1 & (n=1,2)\\ f_{n-1}+f_{n-2} & (n>2)\end{cases}$，编程读入整数 $n(2<n\leqslant 40)$，输出 Fibonacci 数列的前 n 项。

案例代码 **05-01-05.c**

```
#include<stdio.h>
int main(){
    long int f1,f2,f3,n;
    int i;
    scanf("%ld",&n);
    f1=1; f2=1;
    printf("%ld,%ld", f1, f2);
    for(i=3;i<=n;i++ ){
        f3 = f1 + f2;
        f1 = f2;
        f2 = f3;
        printf(",%ld", f3);
    }
    return 0;
}
```

执行程序，输入 20，输出：

```
1,1,2,3,5,8,13,21,34,55,89,144,233,377,610,987,1597,2584,4181,6765
```

案例拓展 计算 e 的近似值

本题要求：编写程序，输入一个较小的实数 deta，利用 $e=1+\frac{1}{1!}+\frac{1}{2!}+\frac{1}{3!}+\cdots+\frac{1}{n!}$ 计算 e 的近似值，直到最后一项的绝对值小于 deta 时为止，输出此时 e 的近似值。

5.2 循环控制语句

1. break 语句

break 语句的一般形式是：

```
break;
```

功能说明：

(1) 在循环体内，当程序执行到 break 语句时，会立即跳出循环结构，即提前结束循环体。

（2）break 语句通常出现在某个 if 语句的分支中，以实现有条件地结束循环。

（3）break 语句只能用于 switch 结构内部或循环结构内部。

2. continue 语句

continue 语句的一般形式是：

```
continue;
```

功能说明：

（1）在循环体内，当程序执行到 continue 语句时，会立即结束本次循环（跳过循环体，continue 语句后面的部分不执行），接着执行下一次循环。

（2）continue 语句通常出现在某个 if 语句的分支中。

（3）continue 语句只能用于循环结构的内部。

案例 05-02-01 输出从 1 加到 *n* 的和（应用 break 语句）

案例代码 05-02-01-A.c

```
#include<stdio.h>
int main(){
    int i,s,n;
    i=1;
    s=0;
    scanf("%d",&n);
    while(1){
      s=s+i;
      i=i+1;
      if(i>n) break;
    }
    printf("%d",s);
    return 0;
}
```

执行程序，输入 1000，输出：

```
S=500500
```

案例代码 05-02-01-B.c

```
#include<stdio.h>
int main(){
    int i,s,n;
    scanf("%d",&n);
    for(i=1,s=0; ;i++) {
```

```
        if(i>n) break;
        s=s+i;
    }
    printf("%d",s);
    return 0;
}
```

案例拓展 输出最大公约数(应用 break 语句)

编程输入正整数 m 和 n,输出它们的最大公约数,要求在循环中应用 break 语句。

案例 05-02-02 输出 ASCII 码

输入一串字符(以#字符结束),依次输出每个字符及其 ASCII 码(不包括结束符#)。

案例代码 **05-02-02.c**

```
#include<stdio.h>
int main(){
    char c;
    int i=1;
    do{
        scanf("%c",&c);
        if(c=='#') break;
        printf("%c-%d\n",c,c);
    }while(1);
    return 0;
}
```

执行程序,输入:

```
A23#
```

输出:

```
A-65
2-50
3-51
```

案例拓展 输出数字和

输入一串字符(以#字符结束),输出这串字符中所有数字字符的和。

```
输入样例:ABC123DE4FG#          输出样例:10
```

案例 05-02-03 输出不能被 2、3、5、7 和 13 整除的数

编程输入整数 a 和 b,输出 a、b 之间(包括 a、b 本身)的不能被 2、3、5、7 和 13 整除的数。

案例代码 05-02-03.c

```
#include<stdio.h>
int main(){
    int a,b,k;
    scanf("%d%d",&a,&b);
    for(k=a;k<=b;k++){
      if(k%2==0)  continue;
      if(k%3==0)  continue;
      if(k%5==0)  continue;
      if(k%7==0)  continue;
      if(k%13==0) continue;
      printf("%d ",k);
    }
    return 0;
}
```

执行程序，输入：100 200，输出：101 103 107 109 113 121 127 131 137 139 149 151 157 163 167 173 179 181 187 191 193 197 199

案例拓展 输出最大公约数(应用 continue 语句)

编程输入正整数 m 和 n，输出它们的最大公约数，要求在循环中应用 continue 语句。

案例 05-02-04 满足特定条件的 4 位数

一个 4 位正整数满足如下条件：由数字 1～9 组成；各位数字都不相同；从左至右数字降序排列；相邻的两个数字前一个不能是后一个的倍数；这 4 位数字不能都是奇数，也不能都是偶数。

编程输入两个 4 位整数 a 和 b，输出区间[a,b]符合上述条件的所有数。

案例代码 05-02-04-A.c

```
#include<stdio.h>
int main(){
    int a,b,n;
    scanf("%d%d",&a,&b);
    for(n=a;n<=b;n++){
      int a=n/1000;
      int b=n%1000/100;
      int c=n%100/10;
      int d=n%10;
      if(a<=b) continue;
      if(b<=c) continue;
      if(c<=d) continue;                          //保证各位数字不相同并降序排列
      if( a%2 && b%2 && c%2 && d%2 ) continue;                 //保证不全奇
      if( a%2==0 && b%2==0 && c%2==0 && d%2==0 ) continue;   //保证不全偶
      if( a==0||b==0||c==0||d==0 ) continue;                 //保证没有 0
      if( a%b==0 || b%c==0 || c%d==0) continue;              //保证相邻不整除
      printf("%d\n",n);
```

```
    }
    return 0;
}
```

执行程序,输入:1000 9999,输出:5432 6432 6532 6543 7432 7532 7543 7643 7652 7653 7654 8532 8543 8643 8652 8653 8654 8732 8743 8752 8753 8754 8764 8765 9432 9532 9543 9643 9652 9653 9654 9732 9743 9752 9754 9764 9765 9832 9852 9853 9854 9864 9865 9872 9873 9874 9875 9876

此例程序还可以写成如下形式。

案例代码 **05-02-04-B.c**

```
#include<stdio.h>
int main(){
    int a,b,n;
    scanf("%d%d",&a,&b);
    for(n=a;n<=b;n++){
      int a=n/1000;
      int b=n%1000/100;
      int c=n%100/10;
      int d=n%10;
      if(a<=b||b<=c||c<=d)            continue;  //保证降序排列
      if( a%2+b%2+c%2+d%2==4 )        continue;  //保证不全奇
      if( a%2+b%2+c%2+d%2==0 )        continue;  //保证不全偶
      if( a*b*c*d==0 )                continue;  //保证没有 0
      if( (a%b)*(b%c)*(c%d)==0)       continue;  //保证相邻不整除
      printf("%d\n",n);
    }
    return 0;
}
```

执行程序,输出结果同上。请读者分析此程序的逻辑。

案例拓展 小明的银行卡密码

小明想给自己的银行卡设置一个 6 位数字的密码,密码应符合如下规则:①左侧第 1,3,5 位数字为奇数;②左侧第 2,4,6 位数字为偶数;③任意两位数字不相同;④中间两位不是月份(不在 1~12),后两位不是日期(不在 1~31);⑤前三位非升序非降序排列,后三位非升序非降序排列;⑥前三位与后三位之差被 23 整除余 13。请编程输入两个 6 位整数 a、b,输出区间[a,b]所有符合条件的密码。

注:符合条件的数有 307294,385096,387052,523096,529470,549076,563274,581476,583294,587436,705692,725436,769250,781492,785496,785634,901658,903476,923450,927638,947658

案例 05-02-05 若干整数的和

编程输入若干个整数(至少 1 个),输出它们的和。输入数据时,可按 Ctrl+Z 组合键两次,再按回车键,以结束输入流。

```
输入样例 1:1 2 3 4          输出样例 1:10
输入样例 2:1 2 3 4 5        输出样例 2:15
输入样例 3:3                输出样例 2:3
```

案例分析:

本题中的输入数据数量不定,可理解为读到没有数据时为止,也就是读取下一个新数据不成功时就表示输入结束。读取数据是否成功可通过 scanf()的返回值判断。

案例代码 **05-02-05-A.c**

```
#include<stdio.h>
int main(){
    int f,a,s=0;
    while(1){
      f=scanf("%d",&a);
      if(f!=1) break;
      s=s+a;
    }
    printf("%d",s);
    return 0;
}
```

案例代码 **05-02-05-B.c**

```
#include<stdio.h>
int main(){
    int f,a,s=0;
    while(scanf("%d",&a)==1){
      s=s+a;
    }
    printf("%d",s);
    return 0;
}
```

程序分析:

本例程序利用 scanf()函数的返回值判断数据是否读取成功。这一知识点在所有程序在线评测和程序竞赛中应用都很广泛。

案例拓展 若干整数的最大值

编程输入若干整数(最少 1 个,绝对值不超过 10000),输出最大值。

```
输入样例 1: 18  -299  1  1    -5    8
输出样例 1: 18
输入样例 2: 1  9  5  4
输出样例 2: 9
```

案例 05-02-06 若干整数对的和

编程输入若干整数对,输出每对数的和。

```
输入样例 1:            输入样例 2:
5 6 7 8               1 5 5 8 20 30
输出样例 1:            输出样例 2:
11                    6
15                    13
                      50
```

案例代码 05-02-06.c

```
#include<stdio.h>
int main(){
  int a,b;
  while(1){
    if(scanf("%d%d",&a,&b)!=2) break;
    printf("%d\n",a+b);
  }
  return 0;
}
```

程序分析：

本例程序利用 scanf()函数的返回值判断两个整数是否输入成功。不难分析，只要没有成功读入两个数据(没有数据，或遇到文件结束符)，程序就会跳出循环。

案例拓展 算术试题

已知有若干组数据，每组数据为 3 个整数 a、b、c，表示一个加法算式 $a+b=c$。请编程读入若干组数据，输出正确算式的数量。

```
输入样例 1:5 6 12   7 8 15   5  8  14
输出样例 1:1
输入样例 2:1 5 5 8 20 30
输出样例 2:0
```

案例 05-02-07 水仙花数

判断一个数是不是水仙花数。其中，水仙花数的定义为各个位数的立方和等于它本身的三位数。输入格式：有多组测试数据，每组测试数据包含一个整数 $n(100\leqslant n<1000)$。输入 0 表示程序输入结束。输出格式：如果 n 是水仙花数，就输出 Yes 否则输出 No。

输入样例：

```
153
154
0
```

输出样例：

```
Yes
No
```

案例代码 05-02-07.c

```
#include<stdio.h>
int main(){
  int n,i;
  int a,b,c;
  while(scanf("%d",&n)&&n!=0){                  //读入整数 n,遇 0 停止循环
    a=n/100;                                     //提取百位数字
    b=n%100/10;                                  //提取十位数字
    c=n%10;                                      //提取个位数字
    if( n == a*a*a + b*b*b + c*c*c )             //满足条件
      printf("Yes\n");
    else
      printf("No\n");
  }
  return 0;
}
```

案例拓展 奥运奖牌计数

2008 年北京奥运会,A 国的运动员参与了 n 天的决赛项目($1 \leqslant n \leqslant 17$)。现在要统计一下 A 国所获得的金、银、铜牌数目及总奖牌数。输入格式:输入 $n+1$ 行,第 1 行是 A 国参与决赛项目的天数 n,其后 n 行,每一行是该国某一天获得的金、银、铜牌数目,以一个空格分开。输出格式:输出 1 行,包括 4 个整数,分别为 A 国所获得的金、银、铜牌总数及总奖牌数,以一个空格分开。

输入样例:

```
3
1 0 3
3 1 0
0 3 0
```

输出样例:

```
4 4 3 11
```

5.3 多重循环

循环结构的循环体是一个语句或一个复合语句,当然这个语句或复合语句中也可以是另外一个循环结构。如果这样,就构成了循环结构的嵌套。

三种循环结构可以互相嵌套,例如:

```
(1) while( )
    {
      …
      while( ) { … }
      …
    }
(2) while( )
    {
      …
      do
       {
       …
       }while( );
    }
(3) for( ; ; )
    {
     …
     while( ){ … }
     …
    }
(4) while( )
    {
     …
     for( ; ; ) { … }
     …
    }
(5) for( ; ; )
    {
     …
     for( ; ; ){ … }
     …
    }
(6) do
    {
     …
     for( ; ; ){ … }
     …
    }
```

以上列出了 6 种常见的循环嵌套情况,实际上还有很多种嵌套的情形。这只是两层循环嵌套,还有 3 层甚至更多层次的循环嵌套在一起。

案例 05-03-01 输出每个数的所有真约数

编程输入两个整数 a 和 $b(1<a<b)$,对于整数区间$[a,b]$内的所有整数 x,依次输出 x 的真约数,输入输出格式请参考样例。

输入样例:

```
100 110
```

输出样例:

```
100:1 2 4 5 10 20 25 50
101:1
102:1 2 3 6 17 34 51
103:1
104:1 2 4 8 13 26 52
105:1 3 5 7 15 21 35
106:1 2 53
107:1
108:1 2 3 4 6 9 12 18 27 36 54
109:1
110:1 2 5 10 11 22 55
```

案例代码 05-03-01.c （双层循环）

```
#include<stdio.h>
int main(){
    int a,b,n,i;
    scanf("%d%d",&a,&b);
    for(n=a;n<=b;n++){               //外层循环穷举所有的 n
      printf("%d:",n);
      for(i=1;i<n;i++)               //内层循环输出 n 的所有真约数
        if(n%i==0){
          if(i>1)printf(" ");
          printf("%d",i);
        }
      printf("\n");
    }
    return 0;
}
```

案例拓展 输出素数

编程输入两个整数 a、b($2\leqslant a<b$)，输出整数区间[a,b]内的所有素数，输入输出格式请参考样例。

输入样例：

```
100 110
```

输出样例：

```
101,103,107,109
```

案例拓展 输出素数(多组数据)

有两个整数 a、b($2\leqslant a<b$)，输出整数区间[a,b]内的所有素数。现在已知有多组数据，请依次处理。

输入格式：有多组数据，每组有 2 个整数 a、b。

输出格式：每组数据输出结果(素数间逗号分隔)后换行。

输入样例：

```
500 600
800 900
200 250
```

输出样例：

```
503,509,521,523,541,547,557,563,569,571,577,587,593,599
809,811,821,823,827,829,839,853,857,859,863,877,881,883,887
211,223,227,229,233,239,241
```

案例 05-03-02 九九乘法表

编程应用双层循环输出九九乘法表，输出结果如下：

```
1*1=1
1*2=2  2*2=4
1*3=3  2*3=6   3*3=9
1*4=4  2*4=8   3*4=12 4*4=16
1*5=5  2*5=10 3*5=15 4*5=20 5*5=25
1*6=6  2*6=12 3*6=18 4*6=24 5*6=30 6*6=36
1*7=7  2*7=14 3*7=21 4*7=28 5*7=35 6*7=42 7*7=49
1*8=8  2*8=16 3*8=24 4*8=32 5*8=40 6*8=49 7*8=56 8*8=64
1*9=9  2*9=18 3*9=27 4*9=36 5*9=45 6*9=54 7*9=63 8*9=72 9*9=81
```

案例代码 05-03-02.c

```
#include<stdio.h>
int main(){
    int i,j,t;
    for(i=1;i<=9;i++){                //外层循环穷举变量 i 从 1 至 9
      for(j=1;j<=i;j++){              //内层循环输出第 i 行乘法表
        t=i*j;
        printf("%d*%d=%d",j,i,j*i);
        if(j<i)
          if(t<10) printf("  ");
          else    printf(" ");
      }
      printf("\n");
    }
    return 0;
}
```

程序分析：

这是一个非常典型的应用双层循环嵌套解决问题的示例。利用外层循环输出乘法表的每一行(共 9 行)，利用内层循环输出某一行的每一列(该行是第几行，该行就共有几列)。

请特别注意空格的处理。

案例拓展 输出下三角矩阵

编程输入整数 N($N<100$)，输出一个 N 阶下三角矩阵，输出格式请参考样例。

输入样例：

```
10
```

输出样例：

```
··························1
························1··2
·····················1··2··3
··················1··2··3··4
···············1··2··3··4··5
············1··2··3··4··5··6
·········1··2··3··4··5··6··7
······1··2··3··4··5··6··7··8
···1··2··3··4··5··6··7··8··9
··1··2··3··4··5··6··7··8··9·10
```

案例 05-03-03 奇偶分离

有一个正整数 k ($2 \leqslant k \leqslant 10000$)，要做的是：先把 1 到 k 中的所有奇数从小到大输出，再把所有的偶数从小到大输出。

输入格式：第一行有一个整数 n ($2 \leqslant n < 30$)，表示有 n 组测试数据；之后的 n 行每行有一个整型数 k。

输出格式：对于每组数据，第一行输出所有的奇数(行末尾没有空格)；第二行输出所有的偶数(行末尾没有空格)。每组数据后面有一个换行。

输入样例：

```
2
10
14
```

输出样例：

```
1 3 5 7 9
2 4 6 8 10

1 3 5 7 9 11 13
2 4 6 8 10 12 14
```

案例代码 05-03-03.c

```
#include<stdio.h>
int main(){
  int i,k,n;
  scanf("%d",&i);                    //读入 i,共有 i 组数据
  while(i--){                        //可实现循环 i 次
    scanf("%d",&n);                  //读入 n
    for(k=1;k<=n;k+=2){if(k>1)printf(" "); printf("%d",k);}
    printf("\n");
    for(k=2;k<=n;k+=2){if(k>2)printf(" "); printf("%d",k);}
    if(i>0)printf("\n\n");
  }
```

```
  return 0;
}
```

案例拓展 数1的个数

给定一个十进制正整数 n，写下从1到 n 的所有整数，然后数一下其中出现的数字“1”的个数。例如，当 $n=2$ 时，写下1,2。这样只出现1个“1”；当 $n=12$ 时，写下1,2,3,4,5,6,7,8,9,10,11,12。这样出现了5个“1”。

输入格式：正整数 n，$1\leqslant n\leqslant 10000$。输出格式：一个正整数，即“1”的个数。

```
输入样例:12            输出样例:5
```

案例拓展 数1的个数(多组数据)

给定一个十进制正整数 n，写下从1到 n 的所有整数，然后数一下其中出现的数字“1”的个数。例如，当 $n=2$ 时，写下1,2。这样只出现1个“1”；当 $n=12$ 时，写下1,2,3,4,5,6,7,8,9,10,11,12。这样出现了5个“1”。

输入格式：有多组正整数 n，$1\leqslant n\leqslant 10000$。

输出格式：每组数据输出一个正整数，即“1”的个数，每组结果单独占一行。

输入样例：

```
2 12
```

输出样例：

```
1
5
```

案例 05-03-04 反转加

做了A+B的题目之后，某同学感觉太简单了，于是他想让你求两个数反转后相加的值。

输入格式：有多组测试数据。每组包括两个数 m 和 n，保证数据在int范围，当 m 和 n 同时为0时，表示输入结束。

输出格式：输出每组测试数据反转后相加的结果，一个结果一行。

输入样例：

```
1234 1234
125 117
0 0
```

输出样例：

```
8642
1232
```

案例分析：

此题目主要考察如何将一个整数反转，方法是：不断地从其尾部取1位，放在一个初始值为0的新数的右侧即可，也就是如下语句可以将整数a反转成aa：

```
aa=0;
while(a>0){
  aa=aa*10+a%10;
    a=a/10;
}
```

案例代码 05-03-04.c

```
#include<stdio.h>
int main(){
  int a,b,aa,bb;
  while(1){
    scanf("%d%d",&a,&b);
    if(a==0&&b==0)break;
    aa=0; while(a>0){aa=aa*10+a%10;a=a/10;}        //反转 a 的值到 aa
    bb=0; while(b>0){bb=bb*10+b%10;b=b/10;}        //反转 b 的值到 bb
    printf("%d\n",aa+bb);
  }
  return 0;
}
```

案例拓展 转身乘

转身乘号可用@表示，2个正整数转身乘法（A@B）的规则是：将被乘数A转身后再乘以乘数B。例如，123@2的结果不是246，而是642，规则就是被乘数123先转身变成321再和2相乘，321被称为123的转身数，以此类推，可知405是504的转身数。然而，C语言又规定，一个数在转身时，末尾的0位置不变，例如：1200的转身数是2100，100的转身数还是100。

输入格式：第一行是一个整数N，表示有N组数据，接下来的N行中每行有两个正整数A和B，代表一组数据，数据和结果保证在int范围之内。

输出格式：输出N行，每行一个整数，为每组数据的转身积（被乘数转身后乘以乘数）。

```
输入样例：            输出样例：
5                     301605
12306 5               1680000
12000 80              121000
52030 4               123450
54321 10              70077626
98765 1234
```

5.4　循环结构的应用

案例 05-04-01 几位数

输入一个非负整数 N(long long 型范围内),输出这个正整数 N 是几位数。

```
输入样例 1:123456789012345    输出样例 1:15
输入样例 2:0                  输出样例 2:1
```

案例分析：

一个整数除以 10 的结果是一个整数。例如,123/10 的结果是 12,这一结果的另一层含义是在其右侧舍弃 1 位整数。对于一个整数,不断地做这样的除法,就意味着不断地舍弃 1 位数,直到商是 0 为止。不断地做这样的除法,正是循环的思想,如果能对循环的次数进行统计,这个数有多少位也就可以知道了。于是得到如下的程序：

案例代码 **05-04-01.c**

```
#include<stdio.h>
int main(){
    long long int n,s=0;
    scanf("%lld",&n);
    do{                              /*  首先执行一次循环,因为至少是 1 位数   */
      n=n/10LL;                      /*  执行一次循环,舍弃其右侧的 1 位数     */
      s++;                           /*  s++计数                              */
    }while(n>0LL);                   /*  n>0 表示还没舍尽                     */
    printf("%lld",s);
    return 0;
}
```

执行程序,输入：

```
12345
```

输出：

```
5
```

注：C99 标准添加的 long long [int]型数据的取值范围是－9223372036854775808～＋9223372036854775807。

案例拓展 数字之和

输入一个正整数 N(long long 型范围内),输出 N 中所有数字的和。

```
输入样例 1:123456789          输出样例 1:45
输入样例 2:195                输出样例 2:15
```

案例拓展 终极数字和

输入一个正整数 N(long long 型范围内),假设 N 中所有数字的和是 M,如果 M 大于 9,再求出 M 的所有数字之和,重复这个过程,直到数字和为 1 位数,最后输出这个终极数字和。

输入样例 1:123456789	输出样例 1:9
输入样例 2:195	输出样例 2:6

案例 05-04-02 输出逆序数

输入一个正整数 N,输出它的逆序数。N 的逆序数就是将 N 各位数字顺序倒过来的数,例如,700 的逆序数是 7,705 的逆序数是 507。

案例分析:

从上例中可以得到一些启发,既然从右向左依次舍弃 1 位数,那么如果将这些被舍弃的数从左向右构造出一个新的整数,不正好是原数的倒序吗?于是得到以下程序:

案例代码 **05-04-02.c**

```
#include<stdio.h>
int main(){
    long n,m=0;
    scanf("%ld",&n);
    do{
      m=m*10+n%10;                    //取 n 的个位构造新数
      n=n/10;
    }while(n>0);
    printf("%ld",m);
    return 0;
}
```

执行程序,输入:1234

输出:4321

执行程序,输入:1200

输出:21

程序分析:

在这个程序中,首先生成一个整数 m,它和整数 n 对比,是 n 的倒序。

案例拓展 奇半数、偶半数

输入一个正整数 N(long long 型范围内),输出 N 的奇半数和偶半数。N 的奇半数就是 N 的奇数位组成的数,N 的偶半数就是 N 的偶数位组成的数。例如,1234567 的奇半数是 1357,偶半数是 246。

输入样例 1:20200202	输出样例 1:2200 22
输入样例 2:1000005	输出样例 2:1005 0

案例 05-04-03 判断完全数

编程输入一个不小于 6 的正整数,输出它是不是完全数。真约数之和恰好等于它本身的数是完全数。

```
输入样例 1:28                    输出样例 1:YES
输入样例 2:100                   输出样例 2:NO
```

案例代码 **05-04-03.c**

```
#include<stdio.h>
int main(){
  int n,i,s;
  scanf("%d",&n);
  s=0;
  for(i=1;i<n;i++)
    if(n%i==0) s+=i;
  if(s==n) printf("YES");
  else     printf("NO");
  return 0;
}
```

案例拓展 输出完全数

输入整数 A、B($6\leqslant A<B<10000$),输出$[A,B]$的所有完全数,两个数之间用一个空格分隔。如果没有,则输出 Not Found.。

案例 05-04-04 素数个数

编程,输入两个正整数 a 和 b($2\leqslant a<b\leqslant 999999$),输出二者之间素数的个数。

案例代码 **05-04-04.c**

```
#include<stdio.h>
int main(){
  int a,b,i,n,f,s=0;
  scanf("%d%d",&a,&b);
  for(n=a;n<=b;n++){
    f=1;
    for(i=2;i<=sqrt(n);i++)
      if(n%i==0){f=0;break;}
    if(f==1) s++;
    }
  printf("%d",s);
  return 0;
}
```

执行程序,输入:

```
100 200
```

输出：

```
21
```

案例拓展 孪生素数

编程输入正整数 a(2≤a≤10000)，输出不小于 a 的第一对孪生素数。差是 2 的两个素数被称为孪生素数。

```
输入样例 1:10000        输出样例 1:10007 10009
输入样例 2:3            输出样例 2:3 5
输入样例 3:500          输出样例 3:521 523
```

案例 05-04-05 奇偶归一猜想

编程输入一个正整数(大于 1)，验证奇偶归一猜想，输出其运算过程中的每一个数。

```
输入样例:7
输出样例:22 11 34 17 52 26 13 40 20 10 5 16 8 4 2 1
```

[科普]奇偶归一猜想，又称为 $3n+1$ 猜想、冰雹猜想、角谷猜想等。其内容为："对于任意一个正整数，如果它是奇数，则对它乘 3 再加 1；如果它是偶数，则对它除以 2。如此循环，最终都能够得到 1"。

例如，整数 7，它的变换过程为：22，11，34，17，52，26，13，40，20，10，5，16，8，4，2，1。

到 2009 年 1 月 18 日，已验证正整数到 $5\times2^{60}=5\ 764\ 607\ 523\ 034\ 234\ 880$，但仍未找到例外的情况。

奇偶归一猜想到目前仍没有得到证明。有的数学家认为，该猜想任何程度的解决都是现代数学的一大进步，将开辟全新的领域。

分析：奇偶归一猜想的算法是对于正整数 n，不断地应用变换，最终得到 1。这正是循环结构的思想，进入循环的条件为 $n!=1$。在循环体内应用变换改变这个数的值后，进入下一次循环。

案例代码 **05-04-05.c**

```
#include<stdio.h>
int main(){
    int n;
    scanf("%d",&n);
    while(n!=1){
      if(n%2==1)n=n*3+1;
      else      n=n/2;
      printf("%d ",n);
    }
  return 0;
}
```

执行程序，输入：

```
23
```

输出：

```
70 35 106 53 160 80 40 20 10 5 16 8 4 2 1
```

案例拓展 奇偶归一猜想(多组数据)

输入两个正整数 a 和 $b(1<a<b<1000)$，输出二者之间所有数的奇偶归一猜想的验证过程。

输入样例：

```
10 12
```

输出样例：

```
10:5 16 8 4 2 1
11:34 17 52 26 13 40 20 10 5 16 8 4 2 1
12:6 3 10 5 16 8 4 2 1
```

案例 05-04-06 哥德巴赫猜想

编程输入一个大于 6 的正偶数，验证哥德巴赫猜想，输出将其表示成两个奇素数和的所有算式。

[科普]哥德巴赫猜想是数论中存在最久的未解问题之一。这个猜想最早出现在 1742 年普鲁士人克里斯蒂安·哥德巴赫与瑞士数学家莱昂哈德·欧拉的通信中。用现代的数学语言，哥德巴赫猜想可以表述为："任何一个充分大的偶数(大于或等于 6)都可以表示成两个奇素数的和的形式"。

输入样例：

```
20
```

输出样例：

```
20=3+17
20=7+13
20=9+11
```

案例代码 05-04-06.c

```
#include<stdio.h>
int main(){
    int n,p,q,i,f1,f2;
    scanf("%d",&n);
    for(p=3;p<n/2;p++){
      q=n-p;
```

```
        f1=f2=1;
        for(i=2;i<sqrt(p);i++)if(p%i==0){f1=0;break;}
        for(i=2;i<sqrt(q);i++)if(q%i==0){f2=0;break;}
        if(f1&&f2)
          printf("%d=%d+%d\n",n,p,q);
      }
    return 0;
}
```

执行程序，输入输出结果同样例。

案例拓展 哥德巴赫猜想多组数验证

输入两个大于6的正偶数 a 和 $b(a<b)$，输出二者之间所有数的哥德巴赫猜想的验证过程，每个数的验证过程只输出第一个算式(第1个加数最小)即可。

输入样例：

```
10  16
```

输出样例：

```
10=3+7
12=5+7
14=3+11
16=5+11
```

案例 05-04-07 6174 黑洞

编程输入一个4位正整数，验证6174黑洞问题，按要求输出其运算过程。

6174是一个著名的常数，由印度数学家卡布列克提出。卡布列克发现：任何非4位相同的4位正整数，只要将数字重新排列，组合成最大的数和最小的数，再相减，重复以上步骤，7次以内就会出现6174。

例如：8045,8540－0458＝8082,8820－0288＝8532,8532－2358＝6174。

输入样例：

```
5678
```

输出样例：

```
8765-5678=3087
8730-0378=8352
8532-2358=6174
```

案例分析：

6174黑洞问题其实是一个迭代问题，对一个整数不断地做同一个变换，直到等于6174为止。

案例代码 05-04-07.c

```
#include<stdio.h>
int main(){
    int n,a,b,c,d,p,q,t;
    scanf("%d",&n);
    while(n!=6174){
      a=n/1000;
      b=n%1000/100;
      c=n%100/10;
      d=n%10;
      if(a<b){t=a;a=b;b=t;}
      if(a<c){t=a;a=c;c=t;}
      if(a<d){t=a;a=d;d=t;}
      if(b<c){t=b;b=c;c=t;}
      if(b<d){t=b;b=d;d=t;}
      if(c<d){t=c;c=d;d=t;}
      p=a*1000+b*100+c*10+d;
      q=d*1000+c*100+b*10+a;
      n=p-q;
      printf("%04d-%04d=%04d\n",p,q,n);
    }
  return 0;
}
```

案例拓展 二分法求方程的近似根

采用二分法求方程近似根的基本思想是：

(1) 设定初始有根区间$[a,b]$；

(2) 找到区间的中点$x=(a+b)/2$；

(3) 如果$|f(x)|<\varepsilon$,则认为该点x就是方程的近似根(ε是一个极小值)；

(4) 如果$f(x)$与$f(a)$同号,则把x赋值给a；否则把x赋值给b；

(5) 转向步骤(2)开始下一次迭代。

已知函数$f(x)=x^5-2x^4+x^2-3$在区间$[0,2]$内与x轴肯定有交点,即方程$f(x)=0$有根,请编程用二分法求出方程在区间$[0,2]$内的一个近似根。算法中的ε取值为10^{-8}。

案例 05-04-08 输出字符菱形

编程输入字符X,输出由字符X构成的以下样式的字符图形。例如,输入'*',则输出以下字符图形。

```
   *
  ***
 *****
*******
 *****
  ***
   *
```

程序分析：

该字符图形由若干行组成，可以利用一层循环输出每一行。而每一行又是由若干个空格和若干个星号组成的，所以可以通过内层循环输出这若干个空格和星号。对于前4行，不难找出行号与空格和星号之间的数量关系，后三行也一样。

经过以上分析，可以得到如下程序：

案例代码 **05-04-08-A.c**

```
#include<stdio.h>
int main(){
    int i,k,x;
    char c;
    scanf("%c",&c);
    //前4行
    for(i=1;i<=4;i++){                                  //第i行(前4行)
      for(k=1;k<=4-i; k++)printf(" ");                  //输出4-i个空格
      for(x=1;x<=2*i-1;x++)printf("%c",c);              //输出2*i-1个星号
      printf("\n");                                     //输出回车
    }
    //后3行
    for(i=3;i>=1;i--){
      for(k=1;k<=4-i;  k++)printf(" ");
      for(x=1;x<=2*i-1;x++)printf("%c",c);
      printf("\n");
    }
  return 0;
}
```

程序分析：

上面的程序是正确的，但是程序有代码重复。能不能将程序中的两个外层循环合并成一个呢？请看下面的程序：

案例代码 **05-04-08-B.c**

```
#include<stdio.h>
int main(){
    int h,i,k,x;
    char c;
    scanf("%c",&c);
    for(i=1;i<=7;i++){
      for(k=1;k<=abs(4-i);    k++) printf(" ");
      for(x=1;x<=7-2*abs(4-i);x++) printf("%c",c);
      printf("\n");
    }
  return 0;
}
```

程序分析：

请分析每行的空格个数和星号个数与行号之间的数量关系。

案例拓展 输出 n 行字符菱形

请编程输入一个奇数 n 和一个字符 c，输出 n 行由字符 c 组成的菱形图案。

输入样例：

```
13 *
```

输出样例：

```
      *
     ***
    *****
   *******
  *********
 ***********
*************
 ***********
  *********
   *******
    *****
     ***
      *
```

案例 05-04-09 统计字符

从键盘输入一串字符（直到字符'.'为止），统计其中数字字符的个数。

分析：这个问题比较简单，请大家先自行设计程序，然后再看下面由笔者给出的三种解法。

案例代码 **05-04-09-A.c**

```
#include"stdio.h"
int main(){
    char c; int s=0;
    c=getchar();
    while(c!='.'){
      if(c>='0'&&c<='9') s++;
      c=getchar();
    }
printf("%d",s);
}
```

执行程序，输入：12ABCD56E.

输出：4

案例代码 **05-04-09-B.c**

```
#include"stdio.h"
int main(){
```

```
    char c;
    int s=0;
    do{
      c=getchar();
      if(c>='0'&&c<='9') s++;
    }while(c!='.');
    printf("%d",s);
}
```

案例代码 **05-04-09-C.c**

```
#include"stdio.h"
int main(){
    char c;
    int s=0;
    while((c=getchar())!='.')
      if(c>='0'&&c<='9') s++;
    printf("%d",s);
}
```

程序分析：

这三种解法哪种更好一些呢？对于如此简单的问题来说，恐怕不容易回答，但从中可以看出一些编程的技巧，善于使用这些技巧的程序思路清楚，代码简洁，易读易懂。大家在学习程序设计的时候要注意学习这些技巧，掌握这些技巧，应用这些技巧，这对将来设计大型程序是非常有帮助的。

案例拓展 识别整数

从键盘输入一串字符(直到字符'.'为止)，表示一个非负整数，数字之间混进了其他字符，请正确输出该整数。如果不包含数字，则输出 0。

```
输入样例:abc12d3e4x.          输出样例:1234
```

案例 05-04-10 偶完全数

编程，输出第 N 个($N \leqslant 8$)偶完全数 P，以及对应的形如 $P=2^{n-1}(2^n-1)$的乘法算式。一个数 P 是偶完全数，当且仅当它具有如下形式：$P=2^{n-1}(2^n-1)$，且其中 2^n-1 是素数。

```
输入样例: 1        输出样例:6=2 * 3
输入样例: 8        输出样例:2305843008139952128=1073741824 * 2147483647
```

[科普]完全数又称完美数或完备数，是一些特殊的自然数：它所有的真因子(即除了自身以外的约数)的和，恰好等于它本身。一个偶数是完全数，当且仅当它具有如下形式：$2^{n-1}(2^n-1)$，其中 2^n-1 是素数，此事实的充分性由欧几里得证明，而必要性由欧拉证明。

完全数非常稀少，已知的前十个完全数是：6(1 位)、28(2 位)、496(3 位)、8128(4 位)、33550336(8 位)、8589869056(10 位)、137438691328(12 位)、2305843008139952128(19 位)、

2658455991569831744654692615953842176（37 位）、191561942608236107294793378084303638130997321548169216(54 位)。目前关于完全数的研究，一直存在两个谜题：一个是奇完全数是否存在；另一个是完全数是否具有无限个。

案例代码 **05-04-10.c**

```
#include<stdio.h>
int main(){
    unsigned long long i,p,f,k;
    int n;
    scanf("%d",&n);
    p=4;                              //p表示2的n次方
    k=0;                              //计数器
    while(k<8){
      f=1;                            //判断p-1是否是素数
      for(i=2;i<=sqrt(p-1);i++) if( (p-1)%i==0 ){f=0;break;}
      if(f==1){                       //p-1是素数
        ++k;
        if(k==n) printf("%lld=%lld*%lld",(p/2)*(p-1),p/2,p-1);
      }
      p=p*2;
    }
}
```

案例拓展 同构数

正整数 N 若是它平方数的尾部，则称 N 为同构数。例如，6 是其平方数 36 的尾部，76 是其平方数 5776 的尾部，625 是其平方数 390625 的尾部，6、76 与 625 都是同构数。编程，输入正整数 $N(10<N<1000)$，输出不小于 N 的第一个同构数。

```
输入样例：2                          输出样例：5
输入样例：100                        输出样例：376
```

案例 05-04-11 分数加减运算

编写一个 C 程序，实现两个分数的加减运算。输入格式：输入包含多行数据。每行数据是一个字符串，格式是"$a/boc/d$"。其中 a、b、c、d 是一个整数。o 是运算符"＋"或者"-"。输入数据保证合法。输出格式：对于输入的每一组数据(每一行)，输出两个分数的运算结果。结果应化简至最简分数，并且如果是负值，则负号在最前面；如果是整数，则只输出整数结果。

输入样例：

```
1/8--3/8
-1/-4--1/-2
1/3-1/3
1/3+2/3
```

输出样例：

```
1/2
-1/4
0
1
```

案例代码 05-04-11.c

```
#include<stdio.h>
int main(){
  int a,b,c,d,p,q,k;
  char op;
  while(1){
    int x=scanf("%d/%d%c%d/%d",&a,&b,&op,&c,&d);//读入数据
    if(x!=5)break;
    if(op=='-')c=0-c;                          //如果是减法,c变号,使减法变加法
    p=a*d+b*c;                                 //相加后的分子
    q=b*d;                                     //相加后的分母
    int m=abs(p);                              //分子、分母的绝对值分别赋给m、n
    int n=abs(q);
    while(m%n!=0){ int t=m%n;m=n;n=t; }        //辗转相除法得到m、n的最大公约数
    p=p/n;                                     //化简为最简分数
    q=q/n;
    if(q<0){ p=0-p; q=0-q;}                    //分母负号转移
    if(p==0) printf("0\n");                    //输出0
    else if(q==1)printf("%d\n",p);             //输出整数
    else   printf("%d/%d\n",p,q);              //输出分数
  }
  return 0;
}
```

案例拓展 月历

X想知道某年某月的日历,你能为他编程输出吗?

输入格式:输入一行,两个正整数,分别代表年份和月份。

输出格式:严格按样例格式输出一个月的日历。

第1行输出月份简称和年份,中间有一个圆点和空格。

第2行输出表头,为星期一至星期日的缩写,每个单词之间一个空格。

第3行为28个减号。

接下来的几行是日历内容,每个日期输出时占3列,前后两个日期之间再加1个空格,保证与相对应的星期名称右对齐。

输入样例:

```
2019 9
```

输出样例:

```
SEP. 2019
```

```
Mon Tue Wed Thu Fri Sat Sun
---------------------------
                          1
  2   3   4   5   6   7   8
  9  10  11  12  13  14  15
 16  17  18  19  20  21  22
 23  24  25  26  27  28  29
 30
```

提示：1900年1月1日是星期一。月份缩写：一月份JAN；二月份FEB；三月份MAR；四月份APR；五月份MAY；六月份JUN；七月份JUL；八月份AUG；九月份SEP；十月份OCT；十一月份NOV；十二月份DEC。

习题5

一、单项选择题

1. 以下程序的输出结果是________。

```
int main(){
    int x=10,y=10,i;
    for(i=0;x>8;y=++i) printf("%d,%d ",x--,y);
    return 0;
}
```

(A) 10,1 9,2　　(B) 9,8 7,6　　(C) 10,9 9,0　　(D) 10,10 9,1

2. 以下程序的输出结果是________。

```
int main( ){
    int i;
    for(i='A';i<'I';i++,i++) printf("%c",i+32);
    return 0;
}
```

(A) 编译不通过，无输出　　(B) aceg

(C) acegi　　(D) abcdefghi

3. 以下程序中循环体的执行次数是________。

```
int main( ){
    int i,j;
    for(i=0,j=1; i<=j+1; i+=2,j--)  printf("%d \n",i);
}
```

(A) 3　　(B) 2　　(C) 1　　(D) 0

4. 如下程序的执行结果是________。

```
int main( ){
    int x=23;
    do{ printf("%d",x--); } while(!x);
}
```

(A) 321　　(B) 23
(C) 不输出任何内容　　(D) 陷入死循环

5. 以下程序段循环执行的次数是________。

```
int k=0;
while(k=1)  k++;
```

(A) 无限次　　(B) 有语法错,不能执行
(C) 一次也不执行　　(D) 执行1次

二、程序填空题

1. 下面程序的功能是计算正整数2345的各位数字的平方和,请补充程序,在空白处填写合适的代码。

```
int main(){
    int  n,sum=0;
    n=2345;
    do{  sum=sum+(n%10)*(n%10);
        n=________;//请填空
    }while(n!=0);
    printf("sum=%d",sum);
}
```

2. 下面程序的功能是计算1～50中7的倍数之和,请填空。

```
int main(){
    int i,sum= 0;
    for(i=1;i<=50;i++)
        if(________)  sum+=i; //请填空
    printf("%d",sum);
    return 0;
}
```

三、写程序执行结果

1. 写出下面程序段的输出结果。

```
int  x=2,s=0;
while (x != 0) {  s=s+x;  x--;  }
printf("%d",s);
```

2. 写出下面程序段的输出结果。

```
int  x=7,s=0;
while (x >0){   x=x-2;  s=s+x;   }
printf("x=%d,s=%d",x,s);
```

3. 写出下面程序段的输出结果。

```
x= -3;
do{  x=x+2;  }while(x>0);
printf("%d",x);
```

4. 写出下面程序段的输出结果。

```
int main(){
    int  n,sum=0; n=2345;
    while(n>0){   sum=sum+ n%10; n=n/10;    }
    printf("sum=%d",sum);
    return 0;
}
```

5. 写出下面程序段的输出结果。

```
int main(){
    int  y=5,s=0;
    do{ y--;s=s+y; } while(y>0);
    printf("%d,%d",s,y);
}
```

四、编程题

1. 有一分数序列：2/1,3/2,5/3,8/5,13/8,21/13,…,求这个数列的前20项之和。

2. 编写程序,求 $s=1!+2!+3!+\cdots+10!$ 的和,并输出。请分别采用双重循环和一重循环解决。

3. 使用二重for循环编程打印下列图形,其中行数由键盘输入,行数不超过26。(参考代码：XT_05_04_03.c)

```
    A
   BBB
  CCCCC
 DDDDDDD
EEEEEEEEE
………………
```

4. 搬砖问题。有36块砖,要求正好36人来搬;男人每人搬4块,女人每人搬3块,两个小孩抬一块砖。要求一次全搬完,请问男、女、小孩各需几人?

5. 已知4位数a2b3能被23整除,编写程序求此4位数。

6. 编写程序,输入某门功课的若干个学生的成绩,假定成绩都为整数,以-1作为输入终止,计算平均成绩并输出。(提示:使用循环结构)

7. 编写程序,输出1900—2010年的所有闰年,要求每行输出5个数据。

8. 输入若干实数,计算所有正数的和、负数的和以及这10个数的总和。(提示:遇到非法字符输入结束)

9. 有n个小运动员参加完比赛后,口渴难耐,于是去小店买饮料。饮料店搞促销,凭3个空瓶可以再换1瓶,他们最少买多少瓶饮料才能保证一人一瓶?编程输入人数n,输出最少应买多少瓶饮料。

10.“同构数”是指这样的整数:它恰好出现在其平方数的右端,例如376 * 376=141376。请找出10000以内的全部“同构数”。

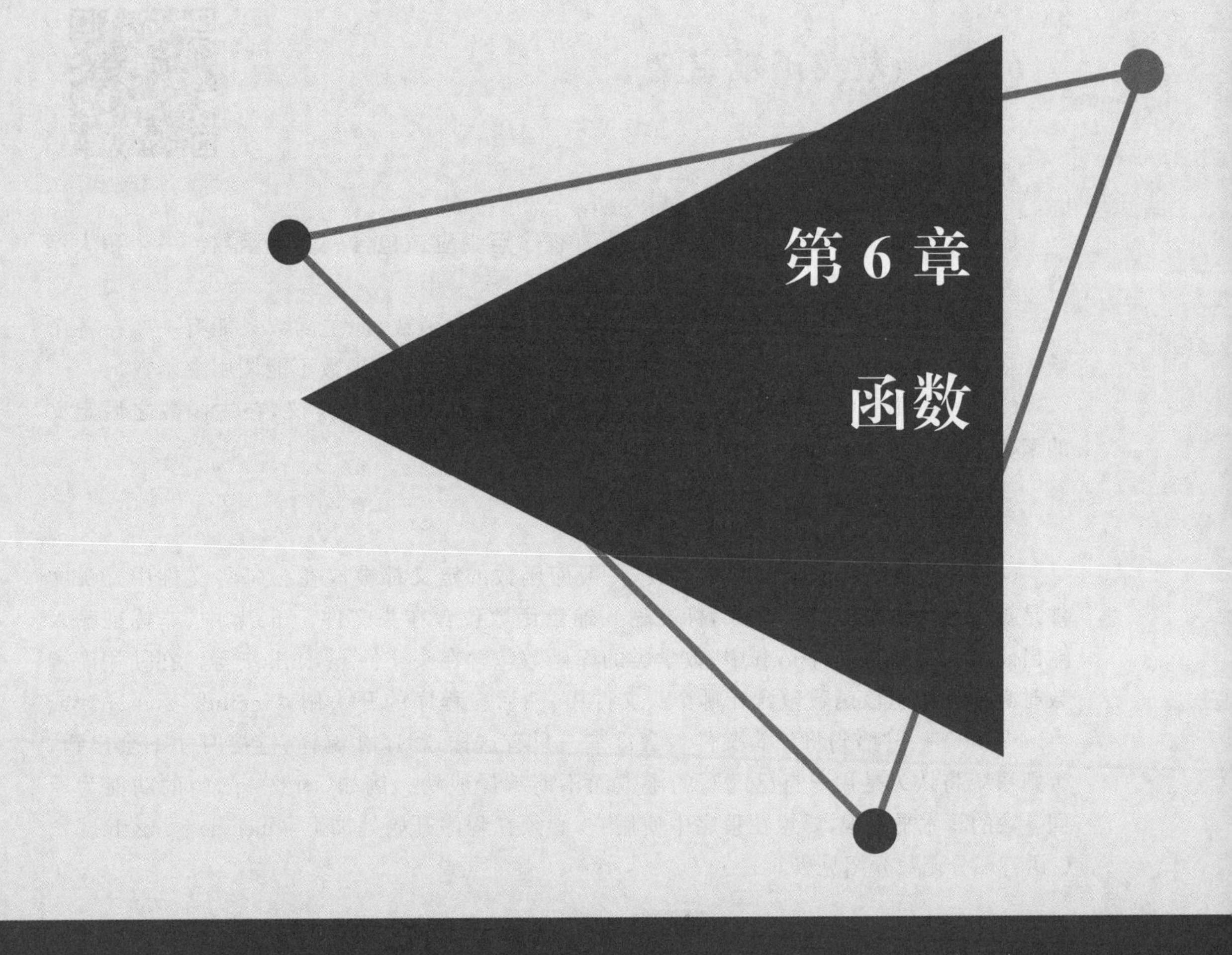

第 6 章

函数

函数可以实现程序的模块化，是实现结构化程序设计思想的重要方法。本章将重点讲述 C 语言中函数的定义、函数的调用、函数的参数传递方式、递归等概念。

本章学习目标

(1) 掌握函数的定义、说明和调用的基本使用。

(2) 掌握函数参数传递的原理和应用。

(3) 掌握递归函数设计方法。

(4) 了解变量的作用域和生存期的概念和原理。

6.1 函数及函数定义

第 6 章案例代码

1. 认识函数

C 程序的基本单位是函数，一个 C 语言程序至少应该包含一个主函数。一个稍大型的 C 语言程序都应该包含用户自己定义的函数。

一个 C 语言程序中可以包括若干个用户自定义的函数，但主函数只能有一个。各个函数在定义时彼此是独立的，在执行时可以互相调用，但其他函数不能调用主函数。

C 语言中几乎所有的函数在使用前必须先在主函数前进行定义，在主函数之后定义的函数也必须在主函数中先说明才能使用。

2. 库函数

C 语言提供了功能丰富的库函数，一般库函数的定义都被放在头(库)文件中。头文件是扩展名为.h 的文件。例如，标准输入输出函数包含在头文件 stdio.h 中、非标准输入输出函数包含在头文件 io.h 中、数学类的库函数包含在头文件 math.h 中等。在使用库函数时必须先知道该函数包含在哪个头文件中，然后在程序的开头用#include <*.h>或#include "*.h"语句将该头文件包含进来。只有这样，程序在编译、链接时才不会出错，否则系统将认为是用户自己编写的函数而不能编译成功。例如，函数 sqrt()的功能为返回参数的算术平方根，要想在程序中使用它，必须在程序开始处加上#include <math.h>。C 语言部分函数介绍见表 6-1。

表 6-1 C 语言部分函数介绍

库文件名	主要函数
分类函数 ctype.h	isalpha() 判断字符是否为字母或数字 isascii() 判断字符 ASCII 码是否属于[0,127] isprint() 判断字符是否为可打印字符 isspace() 判断字符是否为空白字符(空格、TAB、回车)
目录函数 dir.h	chdir() 改变当前工作目录 mkdir() 创建目录 rmdir() 删除目录
转换函数 stdlib.h	atoi(),atof(),atol() 字符串转换成 int,double,long itoa(),ecvt(),ltoa() 整型、实型转换成字符串
输入输出函数 stdio.h	scanf(),printf(),gets(),puts()等
字符串操作函数 string.h	strcpy(),strcat(),strcmp()等
数学函数 math.h	abs(),fabs(),sin(),asin()等
内存分配函数 stdlib.h,alloc.h	calloc() 分配内存块函数 free() 释放已分配内存块

续表

库文件名	主要函数
进程控制函数 stdlib.h,process.h	exit() 终止程序 system() 发出一个 DOS 命令行命令 execl() 装入并运行其他程序
时间和日期函数 time.h	time() 取系统时间(请查阅详细用法) stime() 设置系统时间
其他函数	sleep(n) gcc 内核表示程序延时 n 秒 Sleep(n) VC 中表示程序延时 n 毫秒

案例 06-01-01 库函数开根号

案例代码 **06-01-01.c**

```
#include<stdio.h>
#include<math.h>
int main(){
    double a;
    scanf("%lf",&a);
    printf("%lf",sqrt(a));
    return 0;
}
```

执行程序,输入 10,输出：3.162278

案例拓展 三角函数

编程输入一个角 A 的角度值 r(实数),输出角 A 的正弦值和余弦值。

案例 06-01-02 时间函数

案例代码 **06-01-02.c**

```
#include <stdio.h>
#include <time.h>
int main(){
    long now;
    now=time(NULL)%(60*60*24);
    long h=now/3600;
    long m=now%(3600)/60;
    long s=now%(3600)%60;
    printf("当前时间(格林尼治:零时区):%02ld:%02ld:%02ld\n",h,m,s);
    h=(h+8)%24;
    printf("当前时间(中国北京:东 8 区):%02ld:%02ld:%02ld\n",h,m,s);
    return 0;
}
```

执行程序,输出：

```
当前时间(格林尼治:零时区):00:44:02
当前时间(中国北京:东 8 区):08:44:02
```

程序分析：

time(NULL)函数用于获取当前的系统时间，返回的结果是一个 time_t 类型，其实就是一个大整数，其值表示从 1970 年 1 月 1 日 00:00:00 到零时区标准时间当前时刻的秒数。

中国处在东 8 区(+8 区)，比零时区多 8 个小时，所以转换为本地时间时，小时数据要做加 8 处理。

案例拓展 系统日期

利用时间函数编程输出计算机系统的当前日期、时间和星期。

案例 06-01-03 创建文件夹

编程在 C 盘根目录创建一个文件夹。

案例代码 **06-01-03.C**

```
#include <stdio.h>
#include<dir.h>
int main(){
    char d[]={"C:\\pppppp"};
    mkdir(d);
    printf("目录[%s]创建完成...",d);
    return 0;
}
```

程序分析：

执行程序，显示“目录[C:\pppppp]创建完成...”，此时打开 C 盘查看，就会发现创建了一个名为 pppppp 的文件夹。

案例拓展 删除文件夹

编程删除刚刚创建的文件夹。

3. 函数的定义

函数定义的一般形式为：

```
函数类型  函数名(形式参数列表){
  函数体
}
```

功能说明：

① 函数类型定义的是函数返回值的类型，可以是整型(int)、长整型(long)、字符型(char)、单精度浮点型(float)、双精度浮点型(double)，以及空类型(void)等一切合法数据类型，也可以是以后要介绍的指针类型。如果省略函数类型标识符，系统默认函数的返回

值为整型。

② 函数名是用户自已定义的一个标识符,应该符合标识符的命名规则。

③ 定义无参函数时,函数名后的括号内应该为空或者加上 void。定义有参函数时,函数名后的括号内应该依次列出函数的形式参数,参数之间以逗号分隔,每个参数的说明都应该指定其类型。

案例 06-01-04 无参函数举例

案例代码 06-01-04.c

```
#include<stdio.h>
void print_line(){
    printf("============================\n");
}
void print_message(){
    printf("This is a C program.\n");
}
int main(){
    print_line();
    print_message();
    print_line();
    return 0;
}
```

执行程序,输出:

```
============================
This is a C program.
============================
```

程序分析:

该程序由三个函数组成,一个是不可缺少的主函数,另两个是用户自定义函数,它们都是无参数函数,也没有返回值。它们在形式上是互相独立的,没有嵌套和从属关系。

主函数中调用了自定义函数,依次输出三行文本。

案例拓展 无参函数设计

编写无参函数 print()输出一行文字“好好学习,天天向上!”,然后在主函数中输入整数 N,调用函数输出 N 个“好好学习,天天向上!”。

输入样例:

```
3
```

输出样例:

```
好好学习,天天向上!
好好学习,天天向上!
好好学习,天天向上!
```

案例 06-01-05 有参函数举例

案例代码 06-01-05.c

```
#include<stdio.h>
void print_star(int n){
    int i;
    for(i=1;i<=n;i++) putchar('*');
}
int main(){
    int n,k;
    scanf("%d",&n);
    for(k=1;k<=n;k++){
        print_star(2*k-1);
        printf("\n");
    }
    return 0;
}
```

执行程序，输入：7，输出：

```
*
***
*****
*******
*********
***********
*************
```

程序分析：

自定义函数 print_star(int n)是有参函数，形式参数为 int 型变量 n，函数功能为输出 n 个字符'*'。

主函数中，通过循环 *n* 次调用函数 print_star()，由于每次调用的参数不同，且调用后输出换行，所以才有如此的输出结果。

案例拓展 有参函数设计

请在上例程序基础上增加一个 print_space(int n)函数，函数功能为输出 *n* 个空格。然后在主函数中输入整数 *N*，输出 *N* 行如下形状的图形。例如，输入 7，输出如下。

```
      *
     ***
    *****
   *******
  *********
 ***********
*************
```

6.2 函数的调用

1. 函数调用

函数调用的一般形式为：

```
函数名(实在参数列表)
```

功能说明：

(1) 如果调用的是无参函数,实在参数列表可以为空,但是括号不能省略。例如：

```
print_star();                        //这是对无参函数的调用
```

(2) 如果调用的是有参函数,则应该加上实在参数。实在参数与被调用函数的形式参数要一一对应,参数个数要相同,类型也要一致或相容。例如：

```
print_star(2 * k-1);                 //这是对有参函数的调用
fx=pow(x,5)-4 * pow(x,4)+x * x-3 * sin(x);
```

(3) 函数在没有被调用之前,其形式参数是不存在的。函数只有在被调用时,其形式参数才被定义及被分配内存单元。形式参数被分配的内存单元是单独在空闲内存中分配的。即使形式参数变量名称与其他函数中的变量重名,其内存也不是一个地址。甚至,对于同一个函数的两次不同调用,系统为形式参数所分配的地址也可能是不同的。所以,形式参数变量名可以和其他函数中的变量重名,系统不会出错。形式参数占用的内存单元,在函数结束时会被自动释放。

(4) 函数调用的过程：首先为函数的所有形式参数在内存中的空闲区域(栈区)分配内存,将所有实在参数的值计算出来,依次赋值给对应的形式参数。然后进入函数体开始执行函数,如果执行完成或遇到 return 语句,则函数结束。如果有返回值,则将返回值带到调用处。

2. return 语句与返回值

return 语句的形式一般有以下两种：

```
return 表达式;
return;
```

功能说明：

(1) 带表达式的 return 语句,功能为结束函数的执行并把表达式的值返回给调用处。此时要求函数在定义时必须有一个指定的函数类型,不能为空类型(void)。

(2) 省略表达式的 return 语句,功能为结束函数的执行,返回到调用处。该语句没有返回值,函数通常定义为 void 型。

(3) 如果函数体中没有 return 语句,或者虽然有 return 语句但无法执行到,那么执行完函数体的最后一条语句后就返回。

3. 实在参数向形式参数单向传值

调用函数时,实在参数的值依次赋值给对应的形式参数,这一过程也称为参数的值传递。这是函数参数传递的一种方式。这种方式下实在参数与形式参数之间只是一个普通的赋值关系,值传递完成以后,实在参数与形式参数之间将不存在任何关系,函数中形式参数值的改变,不会影响实在参数。

案例 06-02-01 函数返回两个整数中比较大的值

案例代码 06-02-01.c

```
#include<stdio.h>
int max(int x,int y){                  //整型函数 max,形式参数为 2 个整数
  int t;
  if(x>y) t=x;                         //t 为较大者的值
  else    t=y;
  return t;                            //返回 t 作为函数值
}
int main(){
  int a,b,m;
  scanf("%d%d",&a,&b);
  m=max(a,b);                          //调用函数,实在参数为 a 和 b
  printf("The max is:%d.",m);
  return 0;
}
```

执行程序,输入:5 8

输出:The max is:8.

程序分析:

自定义函数 int max(int x,int y)需要两个整型参数,其返回值为整型,功能为返回两个参数中的较大值。函数中,通过执行语句 return t;结束函数并返回 t 的值。

请分析实在参数向形式参数的传值机制,并理解函数执行过程。

案例拓展 函数返回三个整数中最大的值

自定义函数,功能为返回三个整数中的最大者。主函数的功能为:输入三个整数,调用自定义函数输出最大值。(请至少用两种方法完成)

案例 06-02-02 函数返回两个整数的和

案例代码 06-02-02.c

```
#include<stdio.h>
int add(int a,int b){                  //整型函数,形式参数为 2 个整数
  int sum;
  sum=a+b;
```

```
    return sum;                          //返回 sum 作为函数值
  }
  int main(){
    int a,b;
    scanf("%d%d",&a,&b);
    printf("%d",add(a,b));               //调用函数,实在参数为 a 和 b
    return 0;
  }
```

执行程序,输入:5 8

输出:13

程序分析:

自定义函数 int add(int a,int b)需要两个整型参数,其返回值为整型,功能为返回两个参数的和。函数中,通过执行语句 return sum;结束函数并返回 sum 的值。

注意:本题中,虽然实在参数和形式参数重名,但除了调用函数时的传值操作外,两者之间没有其他关系。请分析实在参数向形式参数的传值机制,并理解函数执行过程。

本例程序中的函数可以写成下面的形式:

```
  int add(int a,int b){
    return a+b;
  }
```

案例拓展 函数返回三个整数的和

请编写自定义函数,功能为返回三个整数的和。主函数的功能为输入三个整数,调用自定义函数输出它们的和(请至少用两种方法完成)。

4. 函数声明

函数一定要先定义后使用(整型或 void 型函数除外),如果一个函数的定义被放在调用它的函数之后,那么一定要在调用它的函数的开始处对这个函数进行声明(也称为说明)。

函数声明语句只要将函数定义的首部(第一行)直接拿来就可以了,因为函数声明是一条语句,所以后面要加分号。函数声明语句中,形参列表中可以只保留参数类型而省略参数名称,或者省略整个形参列表。

案例 06-02-03 函数返回两个实数的和

案例代码 06-02-03.c

```
  #include<stdio.h>
  double add(double x,double y);                    //函数声明
  int main(){
        double a,b,m;
        scanf("%lf%lf",&a,&b);
        m=add(a,b);
        printf("%lf",m);
```

```
  return 0;
}
double add(double x,double y){                          //函数定义
  return x+y;
}
```

执行程序,输入:8 13

输出:21.000000

程序分析:

程序中对 double 型函数 add()先声明后使用再定义,且声明和定义类型及参数相符,无语法和编译错误。如果将函数声明语句删除,则程序在编译时发生如图 6-1 所示的错误,提示 add 没有定义。

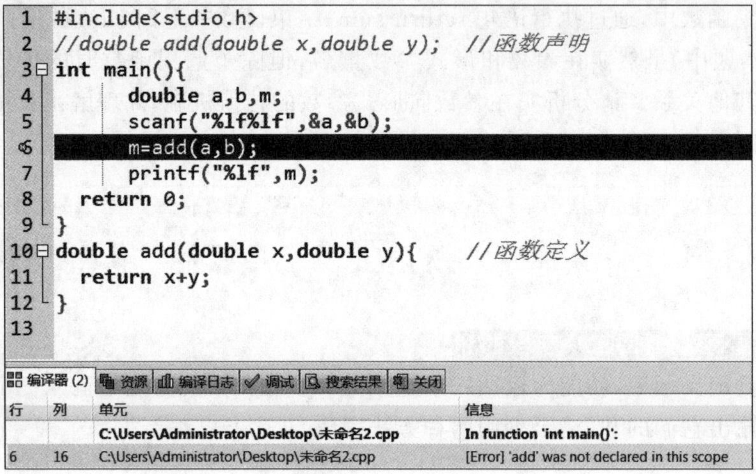

```
1  #include<stdio.h>
2  //double add(double x,double y);  //函数声明
3  int main(){
4      double a,b,m;
5      scanf("%lf%lf",&a,&b);
6      m=add(a,b);
7      printf("%lf",m);
8    return 0;
9  }
10 double add(double x,double y){    //函数定义
11   return x+y;
12 }
13
```

编译器 (2) | 资源 | 编译日志 | 调试 | 搜索结果 | 关闭

行	列	单元	信息
		C:\Users\Administrator\Desktop\未命名2.cpp	In function 'int main()':
6	16	C:\Users\Administrator\Desktop\未命名2.cpp	[Error] 'add' was not declared in this scope

图 6-1 错误提示

函数声明的关键信息是函数类型和名称,所以程序中的函数声明语句也可以写成如下两种形式:

```
double add(double,double);
double add( );
```

案例拓展 实数四则运算

请编写 4 个自定义函数,功能分别为返回两实数的和、差、积、商。主函数的功能为首先输入两个实数,然后调用自定义函数输出它们的和、差、积、商。(请在程序中应用函数声明)

```
输入样例:5.0 2.0        输出样例:7.000000 3.000000 10.000000 2.500000
```

案例 06-02-04 函数返回整数的阶乘

编写函数返回整数的阶乘,例如,在主函数中输入整数 N,输出 N 的阶乘值。

案例代码 06-02-04.c

```
#include<stdio.h>
long fact(long n){
    long i,f=1;
    for(i=1;i<=n;i++) f*=i;
    return f;
}
int main(){
    long n;
    scanf("%ld",&n);
    printf("%ld!=%ld",n,fact(n));
    return 0;
}
```

执行程序,输入：5

输出：5!=120

案例拓展 函数返回整数的真约数和

编写函数,使其返回整数的真约数和,例如,在主函数中输入整数 N,输出 N 的真约数和。

```
输入样例 1:28        输出样例 1:28
输入样例 2:20        输出样例 2:22
```

案例 06-02-05 函数返回一个整数是否为素数

编写函数,使其返回形式参数(一个正整数)是否为素数。

案例代码 06-02-05.c

```
#include<stdio.h>
#include<math.h>
int prime(int n){
  int i;
  for(i=2;i<=sqrt(n);i++)
    if(n%i==0) return 0;
  return 1;
}
int main(){
  int a,b,k;
  scanf("%d%d",&a,&b);
  for(k=a;k<=b;k++)
    if(prime(k))
      printf("%d\n",k);
  return 0;
}
```

执行程序,输入：

```
100 110
```

输出：

```
101
103
107
109
```

程序分析：

函数 prime()的算法思想是：若通过 for 循环找到了约数，则函数立即返回 0(假)；若循环正常结束(找不到约数)，则执行最后一条语句，返回 1(真)。

函数 prime()对不小于 2 的形式参数，都能返回正确结果，但对 1 则有问题(1 不是素数)。请思考如何修改函数，使 prime(1)的返回值为 0。

案例拓展 函数返回一个整数是否为完全数

编写函数，使其返回形式参数(一个正整数)是否为完全数。主函数的功能为：输入一个整数 N($N<5000$)，输出不小于 N 的第一个完全数。

```
输入样例 1:20                    输出样例 1:28
输入样例 2:100                   输出样例 2:496
```

案例 06-02-06 函数返回一个整数的反序数

编写函数，使其返回形式参数(一个正整数)的反序数。主函数的功能为：输入一个整数 N，输出 N 的反序数。

```
输入样例 1:1200                  输出样例 1:21
输入样例 2:1234                  输出样例 2:4321
```

案例代码 **06-02-06.c**

```
#include<stdio.h>
int reverse(int n){
    int x=0;
    while(n>0){
        x=x*10+n%10;
        n=n/10;
    }
    return x;
}
int main(){
    int n;
    scanf("%d",&n);
    printf("%d",reverse(n));
    return 0;
}
```

案例拓展 函数返回一个整数是否为回文数

编写函数，使其返回形式参数(一个正整数)是否为回文数(正反序相同的数，例如 1，12321，101 等)。主函数的功能为：输入两个整数 a、b，输出 a 与 b 之间的回文数。

```
输入样例 1:10 50      输出样例 1:11,22,33,44
输入样例 2:100 200    输出样例 2:101,111,121,131,141,151,161,171,181,191
```

案例 06-02-07 函数返回一个日期是否为合法日期

编写函数，其形式参数为代表年、月、日的 3 个整数，函数的功能为：返回该日期是否为合法日期。在主函数中输入一个日期的年、月、日 3 个整数，若为合法日期，则输出 YES，否则输出 NO。

```
输入样例 1:2050 10 5        输出样例 1:YES
输入样例 2:2050 2  29       输出样例 2:NO
```

案例代码 **06-02-07.c**

```
#include<stdio.h>
int isdate(int y,int m,int d){
    int leap=(y%4==0&&y%100!=0||y%400==0);
    if( (m==1||m==3||m==5||m==7||m==8||m==10||m==12)&&(d>=1&&d<=31) )
        return 1;
    else if( (m==4||m==6||m==9||m==11)&&(d>=1&&d<=30) )
        return 1;
    else if( m==2&&leap&&(d>=1&&d<=29) )
        return 1;
    else if( m==2&&!leap&&(d>=1&&d<=28) )
        return 1;
    else
        return 0;
}
int main(){
    int year,month,day;
    scanf("%d%d%d",&year,&month,&day);
    if(isdate(year,month,day))
        printf("YES");
    else
        printf("NO");
    return 0;
}
```

案例拓展 函数返回一个日期是否为回文日期

编写函数，使其返回一个日期是否为回文日期。回文日期首先应该是合法日期，然后满足年、月、日构成的 8 位整数是回文数。要求在主函数中输入一个表示日期的 8 位正整数(例如：20500502 表示 2050 年 5 月 2 日，该日期是回文日期)，输出该日期是否为回文日期。

```
输入样例 1:50200250      输出样例 1:NO    (提示:不是合法日期)
输入样例 2:20500503      输出样例 2:NO    (提示:合法日期非回文)
输入样例 3:20200202      输出样例 3:YES
```

6.3 递归

1. 函数的递归

一个函数直接或间接地调用该函数本身,这种调用关系称为函数的递归调用。函数的递归调用有两种情况,即直接递归和间接递归。

直接递归,即在函数 f 的内部又调用了它本身,如图 6-2 所示。

间接递归,即在函数 f1 里调用函数 f2,而在函数 f2 里又调用了 f1 函数,如图 6-3 所示。

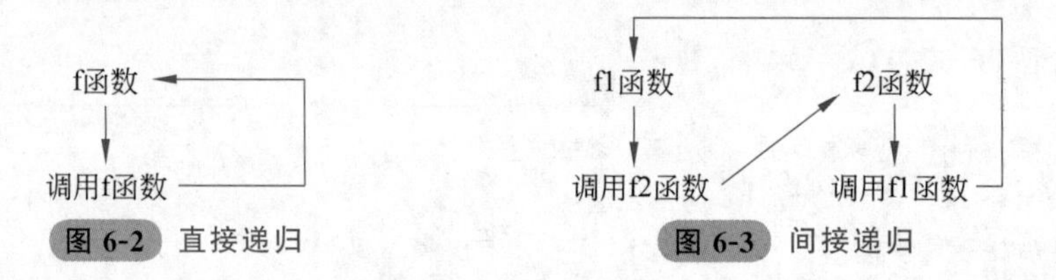

图 6-2 直接递归　　图 6-3 间接递归

递归调用的实质就是将原来的问题分解为新的问题,而解决新问题时又用到了原有问题的算法。按照这一原则分解下去,每次出现的新问题都是原有问题简化的子问题,而最终分解出来的问题是一个已知解的问题。

例如,当计算 n 的阶乘($n!$)时,可以将问题分解为 $n\times(n-1)!$,这样只计算$(n-1)!$就可以。而当计算$(n-1)!$ 时,又可以将问题分解为$(n-1)\times(n-2)!$,这样只计算$(n-2)!$就可以。最后,当计算 0! 时,这是一个已知解。也就是说,阶乘问题可以用以下递推公式描述:

$$f(n)=\begin{cases}1 & (n=0)\\ n\times f(n-1) & (n>0)\end{cases}$$

案例 06-03-01 递归实现阶乘

案例代码 06-03-01.c

```
#include<stdio.h>
long fact(long n){
    long f;
    if(n==0)  f=1;
    else      f=n*fact(n-1);                //递归
    return f;
}
int main(){
    long n;
```

```
    scanf("%ld",&n);
    printf("%ld",n,fact(n));
    return 0;
}
```

执行程序，输入：

```
5
```

输出：

```
120
```

案例拓展 函数递归实现求连续整数的和

编写函数，函数的形式参数为两个整数 a 和 $b(a \leqslant b)$，函数返回 a 与 b 之间所有整数的和。要求用非递归和递归两种方式实现，并请尝试不同的递归策略。在主函数中输入两个整数 m 和 n，输出从 m 到 n 连续整数的和。

```
输入样例 1:1 10          输出样例 1:55
输入样例 2:20 30         输出样例 2:275
输入样例 3:100 200       输出样例 3:15150
```

2. 递归调用原理

函数的递归调用属于函数嵌套调用的一种，只不过它调用的是自己。当开始一次新的函数调用时，都是额外地在内存的空闲区中给新一次调用的函数中的变量分配地址空间。新一次函数调用的执行与任何其他程序代码及前一次调用都没有关系。请大家牢记这一点。

上例中，当 n 的值为 4 时，函数调用 fact(4)的执行过程如图 6-4 所示。

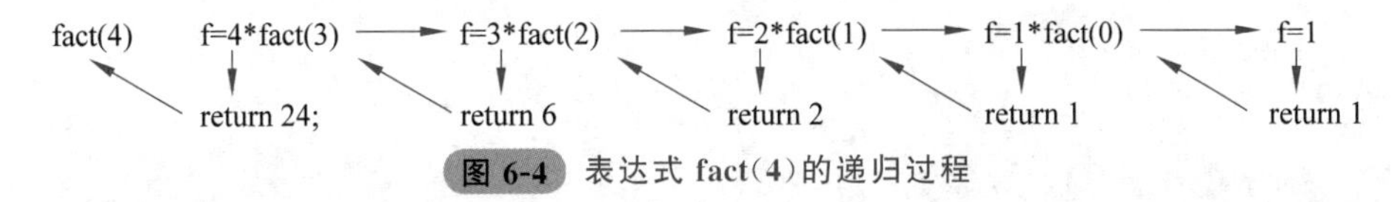

图 6-4 表达式 fact(4)的递归过程

第 1 次调用函数 fact(形式参数 n 的值为 4)，程序执行到 p=n * fact(n−1)，也就是 p=n * fact(3)，在计算 fact(3)时，第 1 次调用没有结束，而程序将第 2 次进入函数 fact()。

第 2 次调用函数 fact(形式参数 n 的值为 3)，系统会在另外的内存空间中分配内存，此次调用的形式参数 n 的值为 3。虽然两次调用的是同一个函数，同一个函数中的变量 n 又重名，但因为是在不同的地址空间区域内进行计算的，所以这两次调用并不冲突。第 2 次调用(形式参数 n 的值为 3)，程序执行到 p=n * fact(2)，在计算 fact(2)时，第 2 次调用没有结束，而程序进入第 3 次调用。

第 3 次调用函数 fact(形式参数 n 的值为 2)，程序执行到 p=n * fact(1)，在计算 fact(1)时，第 3 次调用没有结束，而程序进入第 4 次调用。

第 4 次调用函数 fact(形式参数 n 的值为 1),程序执行到 p=n * fact(0),在计算 fact(0)时,第 4 次调用没有结束,而程序进入第 5 次调用。

第 5 次调用函数 fact(形式参数 n 的值为 0),程序返回 1 结束本次调用,之后返回到第 4 次调用 p=n * fact(0)处。

第 4 次调用结束,返回值 1 会返回到第 3 次调用 p=n * fact(1)处,使得第 3 次调用的返回值是 2。

第 3 次调用的返回值 2 会返回到第 2 次调用 p=n * fact(2)处,使得第 2 次调用的返回值是 6。

第 2 次调用的返回值 6 会返回到第 1 次调用 p=n * fact(3)处,使得第 1 次调用的返回值是 24。

第 1 次调用的返回值为 24。

使用递归方法设计函数,程序简洁,思路清晰,易于阅读和理解。求阶乘的函数甚至可以写成如下形式,其原理和程序流程是一样的。

```
long fact(int n){
    return ( n==0 ? 1 : n*fact(n-1) );
}
```

案例 06-03-02 递归实现斐波那契(Fibonacci)数列第 N 项

编写函数,使其返回 Fibonacci 数列第 N 项的值,用递归方法实现。在主函数中输入一个整数 $N(N\leqslant 40)$,输出 Fibonacci 数列第 N 项的值。

案例分析:

Fibonacci 数列是一个具有递推关系的数列,其递推公式为:

$$f(n)=\begin{cases}1 & (n\leqslant 2)\\ f(n-1)+f(n-2) & (n>2)\end{cases}$$

具有递推关系的问题非常适合用递归方法编程。

案例代码 06-03-02-A.c

```
#include<stdio.h>
long long fib(long long n){            //非递归方法
    if(n==1||n==2) return 1;
    long f1=1,f2=1,f3,i;
    for(i=3;i<=n;i++){
      f3=f1+f2;
      f1=f2;
      f2=f3;
     }
    return f3;
}
int main(){
    long long n;
    scanf("%lld",&n);
    printf("%lld",fib(n));
    return 0;
}
```

执行程序,输入:11

输出:89

再次执行,输入:20

输出:6765

案例代码 **06-03-02-B.c**

```
#include<stdio.h>
long fib(long n){                                       //递归方法
    if(n<=2) return 1;
    else    return fib(n-1)+fib(n-2);                  //递归
}
int main(){
    int n;
    scanf("%d",&n);
    printf("%ld",fib(n));
    return 0;
}
```

程序输出结果同上。

案例拓展 递归实现辗转相除法求最大约数的函数

编写函数,函数的形式参数为两个正整数 a 和 b,函数返回 a 与 b 的最大公约数,要求用递归方式实现。在主函数中输入两个整数 m 和 n,输出 m 和 n 的最大公约数。

```
输入样例 1:36 48                    输出样例 1:12
输入样例 2:100 75                   输出样例 2:25
```

案例 06-03-03 编写函数,输出一个十进制整数的二进制形式

编写函数,函数的参数是整数 N,在函数中输出整数 N 的二进制形式。例如,在主函数中输入整数 a 和 b,输出从 a 到 b 所有整数的二进制形式。

输入样例:

```
10 15
```

输出样例:

```
1010
1011
1100
1101
1110
1111
```

案例分析:

如果用$\{N\}$表示 N 的二进制形式,那么一个整数 N 转换成二进制形式,可以这样理解，如果能得到 $N/2$ 的二进制形式{$N/2$}，那么后面加上一位 $N\%2$ 即可。例如：

```
{13} = {6}1 = {3}01 = {1}101 = 1101
{58} = {29}0 = {14}10 = {7}010 = {3}1010 = {1}11010 = 111010
```

直到{1}或{0}时，直接输出即可，否则就可以从后向前递推得到全部编码。所以，递推关系可以理解为：

$$n\text{ 的二进制编码}=\begin{cases}n & (n<2)\\(n/2\text{ 的二进制编码})|(n\%2) & (n\geqslant 2)\end{cases}$$

案例代码 **06-03-03.c**

```
#include<stdio.h>
void binary(int n){                     //输出 n 的二进制形式
    if(n<2){                            //如果 n<2,则直接输出
        printf("%d",n);
    }
    else{
        binary(n/2);                    //递归先输出(n/2)的二进制形式
        printf("%d",n%2);               //再输出后面的 1 位数
    }
    return;
}
int main(){
    int a,b,n;
    scanf("%d%d",&a,&b);
    for(n=a;n<=b;n++){
        binary(n);
        printf("\n");
    }
    return 0;
}
```

案例拓展 编写函数，输出一个十进制整数的十六进制形式

编写函数，函数的参数是整数 N，在函数中输出整数 N 的十六进制形式(用递归方法实现)。在主函数中输入整数 a 和 b，输出从 a 到 b 的所有整数的十六进制形式。(使用递归函数设计转换算法，不能使用%X 直接输出)

```
输入样例 1:200 210
输出样例 1:C8 C9 CA CB CC CD CE CF D0 D1 D2
输入样例 2:20000 20010
输出样例 2:4E20 4E21 4E22 4E23 4E24 4E25 4E26 4E27 4E28 4E29 4E2A
```

3. 经典的汉诺塔问题

在印度有这么一个古老的传说：在世界中心贝拿勒斯(在印度北部)的圣庙里，一块黄铜板上插着三根宝石针。印度教的主神梵天在创造世界的时候，在其中一根针上从下

到上地穿好了由大到小的 64 片金片，这就是所谓的汉诺塔(Tower of Hanoi)。不论白天还是黑夜，总有一个僧侣按照下面的法则移动这些金片到另一根针上。法则是：一次只移动一片，而且小片必在大片上面。当所有的金片都从梵天穿好的那根针上移到第三根针上时，世界就将在一声霹雳中消灭，梵塔、庙宇和众生都将同归于尽。

利用数学方法可以计算得出，若传说属实，僧侣们需要 $2^{64}-1$ 步才能完成这个任务。若他们每秒可完成一次盘子的移动，则需要 5849 亿年才能完成。整个宇宙现在也不过 137 亿年。

这就是汉诺塔传说，由此衍生出汉诺塔问题(图 6-5)，这个问题看起来好像有点复杂，实际上可以用递归的思想分析。

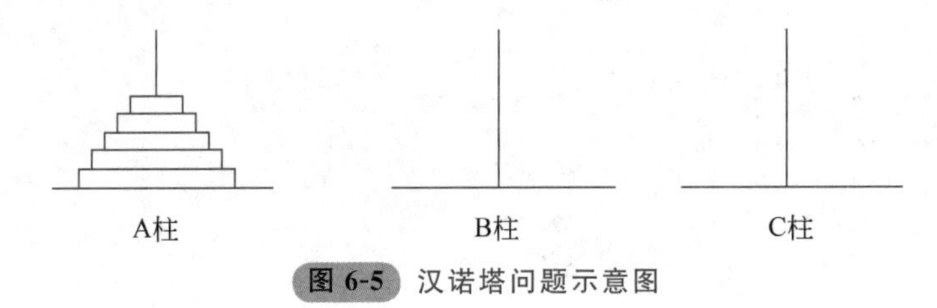

图 6-5　汉诺塔问题示意图

将 n 个盘子从 A 柱移到 C 柱可以分解为下面三个步骤：

(1) 将 A 柱上的 $n-1$ 个盘子借助 C 柱移到 B 柱上。

(2) 将 A 柱上的最后一个盘子移到 C 柱上。

(3) 再将 B 柱上的 $n-1$ 盘子借助 A 柱移到 C 柱上。

其中，第一步又可以分解为以下三步：

(1) 将 A 柱上的 $n-2$ 个盘子借助 B 柱移到 C 柱上。

(2) 将 A 柱上的第 $n-1$ 个盘子移到 B 柱上。

(3) 再将 C 柱上的 $n-2$ 个盘子借助 A 柱移到 B 柱上。

这种分解可以一直递归地进行下去，直到变成移动一个盘子，递归结束。事实上，以上三个步骤包含两种操作：

(1) 将多个盘子从一根柱子移到另一根柱子上，这是一个递归的过程。

(2) 将一个盘子从一根柱子移到另一根柱子。

分别编写两个函数，实现以上两个操作。

函数 hanoi(int n,char one,char two,char three)实现把 one 柱上的 n 个盘子借助于 two 柱移到 three 柱上；

函数 move(char x,char y)表示将 1 个盘子从 x 柱移到 y 柱，并输出移动盘子的提示信息。

案例 06-03-04 汉诺塔问题

案例代码 06-03-04.c

汉诺塔问题中，编程输入金盘的数量 n，输出将 n 个金盘从 A 柱(借助 B 柱)移到 C 柱的过程。

```
#include<stdio.h>
void move(char x,char y){
```

```
    printf("%c-->%c\n",x,y);
}
void hanoi(int n,char one,char two,char three){
    if (n==1)    move(one,three);
    else{
     hanoi(n-1,one,three,two);
     move(one,three);
     hanoi(n-1,two,one,three);
    }
}
int main(){
    int n;
    scanf("%d",&n);
    hanoi(n,'A','B','C');
  return 0;
}
```

执行程序输入：

```
2
```

输出：

```
A-->B
A-->C
B-->C
```

再次执行程序输入：

```
3
```

输出：

```
A-->C
A-->B
C-->B
A-->C
B-->A
B-->C
A-->C
```

案例拓展 汉诺塔移动次数

汉诺塔问题中，编程输入金盘的数量 n，输出将 n 个金盘从 A 柱（借助 B 柱）移动到 C 柱过程中移动金盘的总次数。（请分别用递归和非递归方法完成）

6.4 变量的作用域和生存期

1. 局部变量

局部变量有时也称为内部变量。局部变量是在函数内定义的，其作用域仅限于函数内(从该变量被定义开始到函数结束)，离开该函数后再使用这些变量就是非法的。

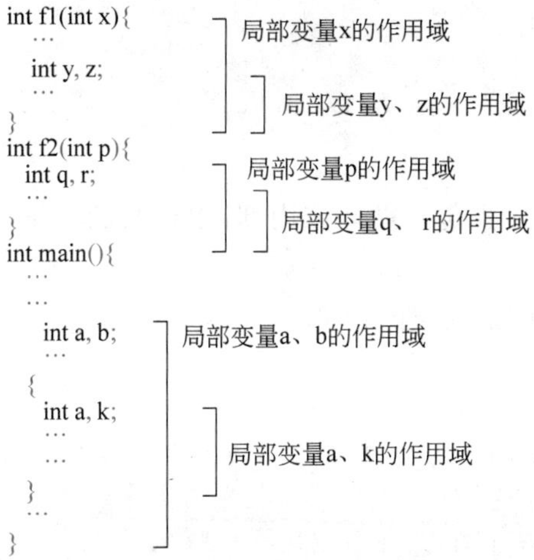

```
int f1(int x){          局部变量x的作用域
   …
   int y, z;
   …                        局部变量y、z的作用域
}
int f2(int p){          局部变量p的作用域
   int q, r;
   …                        局部变量q、 r的作用域
}
int main(){
   …
   …
     int a, b;         局部变量a、b的作用域
     …
   {
     int a, k;
     …                     局部变量a、k的作用域
     …
   }
   …
}
```

函数内部定义的变量、函数的形式参数变量都属于局部变量。此类局部变量的作用域为从其定义开始，至函数结束。

特别地，在复合语句(由大括号括起来)内定义的局部变量，其作用域仅在该复合语句块内。

局部变量仅在其作用域内可见，在作用域外不能被访问。

案例 06-04-01 局部变量作用域举例

案例代码 06-04-01.c

```
#include<stdio.h>
int main(){
    int a,b;
    a=5;  b=8;
    printf("%d\t%d\n",a,b);
    {
      a+=2;  b+=5;
      printf("%d\t%d\n",a,b);
      int a,k;
      a=15;  b=18;
      printf("%d\t%d\n",a,b);
    }
```

```
    //k=21;   此语句非法。在此定义域中 k 未定义
    a=a+2;   b=b+5;
    printf("%d\t%d\n",a,b);
  return 0;
}
```

执行程序,输出:

```
5       8
7       13
15      18
9       23
```

程序分析:

在函数内部由大括号({})括起来的复合语句(包括循环体内部)中定义的变量,其作用域为从其定义开始至花括号结束。

当同名变量的作用域重叠时,系统默认访问最内层的变量。

案例拓展 局部变量代码分析

```
#include<stdio.h>
int square(int n){
    //printf("%d",i);                //此语句非法,在此定义域中 i 未定义.
    return n*n;
}
int main(){
    int i;
    for(i=0;i<10;i++){
      int j=square(i);
      if(i>0)printf(" ");
      printf("%d",j+1);
    }
    return 0;
}
```

将主函数中的 printf()函数放到 for 循环内,再执行程序,输出:

```
1 2 5 10 17 26 37 50 65 82
```

2. 全局变量

全局变量也称为外部变量,它是在函数外部定义的变量,不属于哪个函数,而是属于一个源程序文件,其作用域是整个源程序。

全局变量也应该遵循先定义后使用的原则。如果在函数中使用该函数后面定义的全局变量,则应在此函数内作全局变量说明。全局变量的说明符为 extern,但在一个函数之

前定义的全局变量,在该函数内使用可不再加以说明。

定义全局变量的一般形式为:

```
类型说明符 变量名,变量名…;
```

例如:

```
int a=50,b;
```

如果想在全局变量定义之前的函数内使用它,就要在该函数中进行说明。

全局变量说明的一般形式为:

```
extern 类型说明符 变量名,变量名,…;
```

例如:

```
extern int a,b;
```

全局变量的说明只是一个使用声明,表明在函数内要使用某全局变量,因此说明时不能进行其他操作(如赋初值等)。

案例 06-04-02 全局变量举例

案例代码 06-04-02.c

```
//输入半径 r,分别输出以 r 为半径的圆的周长、面积和球的体积
#include<stdio.h>
#define PI 3.14159265
void fun(double r){
    extern double l,s,v;            //全局变量的说明
    l=2 * PI * r;
    s=PI * r * r;
    v=(4.0/3.0) * PI * r * r * r;
}
double l,s,v;                       //全局变量的定义
int main(){
    double r;
    scanf("%lf",&r);
    fun(r);
    printf("l=%lf s=%lf v=%lf",l,s,v);
    return 0;
}
```

执行程序,输入:

```
1.0
```

输出:

```
l=6.283185 s=3.141593 v=4.188790
```

程序分析：

本程序中定义了3个外部变量l、s、v，分别用来存放周长、面积和体积。因为这3个变量定义在函数fun()之后，所以要想在函数fun()中使用这3个变量，必须先说明。外部变量是实现函数之间数据共享的有效手段。

案例拓展 全局变量代码分析

```
//全局变量和局部变量同名程序举例
int x=11,y=12,z=13;
void fun(){
    int x=21,y=22;
    printf("x=%d,y=%d,z=%d\n",x,y,z);
}
int main(){
    {
      int y=32;
      printf("x=%d,y=%d,z=%d\n",x,y,z);
      fun();
    }
    printf("x=%d,y=%d,z=%d\n",x,y,z);
    return 0;
}
```

执行程序，输出：

```
x=11,y=32,z=13
x=21,y=22,z=13
x=11,y=12,z=13
```

3. 变量的存储类型(生存期)

存储类型是指变量占用内存空间的方式，也称为存储方式。存储类型分为“静态存储”和“动态存储”两种。

静态存储变量通常是在变量定义时就分配存储单元并一直保持不变，直至整个程序结束。全局变量即属于此类存储方式。

动态存储变量是在程序执行过程中定义它时才分配存储单元，使用完毕立即释放。典型的例子是函数的形式参数，在函数定义时并不给形参分配存储单元，只是在函数被调用时才予以分配，调用函数完毕后立即释放。如果一个函数被多次调用，则反复地分配、释放形参变量的存储单元。

一个变量究竟属于哪一种存储方式，并不能仅从其作用域判断，还应有明确的存储类型说明。在C语言中，对变量的存储类型说明有以下4种。

auto　　　　自动变量

register　　寄存器变量

extern　　外部变量

static　　静态变量

自动变量和寄存器变量属于动态存储方式,外部变量和静态变量属于静态存储方式。

在介绍变量的存储类型之后,可以知道对一个变量进行说明不仅应说明其数据类型,还应说明其存储类型。因此,变量说明的完整形式应为:

```
存储类型说明符 数据类型说明符 变量名,变量名…;
```

例如:

```
static int a,b;                    说明 a、b 为静态整型变量
auto char c1,c2;                   说明 c1、c2 为自动字符变量
static int a[5]={1,2,3,4,5};       说明 a 为静态整型数组
extern int x,y;                    说明 x、y 为外部整型变量
```

4. 自动变量

自动变量的类型说明符为 auto。C 语言规定,函数内凡未加存储类型说明的变量均视为自动变量,也就是说,自动变量可省去说明符 auto。

(1) 自动变量的作用域仅限于定义该变量的个体(函数或复合语句)内。

(2) 自动变量属于动态存储方式,只有在定义该变量的函数被调用时才给它分配存储单元,开始它的生存期。函数调用结束,释放存储单元,结束生存期。因此,函数调用结束后,自动变量的值不能保留。在复合语句中定义的自动变量,在退出复合语句后也不能再使用,否则将引起错误。

5. 静态变量

静态变量的类型说明符是 static。在局部变量的说明前再加上 static 说明符就构成静态局部变量。

例如:

```
static int a,b;
static float array[5]={1,2,3,4,5};
```

静态局部变量属于静态存储方式,它具有以下特点:

(1) 静态局部变量在函数内定义,在作用域结束时并不消失。也就是说,它的生存期为整个源程序。

(2) 虽然静态局部变量的生存期为整个源程序,但是其作用域只在定义该变量的函数内。退出该函数后,尽管该变量还继续存在,但不能使用它。

(3) 可以对静态局部变量赋初值,若未赋初值,则系统自动赋 0 值,包括数组。这一点是和自动变量的区别。

案例 06-04-03 静态局部变量程序举例

案例代码 06-04-03.c

```
//输入一个正整数,验证角谷猜想。输出变换过程及变换次数(使用静态局部变量的程序)
#include<stdio.h>
long next(long n){
    static long s=0;
    if(n%2==1) n=n*3+1;
    else       n=n/2;
    s++;
    printf("Times of %ld is %ld.\n",s,n);
    return n;
}
int main(){
    long n;
    scanf("%ld",&n);
    while(n!=1){
      n=next(n);
    }
    return 0;
}
```

执行程序,输入:

```
5
```

输出:

```
Times of 1 is 16.
Times of 2 is 8.
Times of 3 is 4.
Times of 4 is 2.
Times of 5 is 1.
```

程序分析:

由于 s 为静态变量,能在每次调用后保留其值并在下一次调用时继续使用,所以输出值成为累加的结果。

静态局部变量的定义及定义时的初始化只执行一次,再次执行时将被忽略。

案例拓展 静态局部变量程序分析

请分析如果上例程序中的变量 s 不是静态,那么输出结果会是什么,为什么?

6.5 函数的应用

案例 06-05-01 五分制成绩

编写函数,参数为某次考试的 100 分制的成绩,返回 5 分制成绩。要求:百分制成绩为整数，总分为100的百分制成绩转换成5分制成绩；如果输入的整数超出0～100的范围，则返回－1。（具体转换规则请直接分析代码）

问题分析：

本例要求实现100分制向5分制的转换，可以通过函数完成。设计一个函数名称为change()，参数为100分制的成绩，返回值为5分制的成绩。

案例代码 **06-05-01.c**

```
#include<stdio.h>
int main(){
    int score;
    scanf("%d",&score);
    printf("%d",change(score));
    return 0;
}
int change(int x){
    if(x<0||x>100)      return -1;
    else if(x<10)       return 0;
    else if(x<40)       return 1;
    else if(x<60)       return 2;
    else if(x<70)       return 3;
    else if(x<80)       return 4;
    else                return 5;
}
```

执行程序，对于不同的输入，程序会得到不同的输出结果，例如：

输入： 5 输出： 0	输入： 16 输出： 1	输入： 67 输出： 3	输入： 95 输出： 5	输入： 123 输出： -1	输入： -3 输出： -1

程序分析：

本例程序中定义的函数change()中，利用多分支if语句在函数体中加入了7个return语句。函数执行时会根据多分支语句中的条件表达式的值，哪个表达式成立就执行哪个分支。执行哪个分支，哪个分支的return语句就起作用。

案例拓展 第几天函数实现

请编写函数，其形式参数为表示年、月、日的3个整数（均为合法日期），返回这一天是当年的第几天。在主函数中输入年份和两个月、日，共5个整数，表示两个日期，输出这两个日期相差多少天。

```
输入样例:2021 1 1   1 31              输出样例:30
输入样例:2020 2 1   3  1              输出样例:29
```

案例 06-05-02 约数个数

编写函数，使其返回一个正整数的所有约数个数。在主函数中输入若干整数，输出其约数个数,并输出其是否为素数。

案例代码 **06-05-02.c**

```
#include<stdio.h>
#include<math.h>
int main(){
  int n,s;
  while(scanf("%d",&n)==1){
    s=fun(n);
    printf("%d %s\n",s,s==2?"Is Prime":"Not Prime");
  }
  return 0;
}
int fun(int n){
  if(n==1) return 1;
  int i,s=0,p=sqrt(n);
  for(i=1;i<=p;i++)
    if(n%i==0)s+=2;
  if(n==p*p)s--;
  return s;
}
```

执行程序,输入:

```
100 101 1001
```

输出:

```
9
2 Is Prime
8
```

程序分析:

本例中,函数 fun()的功能为返回参数 n 的约数的个数。主函数的功能为:读入整数 n,输出约数个数和素数情况,并且输入有多组。

案例拓展 找素数

输入整数 a、b,输出[a,b]区间内的所有素数,输出格式为 10 个素数一行,素数间以一个空格分隔。请设计函数 void prime(int a,int b)完成上述功能。在主函数中输入若干整数对,表示有若干组数据,每组数据先输出区间,再输出区间内的所有素数,每组输出间有一个空行。

输入样例:

```
100 200 100 500 10 100
```

输出样例:

```
[100,200]
101 103 107 109 113 127 131 137 139 149
151 157 163 167 173 179 181 191 193 197
199

[100,500]
101 103 107 109 113 127 131 137 139 149
151 157 163 167 173 179 181 191 193 197
199 211 223 227 229 233 239 241 251 257
263 269 271 277 281 283 293 307 311 313
317 331 337 347 349 353 359 367 373 379
383 389 397 401 409 419 421 431 433 439
443 449 457 461 463 467 479 487 491 499

[10,100]
11 13 17 19 23 29 31 37 41 43
47 53 59 61 67 71 73 79 83 89
97
```

案例 06-05-03 素数分解式

编写函数,输出一个正整数的素数分解式。主函数的功能为：输入若干正整数(大于1),输出每一个数的素数分解式。素数分解式是指将整数写成若干素数(从小到大)乘积的形式。

输入样例：

```
1000 1024 1089 1090 1091 1099
```

输出样例：

```
1000=2*2*2*5*5*5
1024=2*2*2*2*2*2*2*2*2*2
1089=3*3*11*11
1090=2*5*109
1091=1091
1099=7*157
```

案例代码 06-05-03.c

```
#include<stdio.h>
long prime(long n){
    long i;
    for(i=2;i<=sqrt(n);i++) if(n%i==0) return 0;
    return 1;
}
void print_prime(long n){
    long i;
    printf("%ld=",n);
```

```
    i=2;
    do{
        if(prime(i)&&n%i==0){
            printf("%ld",i);
            n=n/i;
            if(n>1)printf("*");
        }
        else
            i++;
    }while(n>1);
    printf("\n");
}
int main(){
    int n;
    while(scanf("%d",&n)==1)
        print_prime(n);
    return 0;
}
```

案例拓展 升级版素数分解式

编写函数,输出一个正整数的升级版素数分解式。主函数的功能为:输入若干正整数(大于1),输出每一个数的升级版素数分解式。素数分解式是指将整数写成若干素数(从小到大)乘积的形式。升级版素数分解式是指将整数写成若干素数(从小到大)乘积的形式,每个素数只输出1次,后面加上其乘方(1次方省略不输出),具体格式见输出样例。

输入样例:

```
1000 1001 1002 1003 1004 1005 1006 1007 1008
```

输出样例:

$$
\begin{aligned}
&1000=2^3*5^3\\
&1001=7*11*13\\
&1002=2*3*167\\
&1003=17*59\\
&1004=2^2*251\\
&1005=3*5*67\\
&1006=2*503\\
&1007=19*53\\
&1008=2^4*3^2*7
\end{aligned}
$$

案例 06-05-04 亲和数对

编程,输入两个正整数 a、b,输出$[a、b]$区间内的所有亲和数对。亲和数对的含义是一对整数 M 和 N,满足 M 的真约数之和等于 N,同时 N 的真约数之和等于 M。

案例代码 06-05-04.c

```
#include<stdio.h>
```

```
long yueshuhe(long n){
    long s=0,i;
    for(i=1;i<=n/2;i++)if(n%i==0)s=s+i;
    return s;
}
int main(){
    long m,n,a,b;
    scanf("%ld%ld",&a,&b);
    for(m=a;m<=b;m++){
      n=yueshuhe(m);
      if(m==yueshuhe(n)&&m<n&&n<=b)
        printf("%ld,%ld\n",m,n);
    }
    return 0;
}
```

执行程序,输入：100 10000,

输出：

```
220,284
1184,1210
2620,2924
5020,5564
6232,6368
```

案例拓展 N 对孪生素数

编程,输入整数 M($M<20000$)和 N($N<10$),输出大于 M 的前 N 个孪生素数对。孪生素数是指差为 2 的两个素数。

输入样例：

```
100 5
```

输出样例：

```
101,103
107,109
137,139
149,151
179,181
```

案例 06-05-05 十进制数转换为二进制数

编写一个函数,其参数是一个整数 N,返回值也是一个整数(假设是 R),规则是：整数 R 写出来(输出出来)是 N 的二进制形式。例如,若参数是 15,则返回值应是 1111。在主函数中输入若干组整数,依次输出其二进制形式。

案例代码 06-05-05-A.c

```
#include<stdio.h>
long to2(long n){                       //非递归实现
    long m=0,k=1;
    while(n>0){
      m=(n%2) * k+m;
      k=k * 10;
      n=n/2;
    }
    return m;
}
int main(){
    long n;
    while(scanf("%ld",&n)==1){
        printf("%ld\n",to2(n));
    }
    return 0;
}
```

执行程序，输入：

```
71
```

输出：

```
1000111
```

案例代码 06-05-05-B.c

```
#include<stdio.h>
long to2(long n){                       //递归实现
    if(n<2) return n;
    else    return to2(n/2L) * 10+n%2;
}
int main(){
    long n;
    while(scanf("%ld",&n)==1){
        printf("%ld\n",to2(n));
    }
    return 0;
}
```

案例拓展 二进制数转换为十进制数

编写一个函数，其参数是一个整数 N（N 中只有 1 和 0 两个数字），返回值也是一个整数(假设是 R)，规则是：整数 N 写出来是 R 的二进制形式。例如，若参数是 1111，则返回值应是 15。在主函数中输入多组数据，每个数据是一个只由 0 和 1 构成的整数(二进制数)，输出它对应的十进制整数。

输入样例：

```
11011 1000001
```

输出样例：

```
27
65
```

习题 6

一、单项选择题

1. 下面程序的输出结果是________。

```
int f(){
  static int i=0;  int s=1;  s+=i; i++;
  return s;
}
int main() {
    int i,a=0;
    for(i=0;i<5;i++) a+=f();
    printf("%d",a);
}
```

(A) 20　　(B) 24　　(C) 25　　(D) 15

2. 下面程序的输出结果是________。

```
int x=1;
fun(int m){ int x=5;  x+=m;  printf("%d ",x);   m++; }
int main(){  int m=3;  fun(m);  x+=m++;  printf("%d ",x);  }
```

(A) 8 5　　(B) 8 4　　(C) 9 5　　(D) 9 4

3. 下面程序的输出结果是________。

```
fun(int a,int b){ return a+b; }
int main(){ int x=2,y=3,z=4; printf("%d",fun(fun((x--,y++,x+y),z--),x)); }
```

(A) 14　　(B) 13　　(C) 12　　(D) 10

4. 在一个源文件中定义的全局变量的作用域是________。

(A) 本文件的全部范围　　(B) 本程序的全部范围

(C) 本函数的全部范围　　(D) 从定义该变量开始至本文件结束

5. 关于下面程序，叙述不正确的是________。

```
void f(int n);
int main(){
  void f(int n);
  f(5);
}
void f(int n){ printf("%d",n); }
```

(A) 若只在主函数中对函数 f 进行说明,则只能在主函数中调用函数 f

(B) 若在主函数前对函数 f 进行说明,则在主函数和其后的其他函数中都可以调用 f

(C) 对于以上程序,编译时系统会提示出错信息:对 f 函数重复说明

(D) 用 void 将其类型定义为无值型,函数 f 无返回值

二、程序填空

1. 下面程序的功能是求两个整数的最大公约数和最小公倍数,请填空。

```
int main( ){
  int a,b,c,d;  scanf("%d%d",&a,&b) ;
  c = gongyue( a, b );
  _______;
  printf("gongyue=%d,gongbei=%d",c,d );
}
int gongyue( int num1,  int num2 ){
  int temp, x, y ;   x=num1 ;   y=num2 ;
  while(_______){  temp=x%y ;   x=y ;   y=temp ;  }
  return (y);
}
```

2. 以下 check()函数的功能是对 value 中的值进行四舍五入取整计算,若计算后的值与 ponse 值相等,则显示"WELL DONE!!",否则显示计算后的值。已有函数调用语句 check(ponse,value);请填空。

```
void check(int ponse,float value){
  int val;
  val=_______;
  if(_______) printf("WELL DONE!!\n");
  else        printf ("The correct answer is %d\n", val);
}
```

三、读程序写结果

1. 请写出下面程序的运行结果。

```
int main( ){ int i=5; printf("%d",sub(i)); }
sub(int n){
  int a ;
  if(n==1)a=1;
```

```
    else    a=n+sub(n-1);
    return(a);
  }
```

2. 请写出下面程序的运行结果。

```
main(){
  int i=2,x=5,j=7;
  fun(j,6);
  printf("i=%d,j=%d,x=%d\n",i,j,x);
}
fun(int i,int j){   int x=2;   printf("i=%d,j=%d,x=%d\n",i,j,x);   }
```

3. 请写出下面程序的运行结果。

```
int main(){increment();increment();increment();}
int increment(){static int x=2;x+=10;printf("%d,",x);}
```

四、编程题

1. 编写一个函数,判断参数年份是否为闰年,若是闰年,则返回1,否则返回0。

2. 编写一个函数,返回两个正整数的最大公约数,请分别用非递归和递归两种方法设计。

3. 编写 part(int n)函数,输出正整数 n 的所有划分(例如,3 的所有划分为 1+1+1、1+2、2+1、3 这 4 种情况),请在主函数中调用它输出某一整数的所有划分。

4. 编写函数,计算一个正整数各位数字之和,请使用递归和非递归两种方法编写两个函数。主函数中包括输入、输出函数以及对编写的函数的调用。

5. 编写一个函数,参数为一个以 0X 开始的十六进制数表示的字符串,函数将该数转换成十进制数返回。

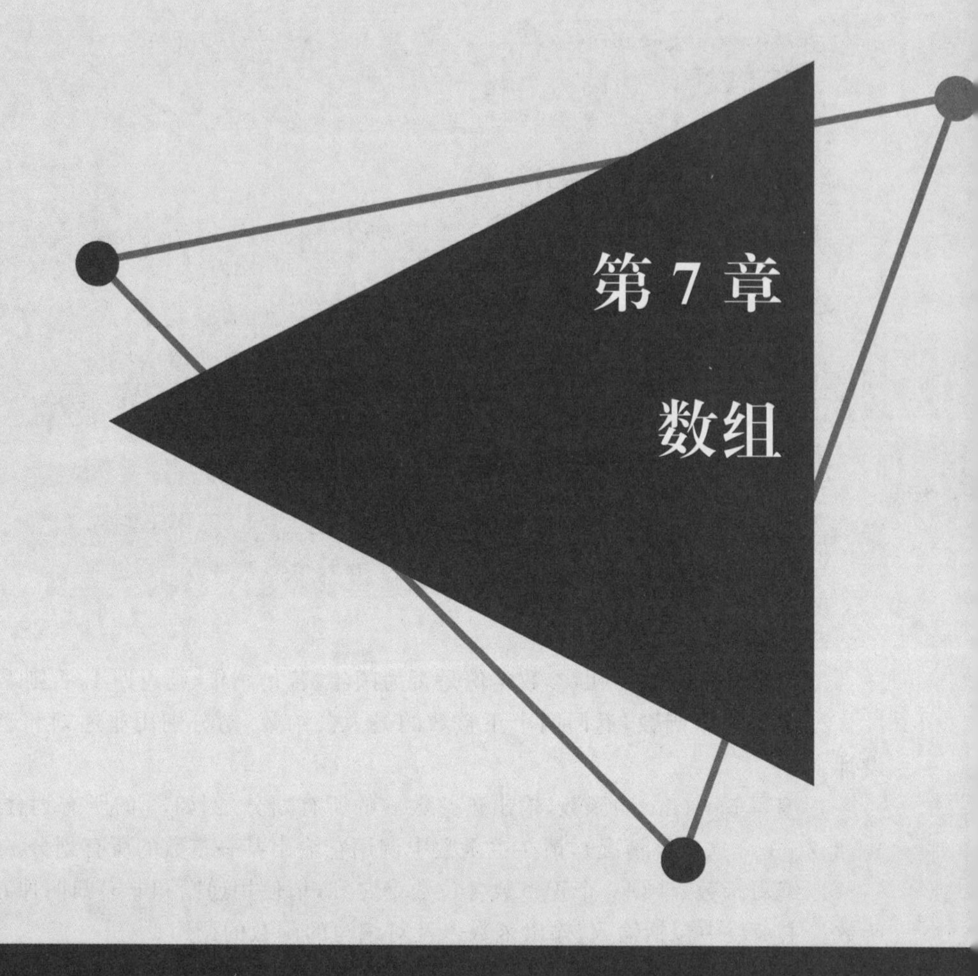

第7章 数组

前面使用的变量都属于简单变量，C语言中还提供了构造数据类型（如数组、结构体、共用体）和指针等。所谓构造数据类型，就是由基本数据类型按照一定规则组合而成的新的数据类型。本章主要介绍C语言中数组的使用，包括一维数组、二维数组和字符数组的定义、使用等。

本章学习目标

(1) 掌握数组的定义、初始化和元素引用的方法。

(2) 掌握数组遍历、查找和排序的常用方法。

(3) 掌握字符串处理函数的使用。

7.1　一维数组

第 7 章案例代码

1. 一维数组的定义和遍历

C 语言提供了一个构造类型的数据结构——数组。数组是一种特殊的构造数据类型，它是一组由若干个相同类型的变量构成的集合，这些变量具有一个相同的名字——数组名，各个变量之间用下标(序号)区分。每个变量称为这个数组的元素，数组的下标是从 0 开始计数的。

例如，有一个名字为 a 的整型(int)数组，共有 10 个元素，则在 C 语言中这 10 个数组元素的名字分别为 a[0]、a[1]、a[2]、a[3]、a[4]、a[5]、a[6]、a[7]、a[8]、a[9]。

一个数组的所有元素在内存中是顺序存放的，比如刚刚提到的数组 a，在内存中共占据连续的 40 字节的空间(假定每个 int 型数据占 4 字节)，前 4 字节用来存放 a[0]，接下来的 4 字节用来存放 a[1]，以此类推。

数组是具有一定顺序关系的若干个相同类型变量的集合体，属于构造类型。如果数组元素之间只通过一个下标分量相互区分，那它就是一维数组。

一维数组是只有一个下标的数组，通过一个下标序号就能确定数组元素。数组和其他普通变量一样，在程序中必须先定义后引用。

一维数组定义的一般形式为：

```
类型说明符 数组名[整型常量表达式];
```

例如：

```
int   a[10];                          /* 数组名为 a,类型为整型,有 10 个元素        */
float f[20];                          /* 数组名为 f,类型为单精度实型,有 20 个元素  */
char  ch[20];                         /* 数组名为 ch,类型为字符型,有 20 个元素     */
```

功能说明：

(1) 类型说明符定义了数组元素的类型，该数组的所有元素必须具有相同的数据类型。

(2) 数组名和变量名的命名规则相同，都是标识符。

(3) 整型常量表达式表明数组的长度(元素个数)，要放在方括号内，且必须是常量表达式(C99 标准之前)。表达式的值定义了该数组一共有多少个元素。

(4) 数组元素的下标从 0 开始，所以上文中数组 a 的元素有 a[0]、a[1]、a[2]、a[3]、a[4]、a[5]、a[6]、a[7]、a[8]、a[9]共 10 个元素；数组 f 的元素有 f[0]、f[1]、f[2]、…、f[19]共 20 个元素。

数组必须先定义后引用。可以像使用变量一样使用数组的元素。我们一次只能引用一个数组元素，而不能一次引用整个数组(字符数组除外)。

引用数组元素的一般形式为

```
数组名[下标]
```

下标可以是整型常量或整型表达式，例如下列语句是合法的：

```
a[0]=5;  a[1]=a[0]*5+9;  a[a[0]]=6;
```

对数组中的每个元素依次访问一遍，称为对数组的遍历。程序中通常使用在循环结构里让循环变量(计数器)从0开始，每次循环后加1，直到数组最大下标的方法遍历整个数组。

案例 07-01-01 一维数组的定义

案例代码 **07-01-01.c**

```
#include<stdio.h>
int main(){
    int a[10],k;
    for(k=0;k<10;k++)
        a[k]=k;
    for(k=0;k<10;k++){
        if(k>0)printf(",");
        printf("%d",a[k]);
    }
    return 0;
}
```

执行程序，输出：

```
0,1,2,3,4,5,6,7,8,9
```

程序分析：

此例程序定义了一个有10个元素的int型数组a和1个int型变量k(用作循环变量)。之后通过for循环为每个元素赋值(遍历)，再通过另一个for循环输出每个元素的值(遍历)。

请注意：循环变量k的初始值为0，进入循环的最后一个值是9，循环体内通过a[k]访问数组元素，正好完成对所有元素的依次访问(遍历)。

案例拓展 反序输出一维数组

编程，定义一个有20个元素的整型数组，遍历一次赋数组元素的值为下标的平方加1，然后再反序遍历一次输出数组的所有元素。

输出样例：

```
362 325 290 257 226 197 170 145 122 101 82 65 50 37 26 17 10 5 2 1
```

案例 07-01-02 输出字母表——数组遍历

案例代码 07-01-02.c

```
#include<stdio.h>
int main(){
    char  c[26],i;
    for(i=0;i<26;i++)
      c[i]='A'+i;;
    for(i=0;i<26;i++){
      if(i>0) printf(" ");
      printf("%c%c",c[i],c[i]+32);
    }
    return 0;
}
```

执行程序，输出：

```
Aa Bb Cc Dd Ee Ff Gg Hh Ii Jj Kk Ll Mm Nn Oo Pp Qq Rr Ss Tt Uu Vv Ww Xx Yy Zz
```

程序分析：

对数组元素进行统一处理，通常要通过遍历操作，而对数组的遍历操作通常要通过循环结构实现。本例程序通过第一次遍历对所有数组元素依次赋值，通过第二次遍历实现对所有元素依次输出。

案例拓展 输出第 *N* 个素数

编程，找出前 100 个素数存放到数组中，然后输入一个整数 *N*，输出第 *N* 个素数的值。

2. 一维数组的初始化

数组元素可以通过赋值语句直接赋值，也可以在定义数组的同时对其进行初始化赋值。

(1) 在定义数组时对数组的全部元素进行初始化。例如：

```
int a[10]={0,1,2,3,4,5,6,7,8,9};
```

将数组元素的初值用逗号分隔依次放在一对大括号内。初值与数组元素是一一对应的(多余的元素会被忽略)，所以经过上述初始化后，数组元素 a[0]～a[10]的值依次为 0～9。

(2) 在定义数组时对数组部分元素进行初始化。例如：

```
int a[10]={0,1,2,3,4};
```

数组定义了 10 个元素，初始化列表中只给出 5 个值，这 5 个值依次赋给 a[0]～a[4]，其余数组元素的值系统自动赋值为 0。

(3) 如果数组在定义时没有进行初始化操作,那么它所有元素的初始值为一个随机值。

(4) 定义数组时若没有指定数组长度,则根据初值数量自动确定长度。

案例 07-01-03 一维数组的初始化

案例代码 07-01-03.c

```
#include<stdio.h>
int main(){
  int a[10],i;
  int b[10]={1,2,3,4};
  int c[]={1,2,3,4,5,6,7,8,9,10};
  printf("\n 数组 a:");
  for(i=0;i<10;i++) printf("%d ",a[i]);
  printf("\n 数组 b:");
  for(i=0;i<10;i++) printf("%d ",b[i]);
  printf("\n 数组 c:");
  for(i=0;i<10;i++) printf("%d ",c[i]);
  return 0;
}
```

执行程序,输出:

```
数组 a:2879 54540 4204204 0 654650 87897 5256 -545 8 2550
数组 b:1 2 3 4 0 0 0 0 0 0
数组 c:1 2 3 4 5 6 7 8 9 10
```

程序分析:

对于未进行任何初始化赋值的数组元素,和未初始化的变量是同一情况,其值是不确定的。此例程序在不同机器上会得到不同的输出结果。

若定义数组 a 时未赋初值,则所有元素的值不确定。

若定义数组 b 时给部分元素赋了初值,则其余元素做清 0 处理(赋 0 值)。

若定义数组 c 时没有指定数组长度,则根据初值数量自动确定长度为 10。

案例拓展 一维数组初始化代码分析

请分析下列代码的执行结果。

```
#include<stdio.h>
int main(){
    int i;
    int a[10]={1,2,3,4,5,6,7,8,9,10,11,12,13};
    int b[10]={};
    for(i=0;i<10;i++)
        printf("%d ",a[i]);
    printf(".\n");
    for(i=0;i<10;i+=2)
        b[i]=a[i]*a[i]-1;
```

```
    for(i=0;i<10;i++)
        printf("%d ",b[i]);
    printf(".\n");
    return 0;
}
```

3. 数组元素在内存中连续存放

数组的所有元素被安排在一块连续的存储空间，数组元素在内存中顺次存放，它们的地址是连续的。C语言还规定，数组名就是数组的首地址，也可以理解为数组名就是数组中第1个元素(下标为0)的地址。

案例 07-01-04 数组元素在内存中连续存放

案例代码 07-01-04.c

```
#include<stdio.h>
int main(){
    int a[10],k;
    for(k=0;k<10;k++) a[k]=k;
    printf("Array address:%x\n",a);
    for(k=0;k<10;k++)
      printf("a[%d]=%d,Memory address:%x\n",k,a[k],&a[k]);
    return 0;
}
```

执行程序，输出：

```
Array address:22fe20
a[0]=0,Memory address:22fe20
a[1]=1,Memory address:22fe24
a[2]=2,Memory address:22fe28
a[3]=3,Memory address:22fe2c
a[4]=4,Memory address:22fe30
a[5]=5,Memory address:22fe34
a[6]=6,Memory address:22fe38
a[7]=7,Memory address:22fe3c
a[8]=8,Memory address:22fe40
a[9]=9,Memory address:22fe44
```

程序分析：

本例程序通过%x格式说明符以十六进制整数形式输出内存地址值(内存地址值其实是一个无符号整数)。通过输出可以看出，数组名就是数组的首地址，每个元素占4字节，从a[0]～a[9]共10个元素在内存中存放在连续的存储空间。

案例拓展 实型数组元素地址

请编程定义实型数组，输出所有元素地址，并分析验证元素在内存中存放在连续的存储空间。

4. 数组大小

定义数组时,要求数组长度是一个常量表达式,表示数组的长度(元素个数)。下列数组的定义是合法的。

```
int b[10+20];                    //相当于  int b[30];
double d[10+20/6];               //相当于  double d[13];
int c['A'];                      //相当于  int c[65];
int x[(int)5.6];                 //相当于  int x[5];
```

下面程序代码的数组定义也是合法的:

```
#define N 10
int main(){
  int a[N],b[N+10];              //预处理后替换成 int a[10],b[20];
}
```

下面两种定义数组的情况是错误的,将产生编译错误:

定义数组	编译错误
int a[5.6];	[Error] size of array 'a' has non-integer type [错误]数组 a 的长度不是整型
int b[-5];	[Error] size of array 'a' is negative [错误]数组 a 的尺寸是负数

7.2 一维数组的应用

案例 07-02-01 斐波那契数列

斐波那契(Fibonacci)数列是这样一个数列:1、1、2、3、5、8、13、21、…,这个数列前两项是1,从第三项开始,每一项都等于前两项之和。编程输出 Fibonacci 数列的前20项,要求每5个数据占一行,数据之间空一格。

案例代码 07-02-01.c

```
#include<stdio.h>
int main(){
    int i,f[20]={1,1};
    for(i=2;i<20;i++)
      f[i]=f[i-1]+f[i-2];
    for(i=0;i<20;i++){
      printf("%d",f[i]);
      if(i%5<4) printf(" ");
```

```
        if(i%5==4) printf("\n");
    }
    return 0;
}
```

执行程序,输出:

```
1 1 2 3 5
8 13 21 34 55
89 144 233 377 610
987 1597 2584 4181 6765
```

案例拓展 三角形数

传说古希腊毕达哥拉斯(约公元前570—公元前500年)学派的数学家经常在沙滩上研究数学问题,他们在沙滩上画点或用小石子表示数。例如,他们研究过下列图形的石子数依次为1,3,6,10,15,21,28,36,45,55,66,78,91,…,这些数被称为三角形数。仿照上例程序输出从1开始的前30个三角形数。

案例 07-02-02 数组元素逆置

编程,读入10个整数存入数组中,正序输出后,将数组元素逆序重置后再输出。

输入样例:

```
42  75  29  66  79  55  53  43  27  41
```

输出样例:

```
42,75,29,66,79,55,53,43,27,41
41,27,43,53,55,79,66,29,75,42
```

案例代码 07-02-02.c

```
#include<stdio.h>
int main(){
    int a[10],i,j,k,t;
    for(i=0;i<10;i++)
        scanf("%d",&a[i]);
    for(i=0;i<10;i++){
        if(i>0)printf(",");
        printf("%d",a[i]);
    }
    printf("\n");

    for(i=0,j=9;i<j;i++,j--){               //对称位置交换
```

```
        t=a[i]; a[i]=a[j]; a[j]=t;
    }

    for(i=0;i<10;i++){
        if(i>0)printf(",");
        printf("%d",a[i]);
    }
    return 0;
}
```

案例拓展 数组换位

编程,读入10个整数存入数组中,数组前半段和后半段位置互换再输出。

输入样例:

```
36  43  41  62  20  29  72  17  0  41
```

输出样例:

```
29  72  17  0  41  36  43  41  62  20
```

案例07-02-03 校园歌手大赛

8号选手参加校园歌手大赛,编程读入20个整数(0～100)并存入数组中作为20个评委的打分,请按题目要求编程实现输出样例要求的功能(最后得分为去掉最高分和最低分后的平均分)。

输入样例:

```
82 89 83 70 94 90 86 73 79 83 89 97 95 93 82 94 96 94 91 84
```

输出样例:

```
去掉一个最高分:97分
去掉一个最低分:70分
8号选手最后得分:87.611分
```

案例代码 07-02-03.c

```
#include<stdio.h>
#define N 20
int main(){
    int a[N],i,j,k,t;
    for(i=0;i<N;i++)
        scanf("%d",&a[i]);

    int max,min,sum;
    double average;
    max=min=a[0];
```

```
    sum=0;
    for(i=0;i<N;i++){
      sum+=a[i];
      if(max<a[i])max=a[i];
      if(min>a[i])min=a[i];
    }
    average=(sum-max-min)*1.0/(N-2);          //为什么要乘 1.0?

    printf("去掉一个最高分:%d 分\n",max);
    printf("去掉一个最低分:%d 分\n",min);
    printf("8 号选手最后得分:%.3lf 分",average);
}
```

案例拓展 校园歌手大赛新规则

8 号选手参加校园歌手大赛,编程读入 20 个整数(0～100)并存入数组中作为评委的打分。最后得分计算规则:先计算 20 个数的平均分,然后去掉所有与平均分相差 10 分以上的分数,最后把剩下的分数取平均值作为最后得分。如果没有剩下分数,则此次打分无效。

输入样例 1:

```
86 87 83 70 99 94 78 89 86 80 97 84 90 87 95 87 84 99 84 95
```

输出样例 1:

```
所有评委平均分:87.700 分.
不合格得分:70 99 99 .
最后得分:87.412 分.
```

输入样例 2:

```
72 72 73 71 71 72 73 71 71 72 98 98 97 100 99 97 97 99 99 99
```

输出样例 2:

```
所有评委平均分:85.050 分.
不合格得分:72 72 73 71 71 72 73 71 71 72 98 98 97 100 99 97 97 99 99 99 .
无合格打分.
```

7.3　数组名作为函数参数

1. 数组名作为函数的参数(传地址)

第 6 章介绍的函数设计中,实在参数和形式参数都是普通变量,调用发生时,它们之间是传值的关系，实在参数的值赋值给形式参数后，二者没有关联。

函数设计中除值传递外的另一种参数传递方式是地址传递方式。本节只讨论数组名作为函数参数的情形。在设计和调用函数时，实在参数可以是数组名(数组首地址)，函数的形式参数也必须说明为数组。请看以下案例。

案例 07-03-01 求数组中的最大值

编写函数，功能为返回数组中的最大值。在主函数中输入 10 个整数，存入数组中，调用函数得到最大值输出。

案例代码 **07-03-01.c**

```
#include<stdio.h>
int main(){
    int a[10],i,m;
    for(i=0;i<=9;i++) scanf("%d",&a[i]);
    m=max(a);
    printf("%d",m);
    return 0;
}
int max(int p[]){                                  //数组名作为函数参数程序举例
    int i,m;
    m=p[0];
    for(i=1;i<=9;i++) if(m<p[i])m=p[i];            //得到数组中的最大值
    return m;                                      //返回最大值
}
```

执行程序，输入：

```
1 2 3 4 5 6 7 8 9 0
```

输出：

```
9
```

程序分析：

数组名作为函数的实在参数时，要求形参数组类型应该与实参数组类型一致。形参数组的长度可以不指定，系统在编译程序时对其大小不做检查。

函数调用时，将实在参数 a(数组名/数组首地址)传给形式参数 p。因为 p 的值和 a 相同，所以数组 p 就是数组 a，p[0]就是 a[0]，两个数组共用一个首地址，其实就是一个数组。

案例拓展 输出最大值

编写函数，其功能为返回数组中的最大值。在主函数中首先输入一个整数 $N(1<N\leqslant 100)$，然后再输入 N 个整数存入数组中，调用函数得到这 N 个数中的最大值并输出。

```
输入样例:5 1 8 9 0 4                    输出样例:9
输入样例:10 1 8 9 0 4 3 2 5 -3 21       输出样例:21
```

案例 07-03-02 数组变换——接二连三

编写函数，其功能为对形式参数数组进行变换，规则是：下标是偶数的元素变为原值的 2 倍，下标是奇数的元素变为原值加 33。在主函数中首先输入一个整数 $N(1<N\leqslant 100)$，然后再输入 N 个整数存入数组中，调用函数进行变换后，输出数组的所有元素。

案例代码 07-03-02.c

```
#include<stdio.h>
void read(int p[],int n);                //函数声明
void print(int p[],int n);
void fun(int p[],int n);
int main(){
  int n,a[110];                          //定义数组,大于 100 个元素
  scanf("%d",&n);                        //读入整数 n(表示数组有 n 个元素)
  read(a,n);                             //调用函数,读取 n 个整数存入数组 a 中
  fun(a,n);                              //调用函数,进行变换
  print(a,n);                            //调用函数,输出数组元素
  return 0;
}
void read(int p[],int n){                //读入 n 个整数到数组 p 中
  int i;
  for(i=0;i<n;i++)
    scanf("%d",&p[i]);
  return;
}
void print(int p[],int n){               //输出数组 p 的所有元素(n 个)
  int i;
  for(i=0;i<n;i++){
    if(i>0)printf(" ");
    printf("%d",p[i]);
  }
  return;
}
void fun(int p[],int n){                 //对有 n 个元素的数组进行变换
  int i;
  for(i=0;i<n;i++)
    if(i%2==0)p[i]*=2;
    else     p[i]+=33;
  return;
}
```

执行程序，输入：

```
5 1 2 3 4 6
```

输出：

```
2 35 6 37 12
```

程序分析：

程序中的函数 read(int p[],int n)的功能是读入 n 个整数，存放到数组 p 中，因为实在参数 a 是数组首地址，所以数组 p 就是数组 a，实际上把这 n 个整数存入主函数的数组 a 中。

程序中的函数 print(int p[],int n)的功能是输出数组 p 中的 n 个元素，因为实在参数 a 是数组首地址，所以数组 p 就是数组 a，实际上输出的是主函数中数组 a 中的 n 个元素。

程序中的函数 fun(int p[],int n)的功能是对数组 p 中的 n 个元素进行遍历，并更改了每个元素的值。因为实在参数 a 是数组首地址，所以数组 p 就是数组 a，实际上更改的是主函数中数组 a 的元素值。

也就是说，如果数组名作为函数参数，那么函数中对形参数组的任何改变，实际上都是对实参数组的改变，形参数组与实参数组是一个数组，只是名字不同而已。这一点与函数参数传值是截然不同的，请大家一定关注。

案例拓展 数组逆置或右移

编写函数，其功能为对形式参数数组进行整体逆置变换；再编写函数，其功能为对形式参数数组元素进行右移一位操作，所有元素向后移动一个位置，原最后元素移到首位。

在主函数中首先输入整数 $N(1<N\leqslant100)$ 和 $M(M\geqslant0$，M 是 0 表示逆置，否则表示右移 M 位)，然后再输入 N 个整数存入数组中，调用函数进行变换后，输出数组的所有元素。

输入样例 1：(6 个元素逆置)

```
6 0
1 8 9 0 4 3
```

输出样例 1：

```
3 4 0 9 8 1
```

输入样例 2：(10 个元素右移 3 位)

```
10 3
1 8 9 0 4 3 2 5 -3 21
```

输出样例 2：

```
5 -3 21 1 8 9 0 4 3 2
```

2. 数组排序

将杂乱无章的数据元素通过一定的方法按顺序排列的过程叫作排序。

(1) 冒泡排序。

冒泡排序(Bubble Sort)是一种比较简单的排序算法，它重复地走访要排序的元素列，依次比较两个相邻的元素。如果顺序错误，就把它们交换过来。这个算法的名字由来是因为越小的元素会经由交换慢慢“浮”到数列的一端，就如同饮料中的气泡最终会上浮到顶端一样，故名“冒泡排序”。

冒泡排序算法的原理如下：

比较相邻的元素，如果左边元素比右边元素小，就交换它们的位置。经过一轮比较，最右侧的元素最小。持续多轮这样的操作，直到所有数据有序(从左到右元素值递减)。

案例 07-03-03 冒泡排序法

在主函数中首先输入一个整数 $N(1<N\leqslant 100)$，再输入 N 个整数存入数组中，然后用冒泡排序法对数组中的 N 个元素从大到小排序，最后输出数组的所有元素。

案例代码 07-03-03.c

```
#include<stdio.h>
#define N 110
int main(){
  int a[N],n,i,j,k,t;
  scanf("%d",&n);
  for(i=0;i<n;i++)                          //遍历输入
    scanf("%d",&a[i]);
  //以下代码为应用冒泡法对数组元素排序
  for(k=1;k<=n-1;k++)                       //外层循环表示共 n-1 趟排序
    for(i=0;i<n-k;i++)                      //内层循环进行第 k 趟排序
      if(a[i]<a[i+1]){                      //比较并交换
        t=a[i];a[i]=a[i+1];a[i+1]=t;
      }
  //排序完成
  for(i=0;i<n;i++){                         //遍历输出
    if(i>0) printf(" ");
    printf("%d",a[i]);
  }
}
```

程序分析：

本例采用冒泡法实现排序，此算法从大到小排序的基本原理是：每一趟排序将待排序空间中每一个元素与其后面的相邻元素比较，若存在小于关系，则交换(冒泡)，一趟排序下来以后，待排序空间中的最后一个元素最小。

第 1 趟排序时待排序下标空间为[0..N－1]，从 a[0]到 a[N－1－1]依次与其后相邻元素比较，若小于，则交换，这样，第 1 趟排序之后，保证 a[N－1]最小。

第 k 趟排序时待排序下标空间为[0..N－k]，从 a[0]到 a[N－k－1]依次与其后相邻元素比较，若小于，则交换，这样，第 k 趟排序之后，保证 a[N－k]最小。

采用此算法重复地走访要排序的数列，一次比较两个元素，如果它们的顺序错误，就把它们交换过来。

下面的表格演示了该排序方法的基本过程，为方便叙述，排序趟数从 1 开始计数。

第 1 趟排序(待排序下标区间为[0～9]，即整个数组，待排位置为 a[9])：

循环变量/下标	0	1	2	3	4	5	6	7	8	9	操作
k=1,i=0	**46**	**50**	72	63	90	42	84	49	90	14	46<50 交换
k=1,i=1	50	**46**	**72**	63	90	42	84	49	90	14	46<72 交换
k=1,i=2	50	72	**46**	**63**	90	42	84	49	90	14	46<63 交换
k=1,i=3	50	72	63	**46**	**90**	42	84	49	90	14	46<90 交换
k=1,i=4	50	72	63	90	**46**	**42**	84	49	90	14	
k=1,i=5	50	72	63	90	46	**42**	**84**	49	90	14	42<84 交换
k=1,i=6	50	72	63	90	46	84	**42**	**49**	90	14	42<49 交换
k=1,i=7	50	72	63	90	46	84	49	**42**	**90**	14	42<90 交换
k=1,i=8	50	72	63	90	46	84	49	90	**42**	**14**	
排序结果	**50**	**72**	**63**	**90**	**46**	**84**	**49**	**90**	**42**	**14**	

第 1 趟排序后,a[9]的值为此次待排序区间中的最小值。

第 2 趟排序(待排序下标区间为[0～8],待排位置为 a[8]):

循环变量/下标	0	1	2	3	4	5	6	7	8	9	操作
k=2,i=0	**50**	**72**	63	90	46	84	49	90	42	**14**	50<72 交换
k=2,i=1	72	**50**	**63**	90	46	84	49	90	42	**14**	50<63 交换
k=2,i=2	72	63	**50**	**90**	46	84	49	90	42	**14**	50<90 交换
k=2,i=3	72	63	90	**50**	**46**	84	49	90	42	**14**	
k=2,i=4	72	63	90	50	**46**	**84**	49	90	42	**14**	46<84 交换
k=2,i=5	72	63	90	50	84	**46**	**49**	90	42	**14**	46<49 交换
k=2,i=6	72	63	90	50	84	49	**46**	**90**	42	**14**	46<90 交换
k=2,i=7	72	63	90	50	84	49	90	**46**	**42**	**14**	
排序结果	**72**	**63**	**90**	**50**	**84**	**49**	**90**	**46**	**42**	**14**	

第 2 趟排序后,a[8]的值为此次待排序区间中的最小值。

以此类推,第 8 趟排序后,整个数组的排序完成。

冒泡排序法的改进:所有的排序算法都是由比较和移位操作完成的,分析冒泡排序的算法发现,在待排元素已经有序的情况下,无须进行后续的排序。改进算法如下:

```
//以下代码为应用改进冒泡法对数组元素排序
int flag;
for(k=1;k<=n-1;k++){                //共 n-1 趟排序
    flag=0;                         //标志变量置 0
    for(i=0;i<n-k;i++)
        if(a[i]<a[i+1]){
```

```
            t=a[i];a[i]=a[i+1];a[i+1]=t;
            flag=1;                    //发生交换标志置 1
        }
    if(flag==0) break;                 //若无交换,则说明待排所有元素已有序,跳出循环
}
//排序完成
```

案例拓展 冒泡排序函数

编写函数,用冒泡法对实型数组从小到大排序。在主函数中首先输入一个整数 $N(1<N\leqslant100)$,然后再输入 N 个实数存入数组中,调用自己编写的函数排序后输出数组的所有元素。

```
输入样例:5  2  3.5  1.0  0.618  1.142
输出样例:0.6180 1.0000 1.1420 2.0000 3.5000
```

(2) 选择排序。

选择排序(Selection sort)是一种简单直观的排序算法。它的工作原理是:第一次从待排序的数据元素中选出最小(或最大)的一个元素,存放在序列的起始位置,然后再从剩余的未排序元素中寻找最小(大)元素,将其放到已排序的序列的末尾。以此类推,直到全部待排序的数据元素的个数为零。

案例 07-03-04 选择排序法

在主函数中首先输入一个整数 $N(1<N\leqslant100)$,然后再输入 N 个整数存入数组中,用选择排序法对数组中的 N 个元素从大到小排序,最后输出数组的所有元素。

案例代码 **07-03-04.c**

```
#include<stdio.h>
#define N 110
int main(){
  int a[N],n,i,j,k,t;
  scanf("%d",&n);
  for(i=0;i<n;i++)                    //遍历输入
    scanf("%d",&a[i]);
  //以下代码为应用选择排序法对数组元素排序
  for(i=0;i<n-1;i++){                 //共 n-1 趟
    k=i;                              //待排区间 a[i..n-1]
    for(j=i+1;j<n;j++)                //查找最大元素的下标,将其赋给 k
        if(a[k]<a[j]) k=j;
    if(a[i]!=a[k]){                   //交换 a[i]和 a[k],使 a[i]最大
        t=a[i];a[i]=a[k];a[k]=t;
    }
  }
  //排序完成
  for(i=0;i<n;i++)                    //遍历输出
    printf("%d ",a[i]);
```

```
    return 0;
}
```

程序分析：

本例程序采用的排序方法为“选择排序法”，按此算法从大到小排序的基本原理是：每一趟排序将待排区间内的最大元素与区间中的第一个元素交换，一趟排序下来后，待排位置上的第一个元素最大。

为方便编程和叙述，排序趟数从 0 开始计数，第 0 趟排序时 a[0]是待排位置，待排区间是[0..9]，最大元素的下标是 8，交换 a[0]与 a[8]，使 a[0]最大，第 0 趟排序结束。以此类推，下面的表格演示了该排序方法的基本过程。

第 i 趟	待排区间	最大值下标	0	1	2	3	4	5	6	7	8	9	操作
i=0	[0..9]	k=4	**46**	50	72	63	**90**	42	84	49	90	14	46 交换 90
i=1	[1..9]	k=8	**90**	**50**	72	63	46	42	84	49	**90**	14	50 交换 90
i=2	[2..9]	k=6	**90**	**90**	**72**	63	46	42	**84**	49	50	14	72 交换 84
i=3	[3..9]	k=6	**90**	**90**	**84**	**63**	46	42	**72**	49	50	14	63 交换 72
i=4	[4..9]	k=6	**90**	**90**	**84**	**72**	**46**	42	**63**	49	50	14	46 交换 63
i=5	[5..9]	k=8	**90**	**90**	**84**	**72**	**63**	**42**	46	49	**50**	14	42 交换 50
i=6	[6..9]	k=7	**90**	**90**	**84**	**72**	**63**	**50**	**46**	**49**	42	14	46 交换 49
i=7	[7..9]	k=7	**90**	**90**	**84**	**72**	**63**	**50**	**49**	**46**	**42**	14	不交换
i=8	[8..9]	k=8	**90**	**90**	**84**	**72**	**63**	**50**	**49**	**46**	**42**	14	不交换
排序结果			**90**	**90**	**84**	**72**	**63**	**50**	**49**	**46**	**42**	**14**	

案例拓展 插入排序法

编写函数，采用插入排序法对数组从小到大排序。在主函数中首先输入一个整数 N（1<N≤100），然后再输入 N 个整数存入数组中，调用自己编写的函数对数组中的元素进行排序，之后输出数组的所有元素。（插入排序法的算法思想请查阅相关资料）。

```
输入样例:5  2  3  1  6  8
输出样例:1 2 3 6 8
```

7.4 二维数组

一维数组只有一个下标，其数组元素也称为单下标变量。

在实际问题中有很多数据量呈现出二维或多维的特征，例如剧院的某个座位通常由两个坐标才能确定它的位置（X 排 X 号），如果是多层看台的剧场，通常由 3 个坐标才能确定它的位置(X层X排X号)。因此,C语言允许构造多维数组。多维数组元素有多个下标,以标识它在数组中的位置,所以也称为多下标变量。本节只介绍二维数组,多维数组可由二维数组类推而得到。

1. 二维数组的定义和引用

二维数组是有两个下标的数组,通过两个下标序号才能确定数组元素。

二维数组定义的一般形式为:

```
类型说明符 数组名[常量表达式 1][常量表达式 2];
```

例如:

```
float a[3][4];
```

可以将其理解为定义一个3行4列的二维数组。常量表达式1指明数组行数、常量表达式2指明数组列数。

功能说明:

(1) 和一维数组相同,数组名和变量名的命名规则相同,都是标识符。

(2) 关于常量表达式的规定和一维数组相同,每一维的下标都是从0开始计数的。

二维数组元素引用的一般形式为:

```
数组名[行下标][列下标];
```

例如,有定义 float a[3][4];那么数组的各个元素如下:

```
a[0][0]  a[0][1]  a[0][2]  a[0][3]
a[1][0]  a[1][1]  a[1][2]  a[1][3]
a[2][0]  a[2][1]  a[2][2]  a[2][3]
```

二维数组元素也可以像普通变量一样参加运算:

```
a[1][2]=a[2][3]/2;
a[2][1]=a[1][2]+a[2][3];
```

2. 二维数组元素的遍历

通过双层循环结构访问二维数组的每个元素,即用一个变量表示数组的行号,用另一个变量表示数组的列号。

案例 07-04-01 二维数组的遍历

案例代码 07-04-01.c

```
//二维数组的遍历。
#include<stdio.h>
```

```
#define N 20
int main(){
    int a[N][N];
    int i,j,n;
    scanf("%d",&n);
    for(i=0;i<n;i++)                    //遍历数组,依次赋值
      for(j=0;j<n;j++)
        a[i][j]=(i+1)*10+(j+1);

    for(i=0;i<n;i++){                   //遍历数组,依次输出
      for(j=0;j<n;j++)
        printf("%4d",a[i][j]);
      printf("\n");
    }
}
```

执行程序,输入：5,输出：

```
11  12  13  14  15
21  22  23  24  25
31  32  33  34  35
41  42  43  44  45
51  52  53  54  55
```

程序分析：

本例是典型的二维数组遍历,第一个双重循环遍历数组为每个元素依次赋值,第二个双重循环遍历数组依次输出每个元素,并在每行之后输出换行。

案例拓展 求矩阵部分元素的和

编程输入整数 $N(1<N<10)$,然后再输入 $N\times N$ 个整数(N 阶矩阵)按顺序存放在一个 N 行 N 列的二维数组中。要求输出矩阵上三角元素的和、下三角元素的和(主对角线属于上三角和下三角共有元素)。

输入样例：

```
3
1 2 3
4 5 6
7 8 9
```

输出样例：(上三角元素的和是 26,下三角元素的和是 34)

```
26 34
```

3. 二维数组的存储

和一维数组一样,二维数组的所有元素被安排在一块连续的存储空间,数组元素在内

存中顺次存放，它们的地址是连续的。也就是说，二维数组在内存中是按一维线性排列的，而且在 C 语言中，二维数组是按行排列的，即先存放 a[0]行，再存放 a[1]行，以此类推。

案例 07-04-02 二维数组元素在内存中的地址

案例代码 07-04-02.c

```
#include<stdio.h>
int main(){
    int a[3][3];
    int i,j;
    for(i=0;i<3;i++)                //遍历数组,依次输出元素的地址
      for(j=0;j<3;j++)
        printf("%x ",&a[i][j]);
}
```

执行程序，输出：

```
22fe20 22fe24 22fe28 22fe2c 22fe30 22fe34 22fe38 22fe3c 22fe40
```

案例拓展 测试二维数组是否在内存中

请将上例程序中的数组类型修改成 float 型或 double 型或 char 型分别执行，并分析二维数组在内存中的存储规则。

4. 二维数组元素的初始化

二维数组元素的初始化可以通过以下几种方法进行。

(1) 分行赋初值(每个内层花括号负责一行)。

```
int a[3][4]={ {1,2,3,4},{5,6,7,8},{9,10,11,12} };
```

(2) 不按行，从左到右依次赋值。

```
int a[3][4]={1,2,3,4,5,6,7,8,9,10,11,12};
```

(3) 只对部分元素赋值。

```
int a[3][4]={1,2,3,4,5,6,7,8};      /* 不按行,依次从左至右赋初值 */
int a[3][4]={{1,2},{5,6,7},{8}};   /* 按行,每行只是部分赋初值   */
```

(4) 如果对数组中的全部元素赋初值，则第一维的大小可省略，系统会根据第二维的大小及所有初值的个数自动计算第一维的大小。

```
int a[][4]={1,2,3,4,5,6,7,8,9,10,11,12};
```

(5) 未经初始化的数组元素的初值，与一维数组的规定相同。

案例 07-04-03 二维数组初始化举例

案例代码 07-04-03.c

```
#include<stdio.h>
int main(){
    int a[5][5];
    int i,j;
    for(i=0;i<5;i++){                //若没有初始化,就输出
      for(j=0;j<5;j++)
        printf("%-10d ",a[i][j]);
      printf("\n");
    }
}
```

执行程序,输出:

```
8         0         4200174   0         4203200
0         66        0         3106352   0
1         0         -1        -1        66
0         1         0         4200201   0
3         0         66        0         1999377760
```

程序分析:

可以看出,和一维数组一样,没有被初始化的二维数组,所有元素的值是不确定的。

案例拓展 二维数组初始化代码分析

请自行分析下列代码的执行结果。

代码 1:

```
#include<stdio.h>
int main(){
    int a[5][5]={{1,2},{3,4,5,6,7},{},{9}};
    int i,j;
    for(i=0;i<5;i++){
      for(j=0;j<5;j++)
        printf("%d ",a[i][j]);
      printf("\n");
    }
}
```

执行程序,输出:

```
1 2 0 0 0
3 4 5 6 7
0 0 0 0 0
9 0 0 0 0
0 0 0 0 0
```

程序分析：

按行赋初值，没赋初值的元素，系统做清 0 处理。

代码 2：

```
#include<stdio.h>
int main(){
    int a[][5]={{1,2},{3,4,5,6,7},{},{9},{10,11}};
    int i,j;
    for(i=0;i<5;i++){
      for(j=0;j<5;j++)
        printf("%2d ",a[i][j]);
      printf("\n");
    }
}
```

执行程序，输出：

```
 1  2  0  0  0
 3  4  5  6  7
 0  0  0  0  0
 9  0  0  0  0
10 11  0  0  0
```

程序分析：

对于赋了初值的二维数组，在定义时可以省略定义行数，系统会自动识别。定义二维数组时，列数不能省略。

代码 3：

```
#include<stdio.h>
int main(){
    int a[][5]={1,2,3,4,5,6,7,8,9,10,11,12,13,14,15,16,17,18,19,20,21,22};
    int i,j;
    for(i=0;i<5;i++){
      for(j=0;j<5;j++)
        printf("%2d ",a[i][j]);
      printf("\n");
    }
}
```

执行程序，输出：

```
 1  2  3  4  5
 6  7  8  9 10
11 12 13 14 15
16 17 18 19 20
21 22  0  0  0
```

程序分析：

二维数组也可以像一维数组那样的格式赋初值，编译器会从头至尾依次按行按列给每个元素赋值，而且如果省略定义数组的行数，编译器也会自动计算得出。

5. 二维数组应用

案例 07-04-04 矩阵转置

以下程序将数组 *a* 中元素的行列号互换后，存于数组 *b* 中(相当于矩阵转置)。

案例代码 **07-04-04.c**

```
#include<stdio.h>
#define MAX 20
int main(){
    int a[MAX][MAX];
    int b[MAX][MAX];
    int m,n,i,j;
    scanf("%d%d",&m,&n);            //读入数据 m、n
    for(i=0;i<m;i++)                //读入数组 a
        for(j=0;j<n;j++)
            scanf("%d",&a[i][j]);

    for(i=0;i<m;i++)                //转置
        for(j=0;j<n;j++)
            b[j][i]=a[i][j];

    for(i=0;i<n;i++){               //输出数组 b
        for(j=0;j<m;j++){
            if(j>0)printf(" ");
            printf("%d",b[i][j]);
        }
        printf("\n");
    }
    return 0;
}
```

执行程序，输入：

```
3 4
101 205 703 504
400 105 687 306
608 909 205 512
```

输出：

```
101 400 608
205 105 909
703 687 205
504 306 512
```

案例拓展 杨辉三角

编程输入一个正整数 N，输出杨辉三角的前 N 行。用二维数组实现，先把各个数值存储到数组中，再输出。

输入样例：

```
6
```

输出样例：

```
1
1 1
1 2 1
1 3 3 1
1 4 6 4 1
1 5 10 10 5 1
```

案例 07-04-05 矩阵加法

以下程序实现将矩阵 a 和矩阵 b 相加，得到矩阵 c，然后按行输出矩阵 c 中的元素，请分析程序代码。

案例代码 07-04-05.c

```
#include<stdio.h>
#define MAX 20
int main(){
    int a[MAX][MAX];
    int b[MAX][MAX];
    int c[MAX][MAX];
    int m,n,i,j;
    scanf("%d%d",&m,&n);
    for(i=0;i<m;i++)
        for(j=0;j<n;j++)
            scanf("%d",&a[i][j]);
    for(i=0;i<m;i++)
        for(j=0;j<n;j++)
            scanf("%d",&b[i][j]);
    for(i=0;i<m;i++)
        for(j=0;j<n;j++)
            c[i][j]=a[i][j]+b[i][j];
    for(i=0;i<n;i++){
        for(j=0;j<m;j++){
            if(j>0)printf(" ");
            printf("%d",c[i][j]);
        }
        printf("\n");
    }
```

```
    return 0;
}
```

执行程序,输入:

```
3   4
11  25   73    54
4   105  687   36
68  99   25    512
89  75   27    46
96  -5   -587  64
32  1    75    -412
```

输出:

```
100 100 100 100
100 100 100 100
100 100 100 100
```

案例拓展 矩阵乘法

编程实现将矩阵 a 和矩阵 b 相乘,得到矩阵 c,然后按行输出矩阵 c 中的元素。请注意矩阵的大小关系,假设矩阵 a 是 X 行 Y 列,矩阵 b 是 Y 行 Z 列,则乘积矩阵 C 是 X 行 Z 列。

案例 07-04-06 蛇形数阵

编程输入一个正整数 N($N<15$),输出 N 阶蛇形数阵,输出格式见样例。

输入样例:

```
5
```

输出样例(每个数字占 3 列,每个数字后有一个空格):

```
001 002 003 004 005
010 009 008 007 006
011 012 013 014 015
020 019 018 017 016
021 022 023 024 025
```

案例代码 07-04-06.c

```
#include<stdio.h>
int main(){
    int a[110][110],n,i,j,k,t;
    scanf("%d",&n);
    for(i=0;i<n;i++)                                    //遍历行
```

```
    for(j=0;j<n;j++)                        //遍历列
      if(i%2==0) a[i][j]=i*n+(j+1);         //偶数行赋值规则
      else      a[i][j]=(i+1)*n-(j);        //奇数行赋值规则

  for(i=0;i<n;i++){                         //遍历输出
    for(j=0;j<n;j++){
      printf("%03d ",a[i][j]);
    }
    printf("\n");
  }
  return 0;
}
```

案例拓展 螺旋数阵

编程输入一个正整数 N($N<15$),输出 N 阶螺旋数阵,输出格式见样例。

输入样例:

```
5
```

输出样例(每个数字占 3 列,每个数字后有一个空格):

```
001 002 003 004 005
016 017 018 019 006
015 024 025 020 007
014 023 022 021 008
013 012 011 010 009
```

7.5　字符数组

1. 一维字符数组

字符串常量是用双引号括起来的一串字符,例如:"china"。字符串是指若干有效字符的序列。C 语言规定:存储器中通常以'\0'作为字符串结束标志('\0'代表 ASCII 码为 0 的字符,表示一个"空操作",只起一个标志作用)。

C 语言中没有专门的字符串变量,都是用字符数组存放字符串的。

(1) 一维字符数组的定义,和定义其他类型数组的语法相同,例如:

```
char s[26];
char s[100];
```

(2) 一维字符数组的初始化

```
char x[10]={'I',' ','L','O','V','E',' ','Y','O','U'}; //依次赋初值
```

```
char y[15]={'1','2','3','4','5'} //依次赋初值,剩下的清 0
char z[15]={"12345"};            //依次赋初值,剩下的清 0(花括号也可以省略)
```

数组 x 的所有元素得到初值,因为数组中没有'\0',所以严格说数组 x 不是字符串。

数组 y 的前 5 个元素得到初值,剩下的所有元素都是 0,也就是说,y[5]的值是'\0',说明数组 y 是一个字符串。

数组 z 被赋初值的元素个数是 6,因为字符串"12345"的长度是 6,串尾有一个不可见字符'\0'。数组 z 和数组 y 的值是相同的,都是字符串"12345"。

案例 07-05-01 字符数组遍历

案例代码 **07-05-01.c**

```
#include<stdio.h>
int main(){
    char s[26];
    char t[100]="The People\'s Republic of China";
    int i,j;
    for(i=0;i<26;i++)            //遍历整个数组赋值
      s[i]='A'+i;
    for(i=0;i<26;i++)            //遍历整个数组输出
      printf("%c%c",s[i],s[i]+32);
    printf("\n");
    for(i=0;t[i]!='\0';i++)      //只遍历字符串(不是整个数组)
      printf("%c_",t[i]);
  return 0;
}
```

执行程序,输出:

```
AaBbCcDdEeFfGgHhIiJjKkLlMmNnOoPpQqRrSsTtUuVvWwXxYyZz
T_h_e_ _P_e_o_p_l_e_'_s_ _R_e_p_u_b_l_i_c_ _o_f_ _C_h_i_n_a_
```

程序分析:

在程序中定义字符数组 s,通过第一次遍历赋值,通过第二次遍历输出。请注意第一次遍历时给数组元素赋值的方法。

程序中定义了字符数组 t 并赋初值为一个字符串,请注意串尾最后一个字符的后边是'\0',剩下的元素都是'\0'。所以,数组 t 也是一个字符串,而遍历字符串的方法通常是从头开始遍历,循环条件通常是[判断当前字符是不是'\0'],如果不是,则进入循环;如果是,则表示遍历结束。

也就是说,遍历整个数组时需要知道数组确定的大小,而遍历字符串时通常事先不知道串的大小,从而应用上述方法。

案例拓展 元音字母

字母 A、E、I、O、U 被认为是元音字母,以下程序输出字符串 t 中的元音字母个数,请补充程序。

```
#include<stdio.h>
int main(){
    char t[200]="ThE arrAy dimensions must be pOsitive constant Integer
expressions.";
    int i,j,s=0;
    //请在此处补充代码
    printf("%d",s);           //输出字符串t中元音字母的个数
  return 0;
}
```

2. 一维字符数组的整体输入输出

可以像其他数组那样，对字符数组或字符串的单个元素分别进行处理，也可以整体输入输出，其他数组则不可以整体处理。

假设有定义：char s[200]；那么：

(1) 利用%s格式符将整个字符串一次输入

```
scanf("%s",s);
```

该语句的功能是：读入一个字符串到数组s中。此时Tab键、空格和回车都被认为是字符串之间的分隔符，除输入的字符串外，还要在字符串尾部自动加上一个'\0'(空字符)作为字符串结束符。例如输入：

```
ABCD□□□EFG↙      (用□表示空格，用↙表示回车)
```

那么，由于空格被认为是分隔符，所以真正接收的是字符串"ABCD"，即s[0]是'A'、s[1]是'B'、s[2]是'C'，s[3]是'D'，s[5]是'\0'。

(2) 利用字符串输入函数gets()

gets()函数的一般调用形式是：

```
gets(字符数组名)
```

例如：

```
gets(s);
```

此函数的功能是读入一个以回车为结束符的字符串到数组s中，串尾也会自动加一个'\0'。若读入成功，则返回参数数组名的值(数组首地址)；若在读入过程中遇到EOF(End-of-File)或发生错误，则返回NULL指针(0值)。

(3) 利用%s格式符将整个字符串一次输出

```
printf("%s",s);           //输出字符串的内容，不包括\0
```

(4) 利用字符串输出函数 puts()

```
puts(字符串常量或字符数组名)
```

例如：

```
puts(s);  puts("ABCDE");
```

此函数的功能是输出字符串内容，并用'\n'取代字符串的结束标志'\0'，所以用 puts()函数输出字符串时，系统会自动换行。

案例 07-05-02 单词加密

编程读入若干英文单词(不超过 80 字符)，加密后依次输出。加密方式是字母替换法，26 个英文字母分成 2 组，每组对应位置的字母互为替身。

第 1 组字母：ABCDEFGHIJKLM

第 2 组字母：NOPQRSTUVWXYZ

A 与 N 互为替身，B 与 O 互为替身，……，M 与 Z 互为替身。

输入样例(单词之间以空格或回车分隔，单词全大写)：

```
INT DOUBLE FOR WHILE
RETURN
```

输出样例(每个单词一行)：

```
VAG
QBHOYR
SBE
JUVYR
ERGHEA
```

案例代码 **07-05-02.c**

```
#include<stdio.h>
void fun(char t[]){
  int i;
  for(i=0;t[i]!='\0';i++){
    if(t[i]<='M') t[i]+=13;
    else          t[i]-=13;
  }
}
int main(){
  char t[200];
  while(scanf("%s",t)==1){
    fun(t);
    puts(t);
  }
```

```
  return 0;
}
```

案例拓展 句子加密

编程读入若干英文句子(不超过 80 字符,英文全大写),每个句子一行,加密后依次输出。加密方式是字母替换法,26 个英文字母分成 2 组,每组对应位置的字母互为替身,其他字符不变。

第 1 组字母：ABCDEFGHIJKLM

第 2 组字母：NOPQRSTUVWXYZ

A 与 N 互为替身,B 与 O 互为替身,……,M 与 Z 互为替身。

输入样例(句子中的单词全大写)：

```
INT DOUBLE FOR WHILE
RETURN
```

输出样例(每个句子一行)：

```
VAG QBHOYR SBE JUVYR
ERGHEA
```

案例 07-05-03 统计单词个数

输入若干英文句子(不超过 100 个字符),保证输入的所有字符中不含任何标点,单词之间以若干空格分隔。输出每个句子的单词个数。

输入样例：

```
I  am  a  slow  walker  but  I  never  walk  backwards
I love you
```

输出样例：

```
10
3
```

案例代码 **07-05-03.c**

```
#include<stdio.h>
int main(){
    char s[110],p;
    int i,j,sum=0;
    gets(s);
    for(i=0;s[i]!='\0';i++)
      if( i==0&&s[i]!=' ' ||  s[i-1]==' '&&s[i]!=' ') sum++;
    printf("%d",sum);
}
```

程序分析：

此题的思路为：找每个单词的开始位置，若找到一个开始位置，就是找到一个单词。此例程序规则下，单词的开始位置可以表述为：字符串首字符不是空格或者当前字符不是空格，而前一个字符为空格。

案例拓展 还是统计单词个数

输入若干句子(不超过 100 个字符)，保证输入的所有字符中不含任何标点，单词之间以若干空格分隔。输出每个句子中的单词个数。(编程基本思路是找每个单词的结束位置)

3. 字符串处理函数

C 语言提供了丰富的字符串处理函数，大致可分为字符串的输入、输出、合并、修改、比较、转换、复制、搜索几类。使用字符串输入输出函数，在使用前应包含头文件"stdio.h"，使用其他字符串函数则应包含头文件"string.h"。

(1) puts(字符串) 字符串输出函数

功能：把字符串输出到显示器，即在屏幕上显示该字符串。

(2) gets(字符串) 字符串输入函数

功能：从标准输入设备键盘上输入一个字符串，以回车作为输入结束。本函数返回该字符串的首地址。

(3) strlen(字符串) 测字符串长度函数

功能：返回字符串的实际长度(不含字符串结束标志'\0')。

(4) strupr(字符串) 英文字母小写转大写函数

功能：将字符串中的所有小写字母替换成相应的大写字母，其他字符保持不变，返回调整后的字符串的首指针。

(5) strlwr(字符串) 英文字母大写转小写函数

功能：将字符串中的所有大写字母替换成相应的小写字母，其他字符保持不变，返回调整后的字符串的首地址。

(6) strcmp(字符串 1,字符串 2) 字符串比较函数

功能：按照 ASCII 码顺序比较两个数组中的字符串，并由函数返回值返回比较结果。

字符串 1==字符串 2，返回值=0；

字符串 1>字符串 2，返回值>0；

字符串 1<字符串 2，返回值<0。

(7) strcpy(字符串 1,字符串 2) 字符串复制函数

功能：把字符串 2 中的字符串复制到字符串 1 中。串结束标志'\0'也一同复制。

(8) strcat(字符串 1,字符串 2) 字符串连接函数

功能：把字符串 2 中的字符串连接到字符串 1 的后面，并删去字符串 1 后的串标志'\0'。本函数的返回值是字符串 1 的首地址(指针)。

(9) strrev(字符串) 字符串逆置函数

功能：将字符串 string 中的字符顺序颠倒过来，返回调整后的字符串的首地址(指针)。

(10) strchr(字符串 s,字符 c) 查找字符函数

功能：查找字符 c 在字符串 s 中首次出现位置的指针，返回地址值，'\0'结束符也包含在查找中，若未找到，则返回 NULL。

(11) strstr(字符串 1,字符串 2) 查找子字符串函数

功能：返回子字符串 2 在字符串 1 中首次出现位置的指针，返回地址值，如果没有找到子字符串，则返回 NULL；如果子字符串为空串，则函数返回字符串 1 的首地址。

(12) strset(字符串 s,字符 c) 字符串内容设置函数

功能：将字符串 s 的所有字符设置为字符 c，函数返回内容调整后的字符串 s 的指针。

案例 07-05-04 密码测试

程序的功能为：首先输入某系统的密码字符串 pass_str，然后不断输入你的密码字符串 pass_you，每次与系统密码比较，最多允许输错 3 次。

案例代码 **07-05-04.c**

```
#include "string.h"
int main(){
  char pass_str[80];
  char pass_you[80];
  int k=1;
  gets(pass_str);                                  //读入系统真正的密码
  while(1){
    gets(pass_you);                                //读入你的密码
    if(strcmp(pass_str,pass_you)==0){              //口令正确
      printf("Correct password.Come in please!\n");
      break;
    }
    else{
      printf("Wrong password[%d].\n",k);
      k++;
    }
    if(k>3){
      printf("Wrong three times,Goodbye!\n");
      exit(0);
    }
  }
  return 0;
}
```

执行程序，依次输入：

```
!1234ABcd
PASSWORD
12345678
ZHIMAKAIMEN
```

程序输出：

```
Wrong password[1].
Wrong password[2].
Wrong password[3].
Wrong three times,Goodbye!
```

再次执行程序，依次输入：

```
19491001
19491001
```

输出：

```
Correct password.Come in please!
```

案例拓展 字符串函数代码分析

请分析以下代码的结果，关于程序中涉及的具体字符串函数用法，请大家研讨。

代码 1：

```
#include<stdio.h>
#include<string.h>
int main(){
  char s[80]={"Harbin Normal University"};
  char t[80]={"Harbin"};
  int i;
  printf("字符串\"%s\"有%d个字符.\n",t,strlen(t));
  for(i=0;i<strlen(t);i++)
    printf("下标%d:%c\n",i,t[i]);
  strlwr(s);
  puts(s);
  puts(strupr(s));
  return 0;
}
```

执行程序，输出：

```
字符串"Harbin"有 6 个字符.
下标 0:H
下标 1:a
下标 2:r
下标 3:b
下标 4:i
下标 5:n
harbin normal university
HARBIN NORMAL UNIVERSITY
```

代码 2：

```
#include<stdio.h>
#include<string.h>
int main(){
  char s[80]={"Harbin "};
  char t[80]={"University"};
  strcat(s,"Normal "); strcat(s,t);  puts(s);
  strcpy(s,"HeiLongJiang");          puts(s);
  strrev(s);                         puts(s);
  strset(s,'A');                     puts(s);
  return 0;
}
```

执行程序，输出：

```
Harbin Normal University
HeiLongJiang
gnaiJgnoLieH
AAAAAAAAAAAA
```

代码 3：

```
#include<stdio.h>
#include<string.h>
int main(){
  char s[80]={"Harbin Normal University"};
  char c;
  printf("请输入要查找的字符:");
  c=getchar();
  printf("字符%c在字符串\"%s\"中",c,s);
  if(strchr(s,c)!=NULL)
    printf("的下标索引为:%d.", strchr(s,c)-s);
  else
    printf("没找到!");
    return 0;
}
```

执行程序，输入 y，输出：

请输入要查找的字符：y

字符 y 在字符串"Harbin Normal University"中的下标索引为：23.

再次执行程序，输入 K，输出：

请输入要查找的字符：K

字符 K 在字符串"Harbin Normal University"中没找到！

程序分析：

函数 strchr(s,c)的返回值为找到字符的内存地址值(若未找到，则返回 NULL)，s 为数组的首地址(即 s[0]的地址)，数组中两个元素地址相减的结果可以理解为两个元素下标的差(整型)。

代码 4:

```
#include<stdio.h>
#include<string.h>
int main(){
  char s[80]={"Harbin Normal University"};
  char t[80]={"sity"};
  printf("请输入要查找的字符串:");
  gets(t);
  printf("字符串\"%s\"在字符串\"%s\"中",t,s);
  if(strstr(s,t)!=NULL)
    printf("的下标索引为:%d.", strstr(s,t)-s);
  else
    printf("没找到!");
  return 0;
}
```

执行程序,输入 sity,输出:

请输入要查找的字符串:sity

字符串"sity"在字符串"Harbin Normal University"中的下标索引为:20.

再次执行程序,输入 heilongjiang,输出:

请输入要查找的字符串:heilongjiang

字符串"heilongjiang"在字符串"Harbin Normal University"中没找到!

4. 二维字符数组

二维字符数组是字符型的二维数组,定义形式如下:

```
char s[10][80];          //定义 10 行,每行 80 列的二维字符数组
```

案例 07-05-05 二维字符数组举例

请分析下列程序的功能。

案例代码 07-05-05.c

```
#include<stdio.h>
#include<string.h>
int main(){
    char s[4][80]={"Harbin","Normal"};
    strcpy(s[2],"University");
    strcat(s[3],s[0]);
    strcat(s[3],s[1]);
    strcat(s[3],s[2]);
    int i=0;
    for(i=0;i<4;i++)
        puts(s[i]);
    return 0;
}
```

执行程序,输出:

```
Harbin
Normal
University
HarbinNormalUniversity
```

程序分析:

对于二维字符数组 s[4][80],共有 4 行,分别为 s[0]、s[1]、s[2]、s[3],这 4 种表示形式分别代表二维数组中的每一行,单独使用都表示一维字符数组,值分别为行首地址。

案例拓展 单词排序

编程读入一个正整数 $N(N<100)$,再读入 N 个单词(不大于 40 个字符)。对这些单词按字典序排序后输出。

输入样例:

```
5 Harbin  Shanghai Beijing Hongkong Taipei
```

输出样例:

```
Beijing
Harbin
Hongkong
Shanghai
Taipei
```

以下程序,请补充代码。

```
#include<stdio.h>
#include<string.h>
int main(){
  char s[100][80];
  int i,j,n;
  scanf("%d",&n);                    //读入单词个数 n
  for(i=0;i<n-1;i++)                 //读入 n 个单词到数组中
    scanf("%s",s[i]);

  //在这里补充代码

  for(i=0;i<n;i++)                   //输出排序后的所有单词
    puts(s[i]);
}
```

5. 数组综合应用

案例 07-05-06 数组综合应用

编程实现对数组元素进行如下各种处理:①输出所有元素;②在数组元素尾部追加

一个新的元素；③初始化元素；④对元素排序；⑤求最大元素；⑥求最小元素；⑦查找某元素；⑧求所有元素的平均值；⑨删除元素。

注：请先创建C项目，然后将下面2个程序加入项目中。

案例代码 07-05-06.c

```
int a[201],size=0;                              //全局变量
#include <stdio.h>
#include <stdlib.h>
#include <time.h>
int menu();                                     //函数声明
int print();
int init();
void sort();
int max();
void min();
int sum();
int average();
int append();
int get_index(int n);
int find();
void del();

int main(){                                     //主函数
    char c='#';
    while(c!='X'){
        c=menu();
        switch(c){
            case 'P': print();     break;
            case 'I': init();      break;
            case 'S': sort();      break;
            case 'D': del();       break;
            case 'M': max();       break;
            case 'N': min();       break;
            case 'U': sum();       break;
            case 'G': average();   break;
            case 'A': append();    break;
            case 'F': find();      break;
            case 'X':              break;
            default:printf("\n错误的命令...");
        }
        if(c!='X'){
            printf("\n按任意键继续 ...");
            getch();
        }
    }
}

int menu(){
```

```
    printf("\n*********** 数组综合应用 *************");
    printf("\n *    I.初始化        U.所有元素之和      * ");
    printf("\n *    P.输出          G.所有元素的平均值  * ");
    printf("\n *    S.排序          A.末尾添加元素      * ");
    printf("\n *    M.最大值        F.查找元素          * ");
    printf("\n *    N.最小值        D.删除元素          * ");
    printf("\n *             X.退出程序                 * ");
    printf("\n**************************************");
    printf("\n 请输入您的选择:");
    char c;
    c=getche();
    if(c>='a'&&c<='z')c=c-32;
    return c;
}
int print(){
    int i; printf("\n 数组共有%d 个元素:",size);
    for(i=0;i<size;i++)printf("%d ",a[i]);
}
int init(){
    printf("\n 系统初始化数组为 5 个 1~1000 的随机整数.");
    int i;
    size=5;
    srand(time(NULL));
    for(i=0;i<size;i++) a[i]=rand()%1000+1;
    print();
}

void sort(){
    int i,j,t;
    for(i=0;i<size-1;i++)
    for(j=i+1;j<size;j++)
        if(a[i]<a[j]){
            t=a[i];a[i]=a[j];a[j]=t;
        }
    printf("\n 排序完成....");
    print();
}
int max(){
    int m,i;
    if(size==0) printf("\n 没有元素!");
    else{
        m=a[0];
        for(i=1;i<size;i++)if(m<a[i])m=a[i];
        printf("\n 最大元素: %d",m);
    }
}
void min(){
    int m,i;
    if(size==0) printf("\n 没有元素!");
```

```
    else{
        m=a[0];
        for(i=1;i<size;i++) if(m>a[i]) m=a[i];
        printf("\n最小元素: %d",m);
    }
}
int sum(){
    int s=0,i;
    if(size==0) printf("\n没有元素!");
    else{
        for(i=0;i<size;i++) s+=a[i];
        printf("\n所有元素之和: %d",s);
    }
}
int average(){
    int s=0,i;
    if(size==0) printf("\n没有元素!");
    else{
        for(i=0;i<size;i++) s+=a[i];
        printf("\n所有元素的平均值: %lf",(double) s/size);
    }
}
int append(){
    int i,p=0,n;
    printf("\n请输入要添加的元素:");
    scanf("%d",&n);
    a[size++]=n;
    print();
}
int get_index(int n){
    int i;
    for(i=0;i<size;i++)
        if(a[i]==n)  return i;
    return -1;
}
int find(){
    int i,n,index;
    printf("\n请输入要查找的元素:");
    scanf("%d",&n);
    index=get_index(n);
    if(index!=-1)
        printf("\n找到了,索引为: %d.",index);
    else
        printf("\n没找到.");
}

void del(){
    int n,i,index;
    printf("\n请输入要查找的元素:");
```

```
    scanf("%d",&n);
    index=get_index(n);
    if(index==-1){
        printf("没找到值为%d的元素.",n);
        return;
    }
    for(i=index;i<size-1;i++)a[i]=a[i+1];
    size--;
    print();
}
```

案例拓展 数组综合应用训练

请在上例程序基础上修改或添加代码，实现你想要的操作，例如输出所有元素的方差和标准差等。

习题 7

一、单项选择题

1. 以下程序的输出结果是________。

```
int main(){
    int i,x[3][3]={1,2,3,4,5,6,7,8,9};
    for(i=0;i<3;i++)  printf("%d,",x[i][2-i]);
}
```

(A) 1,5,9,　　(B) 1,4,7,　　(C) 3,5,7,　　(D) 3,6,9,

2. 以下程序的输出结果是________。

```
int main(){
    char w[ ][10]={ "ABCD","EFGH","IJKL","MNOP"},k;
    for(k=1;k<3;k++)  printf("%s\n",w[k]);
}
```

(A) ABCD
FGH
KL
M

(B) ABCD
EFG
IJ

(C) EFG
JK
O

(D) EFGH
IJKL

3. 当执行下面的程序时，如果输入 ABC，则输出结果是________。

```
int main(){
    char ss[10]="1,2,3,4,5";
    gets(ss);strcat(ss,"6789");printf("%s\n",ss);
}
```

(A) ABC6789　　(B) ABC67　　(C) 12345ABC6　　(D) ABC456789

4. 以下程序段的输出结果是________。

```
char s[ ]= "\\141\141abc\t";  printf("%d",strlen(s));
```

(A) 9　　(B) 12　　(C) 13　　(D) 14

5. 以下程序的输出结果是________。

```
int main( ){
    int n[5]={1,2,3},i,k=2;
    for(i=0;i<k;i++) n[i+1]=2*n[i]+1;
    printf("%d",n[i]);
}
```

(A) 3　　(B) 7　　(C) 15　　(D) 31

二、写程序执行结果

1. 写出下面程序的运行结果。

```
int main(){
    int  a[]={1,3,5,7,9},i;
    for(i=1;i<5;i+=2)  printf("%d ",a[i]*a[i]+1);
}
```

2. 写出下面程序的运行结果。

```
int main(){
    int  a[5]={7,1,5,8,2},i;
    for(i=0;a[i]%2!=0;i++){  printf("%d",i);  }
}
```

3. 写出下面程序的运行结果。

```
main(){
   int  a[5],i;
   for(i=0;i<5;i++)   a[i]= 2*i+1;
   for(i=4;i>=0;i--)  printf("%d",a[i]);
}
```

三、编程题

1. 从键盘上输入一个以回车结束的字符串,将其中的所有大写字母都转换成为小写字母,然后输出该字符串。

2. 应用二维数组编写程序,输入行数 n,输出杨辉三角形的前 n 行。

```
1
1 1
1 2 1
```

```
1 3 3 1
1 4 6 4 1
…
```

3. 编写程序,由代码初始化或由键盘输入两个3行3列的矩阵,输出两个矩阵相乘的结果。

4. 从键盘输入一个字符串,删除字符串中的所有空格后输出。

5. 试编写一程序完成以下功能：定义一个含有30个整型元素的数组,按顺序分别赋予一个100以内的随机正整数;然后按顺序每5个数求和,放在另一数组中并输出。

6. 用筛选法求1000之内的素数。用筛选法求N以内素数的算法是：先把自然数$2\sim N$按次序排列起来,2是质数留下来,而把所有2的倍数都划去;把3留下,再把所有3的倍数都划去;把5留下,再把所有5的倍数都划去……这样一直做下去,留下的数就是不超过N的全部素数。

7. 编程输出N阶(N为奇数)幻方。所谓N阶幻方,是指由$1\sim N\times N$连续自然数组成的方阵,它的每一行、每一列和对角线之和均相等。

例如,7阶魔方阵为：

```
30  39  48   1  10  19  28
38  47   7   9  18  27  29
46   6   8  17  26  35  37
 5  14  16  25  34  36  45
13  15  24  33  42  44   4
21  23  32  41  43   3  12
22  31  40  49   2  11  20
```

N为奇数时,N幻方构造算法为：

(1) 将1放在第一行中间一列;

(2) 从2开始直到$n\times n$为止各数依次按下列规则存放：按45°方向向右上行走,每个数存放的行比前一个数的行数减1,列数加1。

(3) 如果行列范围超出矩阵范围,则回绕。

(4) 如果按上面规则确定的位置上已有数,则把下一个数放在上一个数的下面。

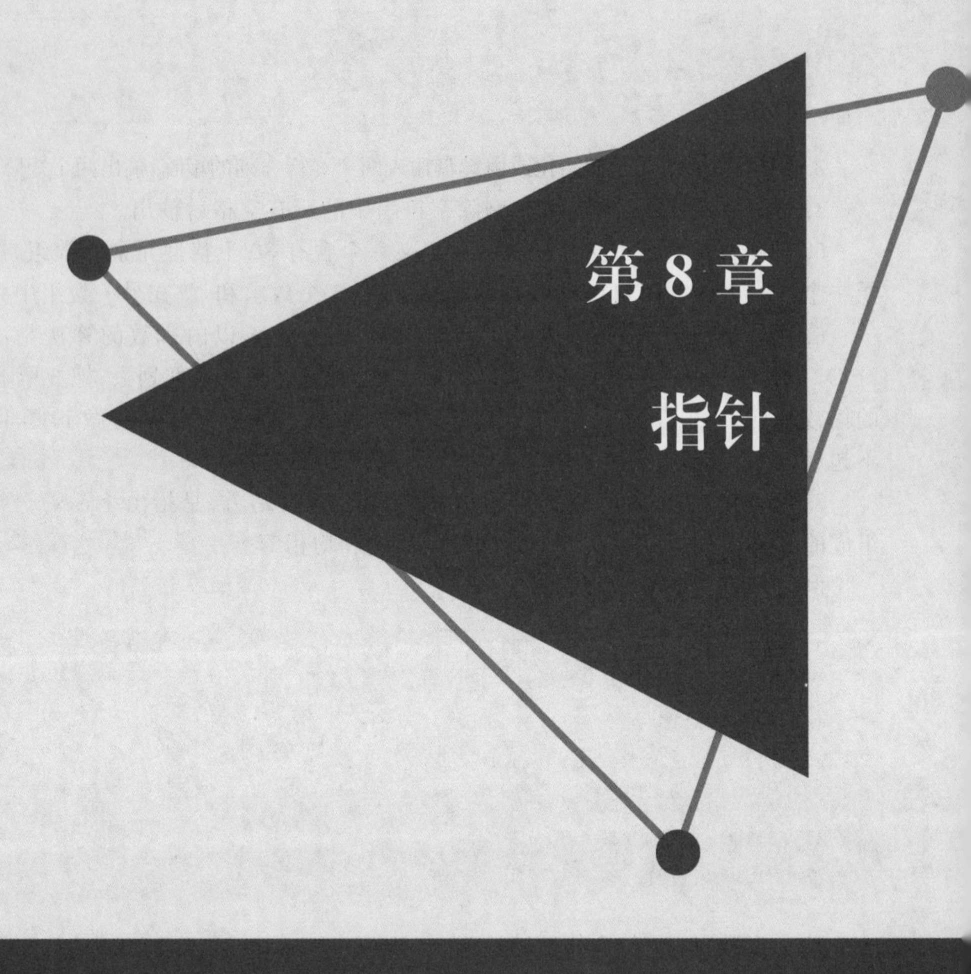

第 8 章 指针

指针是 C 语言中广泛使用的一种数据类型,运用指针编程是 C 语言最主要的风格之一。指针极大地丰富了 C 语言的功能。学习指针是学习 C 语言最重要的一个环节,能否正确理解和使用指针是是否掌握 C 语言的一个标志。

本章学习目标

(1) 掌握指针的基本运算。

(2) 掌握指针在数组和字符串中的应用。

(3) 掌握动态内存管理的方法。

第 8 章案例代码

8.1 指针的基本操作

1. 指针和指针变量

在计算机中，所有数据都是存放在存储器中的。一般把存储器中的一个字节称为一个内存单元，为了正确地访问这些内存单元，必须为每个内存单元编上号码。根据一个内存单元的编号即可准确地找到该内存单元。内存单元的编号也叫作地址。

根据内存单元的编号或地址就可以找到所需的内存单元，所以通常也把这个地址称为指针。对于一个内存单元来说，单元的地址即指针，其中存放的数据才是该单元的内容。

C 语言中允许用一个变量存放指针（地址），这种变量称为指针变量。

指针变量定义的一般形式为：

```
类型说明符   *变量名;
```

其中，* 表示这是一个指针变量，变量名即定义的指针变量名，类型说明符表示该指针变量所指向的变量的数据类型。

例如：int *p；表示 p 是一个指针变量，它的值是某个整型变量的地址。或者说 p 指向一个整型变量。至于 p 究竟指向哪个整型变量，应由向 p 赋予的地址决定。

再例如：

```
float *f;                        /* f是指向单精度浮点变量的指针变量 */
char *c;                         /* c是指向字符变量的指针变量       */
```

2. 指针变量的赋值

指针变量通常只能赋予地址值，以下赋值是正确的形式。

(1) 指针被赋值某变量地址的方法：

```
int a, *p=&a;
```

或写成：

```
int a, *p;  p=&a;
```

(2) 同类型指针间相互赋值：

```
int a,b, *p=&a, *q=&b;      p=q;
```

(3) 指针被赋值数组地址:

```
int a[10],b[10],*p,*q;
p=a;                                    //相当于 p=&a[0];
q=&b[5];
```

另外,不提倡把一个数值赋予指针变量,故下面的赋值是危险的:

```
int *p;         p=1000;
```

虽然编译程序不会报错,但指针变量 p 指向的地址(1000)并不是系统分配给我们使用的,这样做容易产生逻辑错误或运行时错误。

3. 取内容运算符 *

取内容运算符 * 是单目运算符,*p 的意义是“p 所指向的变量”。

例如,如果有 int a,*p=&a;那么就说指针 p 指向变量 a,可以用 *p 代替 a 进行一切操作,即 *p=5 等价于 a=5。

案例 08-01-01 指针与地址

案例代码 **08-01-01.c**

```
#include<stdio.h>
int main(){
    int a=5,b=8,t;
    int *pa,*pb;
    pa=&a; pb=&b;
    printf("%ld,%ld\n",&a,&b);
    printf("%ld,%ld\n",pa,pb);
    t=*pa;   *pa=*pb;   *pb=t;
    printf("%d,%d\n",a,b);
    return 0;
}
```

执行程序,输出:

```
2293308,2293304
2293308,2293304
8 5
```

程序分析:

指针变量的值(地址值)是一个无符号整数。经过 pa=&a 的赋值,指针变量(pa)的值为变量(a)的地址,通常称为 pa 指向 a。

指针变量类型与其指向的变量类型一般应该一致,即整型指针变量指向整型变量。

指针(地址)是一个值,决定一个内存块的首地址。指针的类型决定了内存块的长度。

在程序中通过指针交换了变量 a 和 b 的值。

案例拓展 指针与地址代码分析

请分析以下代码。

代码 1：

```
#include<stdio.h>
int main(){
    int a=5,b=8,c[10]={0};
    int *pa, *pb, *pc;
    printf("%ld,%ld,%ld\n",&a,&b,c);
    pa=&a; pb=&b; pc=c;
    printf("%ld,%ld,%ld\n",pa,pb,pc);
    pa=pb=pc;
    printf("%ld,%ld,%ld\n",pa,pb,pc);
}
```

执行程序，输出：

```
2293300,2293296,2293248
2293300,2293296,2293248
2293248,2293248,2293248
```

程序分析：

指针变量可以被赋给一个变量的地址，可以被赋一个数组名(数组的首地址)。

指针变量之间可以互相赋值。

代码 2：

```
#include<stdio.h>
int main(){
    int a=5,b=8, *pa=&a, *pb=&b;
    printf("a  =%ld,b  =%ld\n",a,b);
    printf("*pa=%ld, *pb=%ld\n", *pa, *pb);
    *pa=15;  b=18;
    printf("a  =%ld,b  =%ld\n",a,b);
    printf("*pa=%ld, *pb=%ld\n", *pa, *pb);
}
```

执行程序，输出：

```
a  =5,b  =8
*pa=5, *pb=8
a  =15,b  =18
*pa=15, *pb=18
```

代码 3：

```
#include<stdio.h>
int main(){
```

```
    int * pa, * pb;
    pa=1000;
    pb=2000;
    printf("%ld,%ld\n",pa,pb);
}
```

执行程序，输出：

```
1000,2000
```

程序分析：

指针变量也可以被赋一个整数值，编译时不会报错，输出它的值也没有错。

用指针变量记录了内存中的一个地址值，但不知道该地址归谁使用，当试图读写其指向的变量的值时，可能发生运行时错误（见下例）。

代码4：

```
#include<stdio.h>
int main(){
    int * pa, * pb;
    pa=1000;
    pb=2000;
    printf("%ld,%ld\n", * pa, * pb);
}
```

执行程序，发生如下所示的运行时错误。

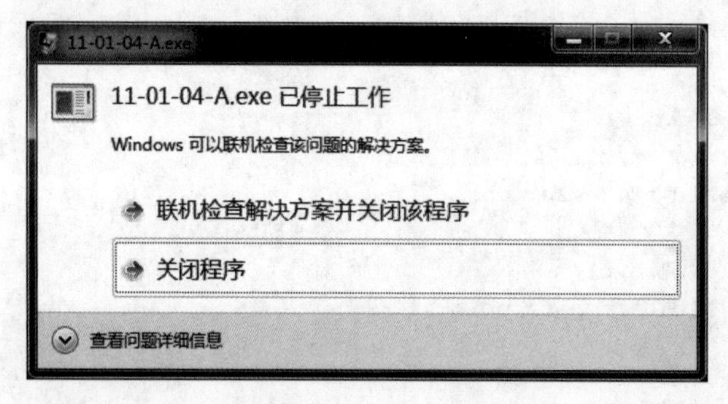

程序分析：

此例在输出语句中读取了两个地址里的值，因为该地址可能受系统保护，不允许非法用户读取，从而出现运行时错误。

代码5：

```
#include<stdio.h>
int main(){
    char * c;
    c="Harbin Normal University";
    char * s="HRBNU";
```

```
    puts(c);
    puts(s);
}
```

执行程序，输出：

```
Harbin Normal University
HRBNU
```

程序分析：

语句 c="Harbin Normal University";的功能为将字符串的首地址赋给变量 c。

案例 08-01-02 指针作为函数参数

案例代码 08-01-02.c

```
#include<stdio.h>
void swap(int *pa,int *pb){                         //交换*pa和*pb
    int t;
    t=*pa; *pa=*pb; *pb=t;
}
int main(){
    int a,b;
    scanf("%d%d",&a,&b);
    swap(&a,&b);
    printf("%d %d",a,b);
    return 0;
}
```

执行程序，输入：5 8

输出：8 5

程序分析：

本例中的 swap()函数，其两个形式参数均为指针变量，在主函数中通过传地址调用，实现了交换两个变量的值。

案例拓展 三个数排序

以下函数代码的功能是将三个变量从小到大排序。请补充代码。

```
输入样例:1 3 2      输出样例:1 2 3
#include<stdio.h>
void sort(int *pa,int *pb,int *pc){                 //排序
    //请在此补充代码
}
int main(){
    int a,b,c;
    scanf("%d%d%d",&a,&b,&c);
    sort(&a,&b,&c);
```

```
    printf("%d %d %d",a,b,c);
    return 0;
}
```

4. 空指针

指针变量还可以与0比较。设p为指针变量,则p==0表明p是空指针,它不指向任何变量;p!=0表示p不是空指针。空指针是由对指针变量赋予0值而得到的。

例如:

```
#define NULL 0
int * p=NULL;
```

对指针变量赋0值和不赋值是不同的。指针变量未赋值时,可以是任意值,是不能随便使用的,否则将造成意外错误。而指针变量赋0值后,则可以使用,只是它不指向具体的变量而已。

8.2 指针与数组

1. 指向一维数组的指针

如果将一维数组元素的地址(通常是首地址)赋值给一个指针变量,这个指针就成了指向一维数组的指针。

例如,通常通过以下定义说明一个数组指针:

```
int a[10], * p; p=a;
```

或者写成:

```
int a[10], * p=a;
```

此时,指针p指向整个数组(也就是指向a[0])。也可以让指针p指向某一个元素,例如:p=&a[3];

2. 指针运算

(1) 指针加或减整数

对于指向数组的指针变量,可以让它加上或减去一个整数n。

设pa是指向数组a的指针变量,则pa+n,pa-n,pa++,++pa,pa--,--pa等运算都是合法的。指针变量加或减整数n的意义是把指针指向的当前位置(某数组元素)向前或向后移动n个位置(以数据类型大小为一个单位)。

例如：

```
int a[5], * pa;
pa=a;                               /* pa 的值为数组 a 的首地址,也就是指向 a[0] */
pa=pa+2;                            /* pa 指向 a[2],即 pa 的值为 &pa[2]       */
```

此时数组元素及其地址的表示方法不只一种。

设有定义：int a[10]，* p=a;那么数组元素及其地址的表示方法可以有如下多种方式。

值	各种等价的表示方法					
a[0]的地址	a	a+0	p	p+0	&a[0]	&p[0]
a[0]的值	* a	* (a+0)	* p	* (p+0)	a[0]	p[0]
a[i]的地址		a+i		p+i	&a[i]	&p[i]
a[i]的值		* (a+i)		* (p+i)	a[i]	p[i]

可见,指针也可当数组使用。

(2) 两个指针相减

指向同一数组的两个指针相减的结果是两个指针所指向的数组元素下标的差,实际上是两个指针绝对值(地址)相减之差再除以该数组元素的字节长度。

例如,pf1 和 pf2 是指向 int 型数组 a 的两个指针变量,设 pf1 指向 a[0],pf2 指向 a[4],所以 pf1-pf2 的结果为−4,表示 pf1 和 pf2 之间相差 4 个元素。

(3) 两指针变量之间的关系运算

指向同一数组的两指针变量进行关系运算可表示它们所指数组元素之间的位置关系。

例如：

```
pf1==pf2 表示 pf1 和 pf2 指向同一数组元素(变量)
pf1>pf2 表示 pf1 处于高地址位置,即 pf1 指向的数组元素下标值大
pf1<pf2 表示 pf1 处于低地址位置,即 pf1 指向的数组元素下标值小
```

案例 08-02-01 指针与数组

案例代码 08-02-01.c

```
#include<stdio.h>
int main(){
    int a[10]={0,1,2,3,4,5,6,7,8,9};
    int i, * p1, * p2, * p3;
    p1=a,p2=a+5,p3=a+7;                    //相当于 p1=&a[0],p2=&a[5],p3=&a[7];
    printf("%ld,%ld,%ld\n",p1,p2,p3);      //输出指针的值(数组元素的地址值)
    printf("%d,%d,%d\n", * p1, * p2, * p3); //输出指针指向变量的值
    printf("%d,%d\n",p1-p2,p2-p1);         //指针减法
    printf("%d,%d\n",p1>p2,p1==a);         //指针与指针的关系
```

```
    for(p1=a;p1<a+10;p1++)                    //通过指针遍历数组
      printf("%d ", * p1);
    return 0;
}
```

执行程序，输出：

```
2293264,2293284,2293292
0,5,7
-5,5
0,1
0 1 2 3 4 5 6 7 8 9
```

程序分析：

定义指针变量，使指针变量 p1 指向数组的首地址(即 a[0])、指针变量 p2 指向数组元素 a[5]、指针变量 p3 指向数组元素 a[7]。从输出结果可以很容易地看出地址值之间的关系。

程序中的 for 循环实现利用指针遍历数组的方法，指针 p1 最初的值是数组的首地址(指向 a[0])，每循环一次，就执行一次 p1++使它指向下一个数组元素，进入循环的条件是 pa<a+10。

案例拓展 距离最近

编程输入正整数 $N(N<100)$，再输入 N 个整数存入数组，再输入一个整数 X，输出 N 个整数中与 X 距离最近的第一个数。整数的距离可定义为差的绝对值。

输入样例 1：

```
10
72 29 5 91 63 32 68 40 57 11
100
```

输出样例 1：

```
91
```

输入样例 2：

```
5
2 4 6 8 11
7
```

输出样例 2：

```
6
```

案例 08-02-02 数组名作为参数(传指针)

下面代码中的函数实现交换变量值，以及对数组进行排序。

案例代码 08-02-02.c

```
#include<stdio.h>
void swap(int * a,int * b){
    int t;
    t= * a; * a= * b; * b=t;
    return;
}
void sort(int * a,int n){              //通过指针实现冒泡法排序
    int i,j,t;
    for(i=0;i<n-1;i++)                 //共 n-1 次循环
    for(j=0;j<n-1-i;j++)
        if(a[j]>a[j+1])
            swap(a+j,a+j+1);           //比较相邻元素
    return;
}
int main(){
    int a[110],i,n, * p;
    scanf("%d",&n);                    //读入整数 n,表示数组有 n 个元素
    for(p=a;p<a+n;p++)                 //通过指针遍历数组,读入 n 个元素
        scanf("%d",p);
    sort(a,n);                         //调用函数对数组进行排序(a 传地址,n 传值)
    for(p=a;p<a+n;p++){                //通过指针遍历数组,读入 n 个元素
        if(p>a) printf(" ");
        printf("%d", * p);
    }
    return 0;
}
```

执行程序,输入:

```
10
72 29 5 91 63 32 68 40 57 11
```

输出:

```
5 11 29 32 40 57 63 68 72 91
```

程序分析:

程序中充分利用指针的特性实现数组的遍历,遍历数组读入 n 个整数,遍历数组输出 n 个整数。

函数 sort()中利用指针实现冒泡法排序,外层循环保证循环 $n-1$ 次实现 $n-1$ 趟排序,请结合冒泡法原理理解函数代码。

案例拓展 指针实现选择法排序

编程输入正整数 $N(N<100)$,再输入 N 个整数,对这 N 个整数排序后输出。要求将 N 个整数存入数组,设计排序函数,利用指针实现对数组的选择法排序。

输入样例：

```
10
72 29 5 91 63 32 68 40 57 11
```

输出样例：

```
5 11 29 32 40 57 63 68 72 91
```

3. 指向二维数组的指针

设二维数组定义如下：int a[3][4]={{0,1,2,3},{4,5,6,7},{8,9,10,11}};C语言规定，二维数组可以看成是由若干个一维数组组成的数组。该数组是由3个一维数组构成的(3行)，它们是a[0]、a[1]和a[2]。

可以把a[0]看成一个整体，它是一个一维数组的名字，也就是这个一维数组的首地址，这个一维数组有4个元素，它们是a[0][0]、a[0][1]、a[0][2]和a[0][3]。也就是说，二维数组其实也是一个一维数组，其中每个元素又是一个一维数组。

既然数组a可以看成一个一维数组，那么a[0]就是其第0个元素(也就是第0行的首地址)、a[1]就是其第1个元素(也就是第1行的首地址)、a[2]就是其第2个元素(也就是第2行的首地址)。

把数组a看成一维数组后，其元素a[0]的大小就是原二维数组一行所有元素的大小之和。所以，第0行的首地址是&a[0]，也可以写成a+0(也可以说是a[0][0]的地址)。同理，第一行的首地址是&a[1]，也可以写成a+1(也可以说是a[1][0]的地址)。

既然数组a[0]是一个一维数组，那么a[0][0]就是其第0个元素(也就是二维数组的第0行第0列)的地址、a[0][1]就是其第1个元素(也就是二维数组的第0行第1列)的地址、a[0][2]就是其第2个元素(也就是二维数组的第0行第2列)的地址、a[0][3]就是其第3个元素(也就是二维数组的第0行第3列)的地址。

a[0]是一个一维数组，那么a[0]本身就是这个数组的首地址。根据一维数组元素地址的表示方法，a[0]+0就是a[0][0]的地址、a[0]+1就是a[0][1]的地址、a[0]+2就是a[0][2]的地址、a[0]+3就是a[0][3]的地址。

显然，*(a[0]+0)和a[0][0]是一回事、*(a[0]+1)和a[0][1]是一回事。以此类推，*(a[i]+j)就是a[i][j]。而a[i]和*(a+i)是等价的，所以我们得到，*(a+i)+j就是a[i][j]的地址，*(*(a+i)+j)就是a[i][j]。

数组的首地址 第0行a[0]首地址 a[0][0]的地址	a	a+0	*(a+0)+0
第i行a[i]的首地址		a+i	*(a+i)+0
&a[i][j]			*(a+i)+j
a[i][j]			*(*(a+i)+j)

4. 指向“一行变量”的指针

如果有定义 int * p;则称 p 为指向“一个变量”的指针。

也可以定义一个指向“一行变量”的指针变量。指向“一行变量”的指针定义的一般形式为：

```
类型说明符 (* 指针变量名)[一行元素的长度];
```

例如：

```
int (* p)[4];
```

含义：定义了一个指针变量，该指针变量指向一整行变量(整行一维数组)，这一行变量固定有 4 个元素。

此时，执行 p++操作后，p 将指向下一整行变量的首地址，即 p 的实际地址值增加 16 字节(4 个整型)。

可以将此变量 p 的值赋为一个有 4 列的二维数组的首地址，这样，p++后 p 将指向此二维数组的下一行。

案例 08-02-03 指针与二维数组

案例代码 08-02-03.c

```
#include<stdio.h>
int main(){
    int a[3][4]={1,2,3,4,5,6,7,8,9,10,11,12};
    int i,j;
    for(i=0;i<3;i++)
      for(j=0;j<4;j++)
        printf("%d ",*(*(a+i)+j));
    printf("\n");
    int(*p)[4];                    //定义指向一行(4个int)变量的指针变量p
    p=a;
    for(i=0;i<3;i++){
      for(j=0;j<4;j++)
        printf("%d ",*(*(p+i)+j));
    }
    return 0;
}
```

执行程序，输出：

```
1  2  3  4  5  6  7  8  9 10 11 12
1  2  3  4  5  6  7  8  9 10 11 12
```

程序分析：

指针变量 p 为指向一整行(共 4 个)整型变量的指针，赋值 p=a 后，p 指向二维数组 a

的第 0 行，p+i 指向二维数组 a 的第 i 行(第 i 行的首地址)，*(p+i)也为第 i 行的首地址，*(p+i)+j 为第 i 行中的第 j 个变量(a[i][j])的地址，*(*(p+i)+j)为 a[i][j]的引用。

案例拓展 指针与二维数组代码分析

请分析下列代码。

代码 1：

```
#include<stdio.h>
int main(){
    int a[3][4]={1,2,3,4,5,6,7,8,9,10,11,12};
    int i,j,(*p)[4];                  //定义指向一行(4个 int)变量的指针变量 p
    for(p=a;p<a+3;p++){
      for(j=0;j<4;j++)
        printf("%d ",*(*p+j));
    }
    return 0;
}
```

执行程序，输出：

```
1  2  3  4  5  6  7  8  9 10 11 12
```

代码 2：

```
#include<stdio.h>
int main(){
    int a[3][4]={1,2,3,4,5,6,7,8,9,10,11,12};
    int i,j;
    int *p=&a;                        //也可以写成 int *p=a;
    for(i=0;i<12;i++,p++){
      printf("%d ",*p);
    }
    return 0;
}
```

执行程序，输出：

```
1 2 3 4 5 6 7 8 9 10 11 12
```

程序分析：

不论是一维数组、二维数组，还是多维数组，其实质都是内存中的一块连续的地址空间，所以即使定义了一个普通指针变量，也能访问二维数组的所有元素。

代码 3：

```
//一个内存块可以解释成任何信息。对于一个从某个起始地址开始的内存块，
//可以将其解释成不同的数据类型，请分析下面的程序
```

```
#include<stdio.h>
int main(){
    char a[80]="HARBIN NORMAL UNIVERSITY";
    char   *pc=(char*)a;
    int    *pi=(int*)a;
    float  *pf=(float*)a;
    double *pd=(double*)a;
    for(;pc<a+24;pc++)printf("%c",*pc);    printf("\n");
    for(;pi<a+24;pi++)printf("%d  ",*pi);  printf("\n");
    for(;pf<a+24;pf++)printf("%g  ",*pf);  printf("\n");
    for(;pd<a+24;pd++)printf("%g  ",*pd);
    return 0;
}
```

执行程序,输出:

```
HARBIN NORMAL UNIVERSITY
1112686920  1310740041  1095586383  1314201676  1380275785  1498696019
52.5638  6.72371e+008  12.8326  8.93916e+008  2.11889e+011  3.73458e+015
2.19802e+068  2.27824e+069  2.09539e+122
```

程序分析:

本例程序通过定义字符数组 a,向系统申请 80 字节的内存空间,并对其进行初始化赋值(前 24 字节存放字符,后面的字节值为 0),然后将该数组的首地址分别强制转换类型后赋值给不同类型的指针变量。最后,通过 4 个循环语句将该 24 字节的内存空间解读成不同类型的数据输出。

5. 指针与字符串

指向字符串的指针实际上也是指向一维数组的指针。

例如:

```
char c,*p=&c;                /*p为一个指向字符变量c的指针变量 */
char *p="C Language";        /*p为指向字符串的指针变量,字符串的首地址赋给p */
char s[20],*p=s;             /*p为指向字符数组的指针变量,数组的首地址赋给p */
```

以上 3 种情形定义的指针都是字符指针,可以指向单个字符变量,也可以指向字符串或字符数组中的某个元素。

案例 08-02-04 字符指针

案例代码 08-02-04.c

```
#include<stdio.h>
int main(){
    char *p;
    p="ABCDE";
```

```
    for( ; * p!='\0';p++)  printf("%s\n",p);
    return 0;
}
```

执行程序,输出:

```
ABCDE
BCDE
CDE
DE
E
```

案例拓展 字符统计

输入一行英文句子(不超过 80 个字符),输出这个句子中的英文字母、数字和其他符号的个数。请分析以下代码中字符指针的使用。

```
#include<stdio.h>
int main(){
    char s[81], * p=s;
    int letter=0,digit=0,symbol=0;
    gets(p);
    for( ; * p!='\0' ; p++ )
      if( ( * p>='A'&& * p<='Z')||( * p>='a'&& * p<='z') ) letter++;
      else if ( * p>='0'&& * p<='9')                       digit++;
      else                                                 symbol++;
    printf("Letter:%d\n",letter);
    printf("Digit :%d\n",digit);
    printf("Symbol:%d\n",symbol);
    return 0;
}
```

执行程序,输入:

```
ABCDEF12345,.A:1<5==↙
```

输出:

```
Letter:7
Digit :7
Symbol:6
```

案例 08-02-05 用指针实现统计单词个数

在一行中输入一个英文句子(不超过 80 个字符),输出这个句子中单词的个数,单词之间以空格分隔,除空格外都认为是单词(包括符号)。

案例代码 08-02-05.c

```
#include<stdio.h>
```

```
int main(){
    char s[81], * p=s;
    int words=0;
    gets(p);
    for(; * p!='\0';p++){
      if( * p!=' ' && ( p==s || * (p-1)==' ' ) )
        words++;
    }
    printf("%d",words);
    return 0;
}
```

执行程序,输入:

```
This  is  a  C  program.  <<<  =22=  ,,,  END ↙
```

输出:

```
9
```

案例拓展 字符串长度

编写自定义函数,返回一个字符串的字符个数,不包含'\0'。在主函数中输入字符串,利用自定义函数输出其长度。

```
输入样例 1:HRBNU                    输出样例 1:5
输入样例 2:UNIVERSITY               输出样例 2:10
```

案例 08-02-06 字符串复制

编写自定义函数,把一个字符串(不超过 80 个字符)的内容复制到另一个字符数组中。

案例代码 **08-02-06.c**

```
#include<stdio.h>
int str_copy(char * d,char * s){
    while( * d++ = * s++);
}
int main(){
    char * pa="HARBIN NORMAL UNIVERSITY";
    char pb[81];
    str_copy(pb,pa);
    printf("String pa:%s\n",pa);
    printf("String pb:%s\n",pb);
    return 0;
}
```

执行程序,输出:

```
String pa:HARBIN NORMAL UNIVERSITY
String pb:HARBIN NORMAL UNIVERSITY
```

案例拓展 字符串连接

编写自定义函数,把两个字符串的内容连接成一个新字符串(不超过 80 个字符)。

8.3 指针与函数

1. 指向函数的指针

一个程序在被执行之前,其代码首先被调入内存。其中一个函数的代码总是占用一段连续的内存空间,而函数名就是该函数所占内存区的首地址。

可以将函数的这个首地址(或称入口地址)赋予一个指针变量,使该指针变量指向该函数,然后通过指针变量就可以找到并调用这个函数。

指向函数的指针变量称为函数指针变量。函数指针变量定义的一般形式为:

```
类型说明符 (*指针变量名)();
```

其中,"类型说明符"表示被指函数的返回值的类型。"(*指针变量名)"表示"*"后面的变量是定义的指针变量。最后的空括号表示指针变量所指的是一个函数。

例如:

```
int (*pf)();
```

表示 pf 是一个指向函数的指针变量,被指向函数的返回值(函数值)是整型。

通过函数指针变量调用函数的一般形式为:

```
(*指针变量名)(实参表)
```

例如:

```
(*pf)();
```

案例 08-03-01 指向函数的指针

案例代码 08-03-01.c

```
#include<stdio.h>
int max(int a,int b){
    if(a>b) return a;
    else    return b;
}
int main(){
```

```
    int(*pf)();
    int x=5,y=8,z;
    pf=max;
    z=(*pf)(x,y);
    printf("max=%d",z);
    return 0;
}
```

执行程序，输出：

```
max=8
```

程序分析：

从上述程序可以看出，以函数指针变量形式调用函数的步骤如下：

(1) 先定义函数指针变量，如程序中的行 int (*pf)();定义 pf 为函数指针变量；

(2) 把被调函数的入口地址（函数名）赋予该函数指针变量，如程序中的 pf=max;

(3) 用函数指针变量形式调用函数，如程序中的 z=(*pf)(x,y)。

使用函数指针变量还应注意以下两点：

(1) 函数指针变量不能进行算术运算，这是与数组指针变量不同之处。

(2) 函数调用中"(*指针变量名)"两边的括号不可少，其中的"*"不应该理解为求值运算，在此处它只是一种表示符号。

案例拓展 指向函数的指针代码分析

请分析以下代码，理解函数指针变量。

```
#include<stdio.h>
int add(int a,int b){return a+b;}
int sub(int a,int b){return a-b;}
int mul(int a,int b){return a*b;}
int div(int a,int b){
    if(b==0){
      printf("Error:Divide by zero.");
      exit(1);
    }
    return a/b;
}
int error(int a,int b){
      printf("Error:Expression undefined!");
      exit(1);
}
int main(){
    int x,y,z;
    char op='#';
    int(*fun)(int,int);
    scanf("%d%c%d",&x,&op,&y);
    switch(op){
```

```
        case '+': fun=add; break;
        case '-': fun=sub; break;
        case '*': fun=mul; break;
        case '/': fun=div; break;
        default:  fun=error;
    }
    z=(*fun)(x,y);
    printf("Result=%d\n",z);
    return 0;
}
```

执行程序,输入:1+2

输出:Result=3

再次执行程序,输入:9-8

输出:Result=1

再次执行程序,输入:9/0

输出:Error:Divide by zero.

再次执行程序,输入:1H2

输出:Error:Expression undefined!

2. 指针型函数

C语言中的函数类型是指函数返回值的类型。如果一个函数的返回值是一个指针(即地址),则这种函数称为指针型函数。

定义指针型函数的一般形式为:

```
类型说明符 *函数名(形参表){
  函数体
}
```

其中,函数名之前加了"*"号,表明这是一个指针型函数,即返回值是一个指针。类型说明符表示返回的指针值所指向的数据类型。例如:

```
int *ap(int x,int y){
    /*函数体*/
}
```

表示ap是一个返回指针值的指针型函数,它返回的指针指向一个整型变量。

案例 08-03-02 指针型函数

案例代码 08-03-02.c

```
#include<stdio.h>
char *day_name(int n);                //函数声明
int main(){
```

```
    int i;
    for(i=0;i<=8;i++)
      printf("The %dth day of the week :%s\n",i,day_name(i));
    return 0;
}
char * day_name(int n){
    static char * name[]={ "NOT DEFINE","Sunday","Monday","Tuesday",
                           "Wednesday","Thursday","Friday","Saturday"};
    return((n<1||n>7) ? name[0] : name[n]);
}
```

执行程序,输出:

```
The 0th day of the week :NOT DEFINE
The 1th day of the week :Sunday
The 2th day of the week :Monday
The 3th day of the week :Tuesday
The 4th day of the week :Wednesday
The 5th day of the week :Thursday
The 6th day of the week :Friday
The 7th day of the week :Saturday
The 8th day of the week :NOT DEFINE
```

程序分析:

上例中定义了一个指针型函数 day_name(),它的返回值为指向一个字符串的指针。该函数定义了一个静态指针数组 name。name 数组初始化赋值为 8 个字符串,分别表示各个星期名及出错提示。形参 n 表示与星期名对应的整数。在主函数中,把输入的整数 i 作为实参,在 printf 语句中调用 day_name()函数并把 i 值传送给形参 n。day_name()函数中的 return 语句包含一个条件表达式,n 值若大于 7 或小于 1,则把 name[0]指针返回主函数,输出出错提示字符串"NOT DEFINE",否则返回主函数输出对应的星期名。

案例拓展 指针型函数代码训练

编写函数 int * find(int a[],int n,int x),其功能为:在有 n 个元素的数组 a 中查找首个整数 x,若找到,则返回该元素的地址,否则返回空指针。

3. 指针型函数与函数指针变量的区别

应该特别注意的是,函数指针变量和指针型函数在写法和意义上的区别。如 int(*p)()和 int *p()是两个完全不同的量。int(*p)()是一个变量说明,说明 p 是一个指向函数入口的指针变量,该函数的返回值是整型量,(*p)两边的括号不能少。int *p()不是变量说明,而是函数说明,说明 p 是一个指针型函数,其返回值是一个指向整型量的指针,*p 两边没有括号。作为函数说明,在括号内最好写入形式参数,这样便于与变量说明相区别。

8.4 指针数组和二级指针

1. 指针数组

如果一个数组的所有元素都为指针变量,那么这个数组就是指针数组。指针数组是一组指针的集合。指针数组的所有元素都是指向相同数据类型的指针。

指针数组说明的一般形式为:

```
类型说明符    *数组名[数组长度];
```

其中,类型说明符为指针数组元素所指向的变量的类型。

例如:

```
int *pa[3];
```

表示 pa 是一个指针数组,它有 3 个数组元素,每个元素值都是一个指针,指向整型变量。

通常可用一个指针数组指向一个二维数组。指针数组中的每个元素被赋予二维数组每一行的首地址。

案例 08-04-01 指针数组

案例代码 08-04-01.c

```
int a[3][3]={1,2,3,4,5,6,7,8,9};
int *pa[3]={a[0],a[1],a[2]};
void print(int *p){
    printf("%d,%d,%d\n",*(p+0),*(p+1),*(p+2));
}
int main(){
    int i;
    for(i=0;i<3;i++)
      print(pa[i]);
    return 0;
}
```

执行程序,输出:

```
1,2,3
4,5,6
7,8,9
```

程序分析:

本例程序中,pa 是一个指针数组,3 个元素分别指向二维数组 a 的各行,然后调用

print()函数输出指定的数组元素。读者可仔细领会元素值的各种表示方法。

案例拓展 字符指针数组

请分析以下代码,理解指针数组。

```
#include<stdio.h>
char * day_name(char * name[],int n);
int main(){
    static char * name[]={ "NOT DEFINE","Monday","Tuesday","Wednesday",
          "Thursday","Friday","Saturday","Sunday"};
    char * ps;   int i;
    for(i=0;i<8;i++){
        ps=day_name(name,i);
        printf("Day No:%2d-->%s\n",i,ps);
    }
    return 0;
}
char * day_name(char * name[],int n){
    char * pp1, * pp2;
    pp1= * name;
    pp2= * (name+n);
    return((n<1||n>7)? pp1:pp2);
}
```

执行程序,输出:

```
Day No: 0-->NOT DEFINE
Day No: 1-->Monday
Day No: 2-->Tuesday
Day No: 3-->Wednesday
Day No: 4-->Thursday
Day No: 5-->Friday
Day No: 6-->Saturday
Day No: 7-->Sunday
```

程序分析:

指针数组也可以用作函数参数。在本例主函数中定义了一个指针数组 name,并对 name 作了初始化赋值。其每个元素都指向一个字符串。然后又以 name 作为实参调用指针型函数 day_name(),在调用时把数组名 name 赋予形参变量 name,输入的整数 i 作为第二个实参赋予形参 n。在 day name()函数中定义了两个指针变量 pp1 和 pp2,pp1 被赋予 name[0]的值(即 * name),pp2 被赋予 name[n]的值,即 * (name+n)。由条件表达式决定返回 pp1 或 pp2 指针给主函数中的指针变量 ps。最后输出 i 和 ps 的值。

2. 二级指针(指向指针的指针)

如果一个指针变量存放的是另一个指针变量的地址,则称这个指针变量为指向指针的指针变量,或者称为二级指针。

通过指针访问变量，称为间接访问。通过指向普通变量的指针访问变量，称为一级间访。通过二级指针访问变量，称为二级间访。在C语言程序中，对间访的级数并未明确限制，但是一般很少超过二级间访。

二级指针变量说明的一般形式为：

```
类型说明符  **指针变量名；
```

例如：int **pp;表示pp是一个指针变量，它指向另一个指针变量，而这另一个指针变量指向一个整型变量。

案例 08-04-02 二级指针

案例代码 08-04-02.c

```
#include<stdio.h>
int main(){
    int n, * p,**pp;
    n=10; p=&n; pp=&p;
    printf("n=%d,n=%d,n=%d\n",n, * p,**pp);
    printf("%x,%x,%x\n",&n,&p,&pp);
    printf("%x,%x\n",&n,p);
    printf("%x,%x\n",&p,pp);
    return 0;
}
```

执行程序，输出：

```
n=10,n=10,n=10
28febc,28feb8,28feb4
28febc,28febc
28feb8,28feb8
```

程序分析：

此例程序中的p是一个指针变量，指向整型量n;pp也是一个指针变量，它指向指针变量p。通过pp变量访问n的写法是**pp。程序输出的3个值都是n的值10。通过此例，读者可以学习指向指针的指针变量的说明和使用方法。

案例拓展 二级指针代码分析

```
int main(){
    static char * ps[]={"Java","C","Objective-C","C++","C#","PHP"};
    char **pps;
    int i;
    for(i=0;i<6;i++){
      pps=ps+i;
      printf("%s.(%c)\n", * pps,**pps);
    }
}
```

执行程序,输出:

```
Java.(J)
C.(C)
Objective-C.(O)
C++.(C)
C#.(C)
PHP.(P)
```

程序分析:

程序中首先定义说明了指针数组 ps 并作了初始化赋值。然后说明了 pps 是一个指向指针的指针变量。在 6 次循环中,pps 分别取得 ps[0],ps[1],ps[2],ps[3],ps[4],ps[5]的地址值。之后通过这些地址找到该字符串。本程序是用指向指针的指针变量编程,输出多个字符串。

8.5 动态内存管理

1. 内存分区和管理

前面章节介绍了全局变量和局部变量的概念和原理。非静态局部变量随其定义而建立,随其定义域结束而释放,释放后其生存期就结束了;全局变量和静态局部变量则不然,它们的生存期是整个源程序。

C 语言规定,全局变量和静态局部变量被分配在内存中的静态存储区(也称为全局数据区),非静态局部变量被分配在动态存储区(也称为栈区)。

另外,C 语言还允许临时申请开辟一块内存区域,使用后可随时释放。这些随时可以申请、随时可以释放的自由存储区域称为堆区。

(1) 静态内存申请

以前对内存的申请使用只能通过使用常量、定义变量或数组的形式实现,在程序中定义变量后,运行时系统为变量申请并分配内存。

系统一旦为一个变量分配了内存,则在该变量的生存期内其地址是固定的,直到其生存期结束,系统收回其占用的内存。

所以,在此情况下,内存的分配和释放(回收)都是系统自动完成的。

(2) 动态内存管理

C 语言提供了对内存的动态申请和释放的功能,此功能是通过 malloc()、calloc()、free()、realloc()等函数实现的。

系统为用户动态内存申请分配的是堆区的空间。

2. 内存申请函数 malloc()

函数原型:

```
void *malloc(unsigned  size );
```

功能说明：

(1) 该函数用于向系统申请长度为 size 字节的连续内存空间。

(2) 如果分配成功，则返回被分配内存块的首地址指针，否则返回空指针 NULL(0)。

(3) 该函数返回的是一个空类型的指针，在赋值时应该先进行类型转换。

(4) 内存不再使用时，应使用 free()函数释放内存块。

3. 内存申请函数 calloc()

函数原型：

```
void * calloc(unsigned n, unsigned size);
```

功能说明：

(1) 该函数用于向系统申请 n 个长度为 size 字节(共 n×size 字节)的连续内存空间。

(2) 如果分配成功，则返回被分配内存块的首地址指针，否则返回空指针 NULL(0)。

(3) 该函数返回的是一个空类型的指针，在赋值时应该先进行类型转换。

(4) 内存不再使用时，应使用 free()函数释放内存块。

4. 内存申请函数 realloc()

函数原型：

```
void * realloc(void * p, unsigned size);
```

功能说明：

(1) 该函数用于对指针变量 p 所指向的动态空间重新分配长度为 size 字节的连续内存空间，p 的值不变(也就是内存块首地址不变，长度改变)。

(2) 如果分配成功，则返回被分配内存块的首地址指针(也就是 p)，否则返回空指针。

5. 内存释放函数 free()

函数原型：

```
void free(void * block);
```

功能说明：

(1) 如果给定的参数是一个由先前的 malloc()函数返回的指针，那么 free()函数将会把 block 所指向的内存空间归还给操作系统。

(2) 使用以上函数时应该在程序开头加上 # include<malloc.h>或 # include<stdlib.h>。

案例 08-05-01 内存申请(无名变量)

案例代码 08-05-01.c

```
#include<stdio.h>
#include<malloc.h>
int main(){
    int *p;
    p=(int*)malloc(sizeof(int));
    while(scanf("%d",p)==1)
        printf("%d\n",*p * *p);
    free(p);
    return 0;
}
```

执行程序,输入:

```
1 5 9
```

输出:

```
1
25
81
```

程序分析:

此程序没有定义整型变量,却处理了 1 个整型数据,包括申请内存空间、输入、计算、输出,这一切都是在调用内存申请函数的前提下实现的。注意,在程序结束时不要忘记释放曾经申请过的内存。

案例拓展 内存申请(无名数组)

请分析以下代码。

代码 1:

```
#include <malloc.h>
#include<stdlib.h>
#define SIZE 10
int main(){
    int *p,*k;
    p=(int*)malloc( sizeof(int) * SIZE );
    for(k=p;k<p+SIZE;k++)
      *k=(k-p)*(k-p)+1;
    for(k=p;k<p+SIZE;k++)
     printf("%d ",*k);
    free(p);
}
```

执行程序,输出:

```
1 2 5 10 17 26 37 50 65 82
```

程序分析：

此例程序一次申请了10个整型数据的空间，并利用整型指针进行遍历，实际上这块空间可以看成无名数组。

代码2：

```
#include <malloc.h>
#include<stdlib.h>
int main(){
    int *p;
    p=(int*)malloc(sizeof(int)*0XFFFFFFFF);
    if(p==NULL)
      printf("No Enough Memory!\n");
    else
      printf("Success!\n");
}
```

执行程序，输出：

```
No Enough Memory!
```

程序分析：

此例程序演示了申请内存失败的情况，原因是申请的内存数量太大了。

案例 08-05-02 动态数组(需要多大内存就申请多大内存)

案例代码 08-05-02.c

```
#include<malloc.h>
#include<stdio.h>
int main(){
    int i,n,*p;
    scanf("%d",&n);
    p=(int*)malloc(sizeof(int)*n);//或写成 p=(int*)calloc(n,sizeof(int));
    for(i=0;i<n;i++)
        scanf("%d",p+i);
    for(i=n-1;i>=0;i--){
        if(i<n-1) printf(" ");
        printf("%d",*(p+i));
    }
    free(p);
    return 0;
}
```

执行程序，输入：

```
15
708 417 427 843 610 838 932 978 189 981 208 618 178 872 576
```

输出：

```
576 872 178 618 208 981 189 978 932 838 610 843 427 417 708
```

程序分析：

此例程序实现根据用户输入的数据(变量 n)决定数据规模，向系统申请相应数量的内存空间。然后通过函数调用对这部分空间内的数据进行赋值、输出操作。

案例拓展 在动态内存中对数据进行排序

请在以上代码中添加函数对动态申请内存中的数据进行排序，然后输出。

6. void 指针

C99 标准将以上 3 个申请动态内存的函数返回值都定义成 void 型指针，即空类型指针。也可以自己定义空类型的指针，例如：

```
int  a,b;
void * p=(void*)&a;
```

空类型指针就是一个纯粹的内存地址，并不代表某一类型的数据。对空类型的指针执行 *p 操作是错误的，必须先转换成有类型的指针，例如：*(int*)p。

对空类型指针 p 执行 p+=n 的结果为 p 在原来地址值的基础上加 n 字节。

案例 08-05-03 空类型指针

案例代码 08-05-03.c

```
#include <malloc.h>
void init(void *p){
    int i;
    for(i=0;i<10;i++){*(char*)p='A'+i;   p+=sizeof(char);   }
    for(i=0;i<10;i++){*(int*)p='A'+i;    p+=sizeof(int);    }
    for(i=0;i<10;i++){*(double*)p='A'+i; p+=sizeof(double); }
}
void print(void *p){
    int i;
    for(i=0;i<10;i++){putchar(*(char*)p);            p+=sizeof(char);  }
    putchar(10);
    for(i=0;i<10;i++){printf("%d ",*(int*)p);        p+=sizeof(int);   }
    putchar(10);
    for(i=0;i<10;i++){printf("%-6.2lf ",*(double*)p); p+=sizeof(double);}
}

int main(){
    void *p=0;
    p=malloc(10*sizeof(char)+10*sizeof(int)+10*sizeof(double));
    init(p);
    print(p);
}
```

执行程序,输出:

```
ABCDEFGHIJ
65 66 67 68 69 70 71 72 73 74
65.00  66.00  67.00  68.00  69.00  70.00  71.00  72.00  73.00  74.00
```

程序分析:

此例程序在主函数中申请了一大块内存(共130字节)。在init()函数中,把这一大块内存分成3部分进行不同的初始化操作,赋予了不同类型的数据。在print()函数中分别进行还原处理,输出了正确的数据。

案例拓展 空类型指针训练

请根据程序的输出补充代码。

```
#include <malloc.h>
void fun(void * p,int n){
    //请在此补充代码
}
int main(){
  char c='A';   int i=6174;   double d=3.15159265;
  char s[]="HRBNU";
  fun(&c,1);
  fun(&i,2);
  fun(&d,3);
  fun(s,4);
  return 0;
}
```

执行程序,输出:

```
A
6174
3.151593
HRBNU
```

8.6 指针小结

1. 指针的优点

指针是C语言中一个重要的组成部分。使用指针编程有以下优点:

(1) 提高程序的编译效率和执行速度。

(2) 通过指针可使主调函数和被调函数之间共享变量或数据结构,便于实现双向数据通信。

(3) 可以实现动态的存储分配。

(4) 便于表示各种数据结构,编写高质量的程序。

2. 指针的运算

(1) 取地址运算符 &:求变量的地址。

(2) 取内容运算符 *:表示指针所指的变量。

(3) 赋值运算。

- 把变量地址赋予指针变量。
- 同类型指针变量相互赋值。
- 把数组、字符串的首地址赋予指针变量。
- 把函数入口地址赋予指针变量。

(4) 加减运算。

对指向数组、字符串的指针变量可以进行加、减运算,如 p+n,p-n,p++,p--等。对指向同一数组的两个指针变量可以相减。对指向其他类型的指针变量作加、减运算是无意义的。

(5) 关系运算。

指向同一数组的两个指针变量之间可以进行大于、小于、等于比较运算。指针可与 0 比较,p==0 表示 p 为空指针。

3. 与指针有关的各种说明

```
int *p;          //p为指向整型量的指针变量
int *p[n];       //p为指针数组,由 n 个指向整型量的指针元素组成
int (*p)[n];     //p为指向整型二维数组的指针变量,二维数组的列数为 n
int *p()         //p为返回指针值的函数,该指针指向整型量
int (*p)()       //p为指向函数的指针,该函数返回整型量
int **p          //p为一个指向另一指针的指针变量,该指针指向一个整型量
```

4. 关于括号

在解释组合说明符时,标识符右边的方括号和圆括号优先于标识符左边的"*"号,而方括号和圆括号以相同的优先级从左到右结合,但可以用圆括号改变约定的结合顺序。

5. 阅读组合说明符的规则是"从里向外"

从标识符开始,先看它右边有无方括号或圆括号,如有,则先作出解释,再看左边有无 * 号。如果遇到了闭括号,则在继续之前必须用相同的规则处理括号内的内容。例如:

```
int * ( * ( * a) ()) [10]
 ↑  ↑    ↑    ↑ ↑  ↑    ↑
 7  6    4    2 1  3    5
```

上面给出了由内向外的阅读顺序，下面进行解释：

(1) 标识符的名字为 a；

(2) 说明 a 是指针变量；

(3) 说明 a 是指向函数的指针变量；

(4) a 指向的函数的返回值是一个指针；

(5) 返回值指针指向一个 10 个元素的数组；

(6) 数组元素的数型为指针；

(7) 数组元素的类型为整型指针。

因此，a 是一个函数指针变量，该函数返回的一个指针值又指向一个指针数组，该指针数组的元素指向整型变量。

6. 动态内存管理函数

```
内存申请函数  void *malloc(unsigned  size);
内存申请函数  void *calloc(unsigned n, unsigned size);
内存申请函数  void *realloc(void *p, unsigned size);
内存释放函数  void free(void * block) ;
```

习题 8

一、单项选择题

1. 变量的地址是指________。

(A) 变量的值

(B) 变量在内存中占据起始存储单元的编号

(C) 变量的类型

(D) 变量在内存中占据全部存储单元的编号

2. 设 p 和 q 是指向同一个整型数组的指针变量(q＞p)，k 为整型变量，下面语句中合法且没有逻辑错误的是________。

(A) k=*(p+q)　　(B) k=*(q-p)

(C) p+q　　(D) k=*p*(*q)

3. 类型相同的两个指针变量之间不能进行的运算是________。

(A) <　　(B) =　　(C) +　　(D) -

4. 定义语句 char *abc="abc";与其功能完全相同的程序段是________。

(A) char abc; *abc="abc";　　(B) char *abc, *abc="abc";

(C) char abc,abc="abc";　　(D) char *abc;abc="abc";

5. 定义语句 int x[10]={1,2,3}, *m=x;，下列表达式不是地址的是________。

(A) *m　　(B) m　　(C) x　　(D) &x[0]

二、填空题

1. 若有定义 int a[2][3]={2,4,6,8,10,12};则 *(&a[0][0]+2*2+1)的值是________，*a[1]的值是________。

2. C 语言中，数组名是一个不可改变的________，不能对它进行赋值运算。数组在内存中占用一段连续的存储空间，它的首地址由________表示。

3. 语句 int *f();和 int (*f)();的含义分别为________和________。

4. 若定义 char *p="abcd";则 printf("%d",*(p+4));的结果为 ________。

三、程序填空

1. 下面程序是判断输入的字符串是否为"回文"(顺读和倒读都一样的字符串称为"回文"，如 level)，请填空。

```
#include <stdio.h>
#include <string.h>
int main ( ){
  char s[81], *p1, *p2;
  int n;
  gets(s);
  n=strlen(s); p1=s; p2=s+n-1;
  while(________){
    if ( *p1!= *p2 )  break;
    else  { p1++; ________; }
  }
  if(p1<p2) printf ("NO\n ");
  else      printf ("YES\n ");
}
```

2. 以下函数把 b 字符串连接到 a 字符串的后面，并返回 a 中新字符串的长度，请填空。

```
int strfun(char a[], char b[]){
  int num=0,n=0;
  while(*(a+num)!=________) num++;
  while(b[n]){*(a+num)=b[n]; num++;________} ;
  *(a+num)=0;
  return(num);
}
```

四、读程序，写结果

1. 下面程序的执行结果为________。

```
#include<stdio.h>
int main ( ){
    int i, j;  int *p, *q;
    i=2;  j=10;  p=&i;  q=&j;  *p=10;  *q=2;
    printf("i=%d, j=%d", i, j);
}
```

2. 下面程序的执行结果为________。

```
#include <stdio.h>
int main (){
    int a[]={5,6,7,8},i,**p, * q;
    q=a;  p=&q;
    printf("%d", * ( * p+2));
}
```

五、编程题

1. 函数 sort()的功能为将参数字符串元素从小到大排序。函数 merge()的功能为将字符串 a、b 中的所有元素归并排序至字符串 c 中。请编写这两个函数。

```
#include <stdio.h>
#define N 5
int main(){
  char a[]={"HarbinNormal"},b[]={"University"};
  char c[100]={};
  sort(a);  sort(b);                    //对字符串 a 和 b 的元素分别从小到大排序
  puts(a);  puts(b);                    //输出数组中的所有元素
  merge(c,a,b);                         //将 a、b 中的所有元素归并排序到数组 c 中
  puts(c);
}
```

2. 输入一个字符串,其内有数字和非数字字符,如 A123B456X17 = = 960?302tab5876,将其中连续的数字作为一个整数依次存放到一数组 a 中,例如 123 放在 a[0]中,456 放在 a[1]中,统计共有多少个整数,并输出这些数。请编写函数 get_int()的代码。

```
int main(){
  char s[]="A123B456X17==960?302tab5876";
  int a[100];                           //假设字符串中的整数不超过 100 个
  int i,count=0;                        //整数个数
  get_int(s,a,&count);
  puts(s);
  printf("字符串中共有%d个整数:\n",count);
  for(i=0;i<count;i++)
    printf("%d ",a[i]);
}
```

3. 请编程输出两个正的大整数(不超过 60 位)之和。两个大整数存于两个字符数组中,计算出的和存于另一个数组中。主函数代码如下,请编写 add()函数和 print()函数。

```
#define N 80
void add(char * x,char * y,char * z);
void print(char * x,char * y,char * z);
int main(){
  char a[]={"659"},b[]={"465468798454"};
```

```
  char c[N]={};
  add(a,b,c);                          //大整数 a、b 的和存于字符串 c 中
  print(a,b,c);                        //输出算式
}
```

输出样例：

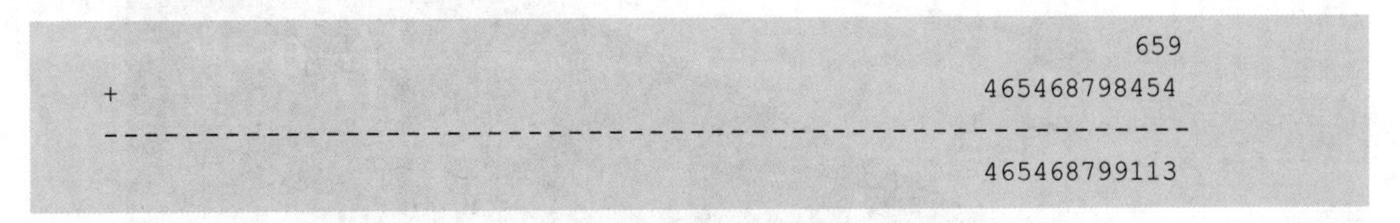

```
                                                                 659
+                                                       465468798454
--------------------------------------------------------------------
                                                        465468799113
```

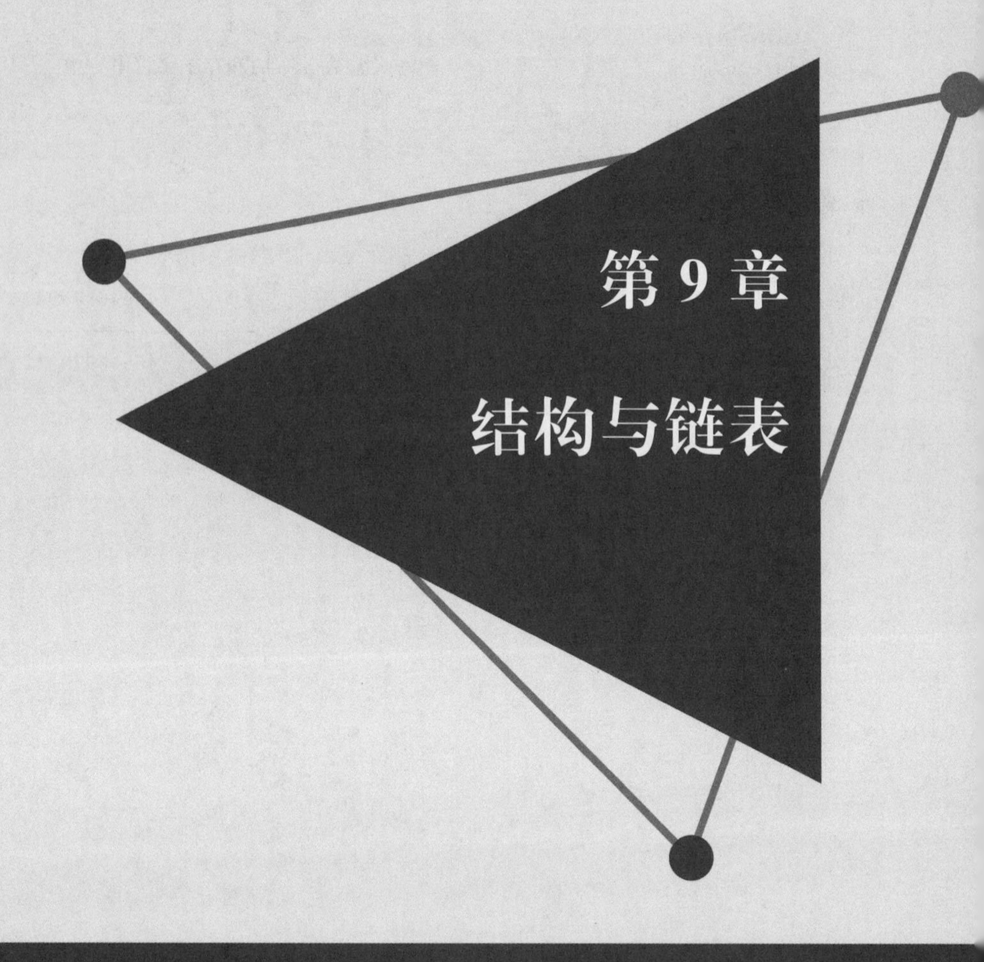

第9章 结构与链表

前面的章节学习了数组这一构造数据类型。数组的原理是将类型完全相同的多个变量组织到一起，利用同一数组名通过下标互相区分。

如果是多个类型并不相同的变量，通过数组就无法实现共用一个名字。C语言提供的结构体这一构造数据类型可以实现这一功能。

本章主要介绍结构体与链表，还介绍了枚举、共用体和宏的使用。

本章学习目标

(1) 掌握用结构数组处理批量数据的方法。

(2) 掌握结构体指针的使用。

(3) 掌握链表的基本操作。

(4) 了解枚举、共用体和宏的使用。

第 9 章案例代码

9.1　结构体

1. 结构体类型

1）结构体类型的定义

C 语言提供了丰富的基本数据类型供用户使用。但在实际应用中，程序要处理的问题往往比较复杂，而且常常是用多个不同类型的数据一起描述一个对象。在实际问题中，一组数据往往具有不同的数据类型。例如，在学生登记表中，姓名应为字符型；学号可为整型或字符型；年龄应为整型；性别应为字符型；成绩可为整型或实型。显然，不能用一个数组存放这一组数据。因为数组中各元素的类型和长度都必须一致，以便于编译系统处理。为了解决这个问题，C 语言给出另一种构造数据类型——“结构”。它相当于其他高级语言中的记录。

“结构”是一种构造类型，它是由若干“成员”组成的。每个成员可以是一个基本数据类型，也可以是一个构造类型。既然结构是一种“构造”而成的数据类型，那么在说明和使用之前必须先定义它，也就是构造它，如同在说明和调用函数之前要先定义函数一样。

定义一个结构体类型的一般形式为：

```
struct 结构名{
  成员表列
};
```

成员表由若干个成员组成，每个成员都是该结构的一个组成部分。对每个成员也必须作类型说明，其形式为：

```
类型说明符 成员名;
```

成员名的命名应符合标识符的书写规定。例如：

```
struct stu{
  int num;
  char name[20];
  char sex;
  float score;
};
```

在这个结构定义中，结构名为 stu，该结构由 4 个成员组成。第一个成员为 num，整型变量；第二个成员为 name，字符数组；第三个成员为 sex，字符变量；第四个成员为 score，实型变量。注意，括号后的分号不可少。定义结构体类型之后，即可进行该类型变量的说明。凡说明为结构 stu 的变量都由上述 4 个成员组成。由此可见，结构是一种复杂的数据类型，是数目固定、类型不同的若干有序变量的集合。

特别说明：结构体成员在内存中按定义的顺序依次存储，所占内存大小理论上为所有成员大小之和，实际上与编译环境和内存对齐理论有关，详情请在互联网查阅或扫描本书二维码下载相关说明文档。

2）结构体变量的定义

先定义结构，再定义结构变量，例如：

```
struct stu{
  int num;
  char name[20];
  char sex;
  float score;
};
struct stu s1,s2;
```

定义了两个变量 s1、s2 为 stu 结构类型。也可以在定义结构类型的同时说明结构变量。例如：

```
struct stu{
  int num;
  char name[20];
  char sex;
  float score;
}s1,s2;
```

甚至可以省略结构类型名称，直接说明结构变量。例如：

```
struct{
  int num;
  char name[20];
  char sex;
  float score;
}s1,s2;
```

第三种方法与第二种方法的区别在于，第三种方法中省去了结构名，而直接给出结构变量。三种方法中说明的 s1、s2 变量都具有相同的成员分量。说明 s1、s2 变量为 stu 类型后，即可向这两个变量中的各个成员赋值。在上述的 stu 结构定义中，所有成员都是基本数据类型或数组类型。

一个结构的成员也可以又是一个结构，即嵌套的结构。例如：

```
struct date{
  int month;
  int day;
  int year;
}
struct stu{
  int num;
  char name[20];
```

```
    char sex;
    struct date birthday;
    float score;
}s1,s2;
```

首先定义了一个结构 date,该结构由 month、day、year 3 个成员组成。在定义并说明变量 s1 和 s2 时,其中的成员 birthday 被说明为 date 结构类型。

需要说明的是,结构中的成员名可以和程序中的其他变量同名,它们之间是互不干扰的,因为在 C 语言中访问成员变量和访问普通变量的方法是不同的。

3) 结构变量成员的引用

引用结构变量成员的一般形式是:

```
结构变量名.成员名
```

例如:

```
s1.num 即结构变量 s1 的学号成员
s2.sex 即结构变量 s2 的性别成员
```

如果成员本身又是一个结构,则必须逐级找到最低级的成员才能使用。例如:

```
s1.birthday.month  即 s1 的生日成员的月份
```

成员变量可以在程序中单独使用,与普通变量完全相同。

4) 结构变量的赋值

结构变量的赋值就是给各成员赋值,可用输入语句或赋值语句完成。具有相同类型的结构变量之间也可相互赋值。

5) 结构变量的初始化

可以在定义结构体变量时对其进行初始化赋值,像其他类型的变量一样。对结构体变量的初始化赋值,其实就是对其各个分量进行初始化赋值操作。

案例 09-01-01 结构体类型

案例代码 09-01-01.c

```
#include<stdio.h>
struct stu{
    int num;
    char name[20];
    char sex;
    double score;
};
void p(struct stu t){
    printf("%d %s %c %lf\n",t.num,t.name,t.sex,t.score);
}
int main(){
    struct stu s1={1001,"XiaomiLi",'M',89.0},  //对结构变量初始化
```

```
            s2={1002,"XiaodiMa"},
            s3;
    s3.num=1003;                                //对结构变量成员赋值
    strcpy(s3.name,"XiaohaiLiu");               //对结构变量成员赋值
    scanf("%c%lf",&s3.sex,&s3.score);           //输入结构变量成员
    s2=s1;                                      //结构变量互相赋值
    p(s1);  p(s2);  p(s3);
    return 0;
}
```

执行程序,输入:

```
F 80
```

输出:

```
1001 XiaomiLi M 89.000000
1001 XiaomiLi M 89.000000
1003 XiaohaiLiu F 80.000000
```

程序分析:

在本例中,结构体类型的说明放在了主函数之外,是一个全局类型说明。这样,其他函数也可以使用这一类型。如果将结构体类型说明放在主函数内,在其他函数中就不能直接使用这一类型定义变量。

程序中,s1、s2 被进行初始化赋值。其中,对变量 s1 的全部分量进行初始化,对变量 s2 的部分分量进行初始化。

程序中用赋值语句给 s3.num 赋值,用 scanf()函数输入 s3.sext 和 s3.score 成员的值,然后把 s1 的值整体赋予 s2。最后调用函数分别输出每个结构变量的值。本例展示了结构变量的赋值、输入和输出的方法。

案例拓展 第一名

使用结构体类型,编程输入 2 个学生的姓名和高级语言、数据结构、算法分析三门课程的成绩,输出总分第一名学生的姓名(保证总分不相同)。

输入样例:

```
Madaha   80 90 100
Jibuzhu 95 85 98
```

输出样例:

```
Jibuzhu
```

2. 结构数组

结构数组的定义方法和结构变量相似,只说明它为数组类型即可。例如:

```
struct stu{
  int num;
  char name[20];
  char sex;
  float score;
}s[5];
```

定义的一个结构数组 s,共有 5 个元素：s[0]～s[4]。每个数组元素都具有 struct stu 的结构形式。对结构数组也可以作初始化赋值,例如：

```
struct stu{
  int num;
  char name[20];
  char sex;
  double score;
}s[5]={ {1001,"Yaolin Pan"   , 'M',  89},
        {1002,"Yuhang Gao"   , 'M',98.9},
        {1003,"Junyuan Gao"  , 'F',42.5},
        {1004,"Hongpeng Yang", 'F',  72},
        {1005,"Yuxuan Han"   , 'M',  35},
      };
```

可见,对结构数组的初始化赋值形式上类似于对二维数组的初始化赋值,每个内层大括号负责一个结构数组元素,内层大括号之间用逗号分隔。

案例 09-01-02 统计平均成绩和不及格人数

以下代码对结构数组中的数据,统计学生的平均成绩和不及格人数。编程,首先输入整数 N,然后输入 N 个学生的学号、姓名和成绩,最后输出总成绩、平均成绩和不及格人数。

案例代码 **09-01-02.c**

```
#include<stdio.h>
#define SIZE 100
struct stu{
    int num;
    char name[20];
    double score;
}s[SIZE+10];
int main(){
    int i,count=0,n;
    double average,sum=0;
    scanf("%d",&n);                  //输入数据个数
    for(i=0;i<n;i++)                 //输入 n 个数据到结构数组中
        scanf("%d %s %lf",&s[i].num,s[i].name,&s[i].score);

    for(i=0;i<n;i++){                //遍历数组,统计总成绩、不及格人数
      sum+=s[i].score;
```

```
        if(s[i].score<60) count++;
    }
    average=sum/5;
    printf("%.2lf %.2lf %d\n",sum,average,count);
    return 0;
}
```

执行程序，输出：

```
337.40 67.48 2
```

程序分析：

在本例程序中定义了一个外部结构数组 s。在 main()中用 for 语句首先遍历读入 n 个元素，然后遍历统计总成绩和不及格人数，循环遍历完毕后计算平均成绩，并输出全班总成绩、平均成绩及不及格人数。

案例拓展 简单通讯录

编程，首先输入整数 *N*，然后输入 *N* 个学生的姓名和电话号码，最后以表格形式输出。

```
#include<stdio.h>
#define NUM 100
struct student{
    char name[30];
    char phone[30];
};
int main(){
    struct student s[NUM];
    int i,n;
    scanf("%d",&n);                      //输入数据个数
    for(i=0;i<n;i++)                     //输入 n 个数据到结构数组中
        scanf("%s %s",s[i].name,s[i].phone);
    printf("+-------------------------------------------+\n");
    printf("| name                 | phone              |\n");
    for(i=0;i<n;i++){
        printf("+---------------------+---------------------+\n");
        printf("| %-20s | %-20s |\n",s[i].name,s[i].phone);
    }
    printf("+-------------------------------------------+\n");
    return 0;
}
```

执行程序，依次输入：

```
3
AAAAABBBBBCCCCCDDDDD        13000001234
Yulong                      13666667777
Gaoyuhang                   18601105886
```

输出：

```
+------------------------------------------+
| name                    | phone          |
+-------------------------+----------------+
| AAAAABBBBBCCCCCDDDDD    | 13000001234    |
+-------------------------+----------------+
| Yulong                  | 13666667777    |
+-------------------------+----------------+
| Gaoyuhang               | 18601105886    |
+------------------------------------------+
```

程序分析：

本程序中定义了一个结构 struct student，它有两个成员 name 和 phone，分别用来表示姓名和电话号码。在主函数中定义 s 为 struct student 类型的结构数组。在 for 语句中，遍历数组输入各元素中的两个成员值。然后在 for 语句中用 printf 语句在表格中输出各元素中的两个成员值，注意表格大小和各字符的位置。

3. 结构指针

当一个指针变量用来指向一个结构变量时，则称为结构指针变量。结构指针变量中的值是所指向的结构变量的首地址。通过结构指针即可访问该结构变量，这与数组指针和函数指针的情况是相同的。

结构指针变量定义的一般形式为：

```
struct 结构名 *结构指针变量名;
```

在前面的例子中已定义 stu 这个结构，如要说明一个指向 stu 的指针变量 pstu，可写为：

```
struct stu *pstu;
```

当然，也可在定义 stu 结构时同时说明 pstu。与前面讨论的各类指针变量相同，结构指针变量也必须先赋值，之后才能使用。

通过结构指针访问结构变量的一般形式为：

```
(*结构指针变量).成员名
```

或为：

```
结构指针变量->成员名
```

例如：

```
(*pstu).num
```

或者：

```
pstu->num
```

注意，(*pstu)两侧的括号不可少，因为成员符"."的优先级高于"*"。如去掉括号写作*pstu.num，则等效于*(pstu.num)，这样就不对了。下面通过例子介绍结构指针变量。

结构指针变量可以指向一个结构数组，这与普通数组的情况是一致的。

案例 09-01-03 结构体指针

案例代码 09-01-03.c

```
#include<stdio.h>
#define FORMAT "Number=%d Name=%s Sex=%c Score=%lf\n"
struct stu{
    int num;
    char name[20];
    char sex;
    float score;
}s1={102,"XinHao_Li",'M',78.5},*pstu;
int main(){
    pstu=&s1;
    printf(FORMAT,s1.num,s1.name,s1.sex,s1.score);
    printf(FORMAT,(*pstu).num,(*pstu).name,(*pstu).sex,(*pstu).score);
    printf(FORMAT,pstu->num,pstu->name,pstu->sex,pstu->score);
}
```

执行程序，输出：

```
Number=102 Name=XinHao_Li Sex=M Score=78.500000
Number=102 Name=XinHao_Li Sex=M Score=78.500000
Number=102 Name=XinHao_Li Sex=M Score=78.500000
```

程序分析：

本例程序首先定义一个结构 stu，之后定义 stu 类型结构变量 s1 并作初始化赋值，然后还定义一个指向 stu 类型结构的指针变量 pstu。在 main()函数中，pstu 被赋予 s1 的地址，因此 pstu 指向 s1，然后在 printf 语句内用 3 种形式输出 s1 的各个成员值。从运行结果可以看出：

```
结构变量.成员名
(*结构指针变量).成员名
结构指针变量->成员名
```

这 3 种用于表示结构成员的形式是完全等效的。

案例拓展 结构指针指向结构数组

用指针变量输出结构数组，请分析代码。

```
#include<stdio.h>
struct stu{
    int num;
    char name[20];
    char sex;
    double score;
}s[5]={     {101,"XiaoDi_Ma"      , 'M',  45},
            {102,"JuHao_Zhu"      , 'M',62.5},
            {103,"XinHao_Li"      , 'F',92.5},
            {104,"HongPeng_Yang" , 'F',  87},
            {105,"YuHang_Gao"     , 'M',  58}
        };
int main(){
    struct stu *ps;
    for(ps=s;ps<s+5;ps++)
      printf("%d %-20s %c %lf\n",ps->num,ps->name,ps->sex,ps->score);
    return 0;
}
```

执行程序,输出:

```
101 XiaoDi_Ma            M 45.000000
102 JuHao_Zhu            M 62.500000
103 XinHao_Li            F 92.500000
104 HongPeng_Yang        F 87.000000
105 YuHang_Gao           M 58.000000
```

程序分析:

程序中定义 stu 结构类型的外部数组 s 并作初始化赋值。在 main()函数内定义 ps 为指向 stu 类型的指针。在循环语句 for 的表达式 1 中,ps 被赋予 s 的首地址,然后循环 5 次,输出 s 数组中的各成员值。

4. 结构指针作函数参数

像其他类型指针一样,结构指针也可作函数参数。

案例 09-01-04 成绩统计

案例代码 09-01-04.c

```
//计算一组学生的平均成绩和不及格人数(用结构指针变量作函数参数编程)。
#include<stdio.h>
struct stu{
    int num;
    char name[20];
    char sex;
    double score;
```

```
}s[5]={      {101,"Li ping"    , 'M',  45},
             {102,"Zhang ping" , 'M',42.5},
             {103,"He fang"    , 'F',92.5},
             {104,"Cheng ling" , 'F',  87},
             {105,"Wang ming"  , 'M',  58}
       };
int main(){
    ave(s);
}
void ave(struct stu *ps){
    int c=0,i;
    double ave,s=0;
    for(i=0;i<5;i++,ps++){
      s+=ps->score;
      if(ps->score<60) c+=1;
    }
    ave=s/5;
    printf("%.2lf %.2lf %d",s,ave,c);
}
```

执行程序,输出:

```
325.00 65.0000 3
```

程序分析:

本程序中定义了函数 ave(),其形参为结构指针 ps。

案例拓展 成绩排名

定义结构体 struct stu,编写成绩排名函数:void sort(struct stu *ps,int n),对结构体数组按成绩排名。程序功能为:读入整数 N($N<100$),再读入 N 个学生的学号(整型)和成绩(实数),最后输出排名情况。

输入样例:	输出样例:
5	1 102 100.00
101 99	2 101 99.00
102 100	2 105 99.00
103 50	4 104 80.00
104 80	5 103 50.00
105 99	

9.2 链表

1. 链表的定义

链表是一种常见的、重要的数据结构,它是动态地进行内存存储分配的一种结构。

用数组存放数据时，必须事先定义固定的长度(即元素个数)，但是事先难以确定有多少个元素时，则必须把数组定义得足够大，以保证成功。显然，这会造成内存浪费，然而，链表则没有这种缺点，它可以根据需要动态开辟内存单元。图 9-1 表示最简单的一种带头结点的单向链表的结构。

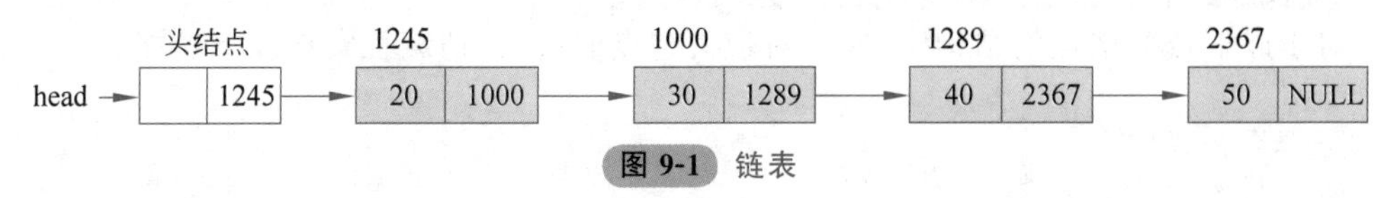

图 9-1 链表

链表中的每一个元素称为结点，每个结点都包含两部分信息：用户需要用的实际数据和下一个结点的地址。链表有一个头指针变量，图中以 head 表示，它存放一个地址，该地址指向头结点，头结点的指针域指向第一个元素、第一个元素的指针域又指向第二个元素……直到最后一个元素。最后一个元素称为尾结点，它的指针域部分值为 NULL。

由上面的链表可知，链表中的各个元素在内存中可以不是连续存放的，但是要找到某一元素，必须知道它的地址，这就需要从头指针(head)开始，扫描每一个结点，找到它的前一个元素，获得它的地址，才能对它进行访问。

链表结构必须利用指针变量才能实现，即一个结点中应包含一个指针变量，用它存放下一个结点的地址。例如，可以设计如下的结构体类型：

```
struct LNode{
    int data;                          //数据域
    struct LNode *next;                //指针域
};
```

其中，成员 data 用来存放结点中的有用数据(用户需要的数据)，相当于图 9-1 所示结点中的 20、30、40、50。next 是指针类型的成员，它指向 struct LNode 类型数据，即指向下一个结点。以下代码可以实现创建如图 9-1 所示的链表。

```
struct LNode *head,p,h;
head=(struct LNode *)malloc(sizeof(struct LNode));  //申请头结点
head->next=NULL;
p=head;                               //p 指向表尾结点(初始状态下指向头结点)
```

以上代码创建一个空链表。

```
new_node=(struct LNode *)malloc(sizeof(struct LNode));  //申请 1 个结点
new_node ->data=10; new_node->next=NULL;            //数据装载
p->next= new_node;                                  //链入新结点
p=p->next;                                          //p 指针移位，指向最后的结点
free(new_node);
```

重复以上 5 行代码可以链入下一个新结点。

2. 链表的创建、数据追加和遍历输出

下面介绍一系列链表操作,包括链表的创建、链表的输出、链表的追加等操作。

案例 09-02-01 链表操作——创建、追加和输出

对于以下数据结点的结构定义,针对带头结点的链表,请编程实现以下功能。

```
struct LNode{
    int data;                                   //数据域
    struct LNode * next;                        //指针域
};
struct LNode * head;                            //头指针
```

输入数据包含若干组命令和数据,其中一组数据中的第 1 个字符代表命令,接下来的是该命令需要的数据。

(1) 如果命令是 I,则功能为创建空链表,对应函数为 void List_Init(head)。

(2) 如果命令是 A,后跟一个整数 data,则功能为向链表尾部追加一个数据 data,对应函数为 void List_Append(head,data)。

(3) 如果命令是 C,后跟一个整数 N,再跟 N 个整数,则功能为向链表尾部追加 N 个数据,可通过调用 List_Append()函数实现。

(4) 如果命令是 P,则功能为遍历输出链表中的所有数据,数据间用一个空格分隔,对应函数为 void List_print(head)。如果链表未建立,则输出“List not defined!”;如果链表为空,则输出“List is empty!”。

案例代码 09-02-01.c

下面只给出主函数的代码,其他函数的代码请参考下文。

```
#include<stdio.h>
#include<stdlib.h>
struct LNode{
    int data;                               //数据域
    struct LNode * next;                    //指针域
};
struct LNode* List_Init();
void List_Append(struct LNode * head,int data);
void List_Creat(struct LNode * head,int size);
void List_Print(struct LNode * head);
int main(){
    struct LNode * head=NULL;
    char sel; int n,d;
    while(scanf(" %c",&sel)==1){
        switch(sel){
            case 'I':                       //创建一个空链表
                head=List_Init();
                break;
            case 'A':                       //在尾部插入一个数据
```

```
            scanf("%d",&d);
            List_Append(head,d);
            break;
        case 'C':                                   //在尾部追加n个数据
            scanf("%d",&n);
            while(n--){
                scanf("%d",&d);
                List_Append(head,d);
            }
            break;
        case 'P':                                   //遍历输出所有元素
            List_Print(head);
            break;
        }
    }
    return 0;
}
```

(1) 创建空链表。

首先设计函数 List_Init()创建一个带头结点的空链表。在函数中,申请一个头结点,并把它的地址返回。

```
struct LNode * List_Init(){                                       //初始化创建空链表
    //初始化头结点,创建空链表
    struct LNode * h;
    h=(struct LNode *)malloc(sizeof(struct LNode));               //申请头结点
    h->next=NULL;                                                 //指针域赋为空指针0
    return h;                                                     //返回头结点地址(指针)
}
```

(2) 追加数据。

向链表尾部追加一个新数据 d,可通过函数 List_Append(struct LNode *head,int d)实现。在函数中定义一个指针 p,并使它指向最后一个结点,然后申请一个新结点 new_node,再把这个新结点链接到 p 指向的结点(p->next=new_node)之后。

```
void List_Append(struct LNode *head,int d){
    struct LNode *p,*new_node;
    int i,n;
    p=head;
    while(p->next!=NULL){                                         //让p指向最后一个结点
        p=p->next;
    }
    new_node=(struct LNode *)malloc(sizeof(struct LNode));        //创建新结点
    new_node->data=d;                                             //装载数据
    new_node->next=NULL;                                          //指针域赋空
    p->next=new_node;                                             //新结点接入链表尾
```

```
    return;
}
```

(3) 遍历输出。

依次扫描每个结点,输出数据域的值。

```
void List_Print(struct LNode * head){
    struct LNode * p;
    if(head==NULL){                                 //链表未创建(头结点不存在)
        printf("List not defined!\n");
        return;
    }
    else if(head->next==NULL){                      //空链表(只有头结点)
        printf("List is empty!\n");
        return;
    }
    p=head->next;                                   //p指向第1个结点
    while(p!=NULL){                                 //遍历所有结点
      printf("%d",p->data);                         //输出当前结点数据
      p=p->next;                                    //指针后移
      if(p!=NULL) printf(" ");                      //若不是最后结点,则输出空格
    }
    printf("\n");                                   //遍历输出后回车
    return;
}
```

案例 09-02-02 链表操作——插入、查找和删除

在案例 09-02-01 的基础上增加如下功能:

(1) 如果命令是 N,后跟一个整数 n 和 d,则功能为向链表的第 n 个位置插入数据 d,可通过调用 List_Insert(head,n,d)函数实现。

(2) 如果命令是 F,后跟一个整数 d,则功能为在链表中查找数据 d,返回其位序,若找不到,就返回−1。可通过调用 List_Find(head,d)函数实现。

(3) 如果命令是 D,后跟一个整数 n,则功能为删除链表第 n 个位置的数据,可通过调用 List_Delete(head,n)函数实现。

案例代码 **09-02-02.c**

下面只给出主函数中 switch 语句中需要添加的部分代码,其他函数的代码请参考下文。

```
case 'N':                                           //在第n个位置插入一个新数据d
   scanf("%d%d",&n,&d);
   List_Insert(head,n,d);
   break;
case 'F':                                           //查找数据d
   scanf("%d",&d);
   int index=List_Find(head,d);
```

```
    if(index!=-1)
        printf("index:%d\n",index);
    else
        printf("Not Found!\n");
    break;
case 'D':                                          //删除第 n 个结点
    scanf("%d",&n);
    List_Delete(head,n);
    break;
```

(4) 插入数据。

下面的函数 List_Insert(struct LNode *head,int i,int d)实现向链表 head 中的第 i 个位置插入数据 d。

在函数中首先生成新结点 new_head,然后让指针 p 指向插入位置的前一个结点,最后将新结点插入相应位置(new_node－>next＝p－>next;p－>next＝new_node;)。

```
void List_Insert(struct LNode * head,int i,int d){
    struct LNode * p, * new_node;
    int k;
    new_node=(struct LNode * )malloc(sizeof(struct LNode));  //生成新结点
    new_node->data=d;
    new_node->next=NULL;
    p=head;                                       //使 p 指向插入位置的前一个结点
    for(k=2;k<=i&&p->next;k++) p=p->next;
    new_node->next=p->next;                       //插入结点到 p 所指结点之后
    p->next=new_node;
    return;
}
```

(5) 查找数据。

函数 List_Find(struct LNode *head,int n)实现在链表 head 中查找数据 n,返回 n 在链表中的位序(从 1 开始),若没找到,则返回－1。

```
int List_Find(struct LNode * head,int n){
    int i=0;
    struct LNode * p;
    p=head->next;
    while(p){                                     //遍历所有结点
      i++;                                        //记录结点位序
      if(p->data==n) return i;                    //若找到,则返回 i
      p=p->next;
    }
    return -1;                                    //若未找到,则返回-1
}
```

(6) 删除数据。

List_Delete(struct LNode ＊head,int n)函数的功能是删除链表 head 中第 n 个位置的数据。首先让指针 p 指向被删除结点的前一个结点,若下一个结点存在,就从链表中删除(p－＞next＝p－＞next－＞next)。注意指针 q 的作用,以及 q 的释放。

```
void List_Delete(struct LNode * head,int n){
    struct LNode *p, *q;
    int k;
    p=head;                                          //使 p 指向被删除结点的前一个结点
    for(k=2;k<=n&&p->next;k++) p=p->next;
    if(p->next){                                     //若 p 指向结点的下一个结点存在
      q=p->next;                                     //q 指向被删除的结点
      p->next=p->next->next;                         //把被删除结点从链表中删除
      free(q);                                       //释放 q
    }
    return;
}
```

案例拓展 链表操作训练

请在以上案例的基础上为链表操作增加新的功能。

9.3 枚举和共用体

1. 枚举类型

在程序中可能需要为某些整数定义一个别名,这时可以利用预处理指令＃define 完成这项工作。例如,用以下形式定义星期数据常量。

```
#define MON   1
#define TUE   2
#define WED   3
#define THU   4
#define FRI   5
#define SAT   6
#define SUN   7
```

在 C 语言中可以定义一种新的构造数据类型,它能完成同样的工作,这种新的数据类型叫枚举型。

1) 定义枚举类型

以下代码定义了这种新的数据类型——枚举型。

```
enum DAY{
    MON=1, TUE, WED, THU, FRI, SAT, SUN
};
```

(1) enum 是定义枚举类型数据的关键词,枚举型是一个集合。集合中的元素(枚举成员)是一些标识符,其值为整型常量,定义时元素之间用逗号隔开,类型定义以分号结束。

(2) DAY 是一个用户定义标识符,可以看成这个枚举集合的名字。

(3) 第一个枚举成员的默认值为整型的 0,后续枚举成员的值在前一个成员上加 1。

(4) 可以人为设定枚举成员的值,从而自定义某个范围内的整数。

(5) 枚举型数据可以看作预处理指令 # define 的替代。

2) 定义枚举变量

与结构体类似,枚举类型变量可以这样定义:

```
enum DAY{
    MON=1, TUE, WED, THU, FRI, SAT, SUN
};
enum DAY day1,day2,today;
```

枚举变量和其他变量一样可以参与各种运算,请分析以下两个案例代码。

案例 09-03-01 认识枚举类型

案例代码 09-03-01.c

```
#include<stdio.h>
enum DAY{ MON=1, TUE, WED, THU, FRI, SAT, SUN };
int main(){
    enum DAY yesterday=MON, today, tomorrow;
    today = TUE;
    tomorrow = today+1;
    printf("%d %d %d \n", yesterday, today, tomorrow);
}
```

执行程序,输出:

```
1 2 3
```

程序分析:

枚举元素实际上是整型常量,枚举变量在定义时可以赋初值,实际得到的是整型值,在程序中可以参与运算。

不建议直接将整型常量或表达式的值赋给枚举变量,应该先进行类型转换。因此,本例程序中的语句 tomorrow = today+1;最好改成 tomorrow=(enum DAY)(today+1);。

案例 09-03-02 枚举类型的应用

案例代码 09-03-02.c

```
#include<stdio.h>
typedef enum{
    MON=1, TUE, WED, THU, FRI, SAT, SUN
}WEEK_DAY;
```

```
int main(){
    int i;
    WEEK_DAY day,date[32];
    day=FRI;                                  //2021年10月1日是星期五
    for(i=1;i<=31;i++){
        date[i]=day;
        day++;
        if(day>7)day=1;
    }
    for(i=1;i<=31;i++){
        printf("\n2021年10月%2d日:",i);
        switch(date[i]){
            case MON: printf("星期一"); break;
            case TUE: printf("星期二"); break;
            case WED: printf("星期三"); break;
            case THU: printf("星期四"); break;
            case FRI: printf("星期五"); break;
            case SAT: printf("星期六"); break;
            case SUN: printf("星期日"); break;
        }
    }
}
```

执行程序,输出:

```
2021年10月01日:星期六
2021年10月02日:星期日
2021年10月03日:星期一
……
2021年10月29日:星期六
2021年10月30日:星期日
2021年10月31日:星期一
```

程序分析:

请注意,本程序中枚举常量MON的值为1,以后依次加1。

本例程序输出2021年10月的每一天分别是星期几。

2. 共用体

实际问题中有很多这样的例子,如在某学校的某个调查表中有“单位”这一项,对于教师来说应该填写某系某教研室(字符串),而对于学生来说应该填写班级编号(整数)。这就要求把这两种类型不同的数据都填入“单位”这个变量中。如何处理这一问题呢?C语言提供的一个新的数据类型——共用体,可以解决这一问题。

共用体也称为联合,与结构体有一些相似之处。但它们两者有本质上的不同。在结构中,各成员有各自的内存空间,一个结构变量的总长度是各成员长度之和。而在共用体中,各成员共享一段内存空间,一个共用体变量的长度等于各成员中最长的长度。应该说明的是，这里所谓的共享不是指把多个成员同时装入一个共用体变量内，而是指该共用体变量可被赋予任一成员值，但每次只能赋一种值，赋入新值则冲去旧值。如前面介绍的“单位”变量，如定义为一个可装入“班级”或“教研室”的联合后，就允许赋予整型值（班级）或字符串（教研室）。要么赋予整型值，要么赋予字符串，不能把两者同时赋予它。

1）共用体类型的定义

一个共用体类型必须经过定义之后，才能把变量说明为该共用体类型。

定义一个共用体类型的一般形式为：

```
union 共用体名 {
  成员表
};
```

成员表中含有若干成员，成员的一般形式为：

```
类型说明符 成员名;
```

成员名的命名应符合标识符的规定。

例如：

```
union perdata{
  int class;
  char office[10];
};
```

定义了一个名为perdata的共用体类型，它含有两个成员：一个为整型，成员名为class；另一个为字符数组，数组名为office。定义共用体之后，即可进行共用体变量说明。被说明为perdata类型的变量，可以存放整型量class或字符数组office。

2）共用体变量的定义

共用体变量的定义和结构变量的定义类似：

```
union perdata{
  int class;
  char officae[10];
};
union perdata a,b;                    /* 说明 a、b 为 perdata 类型 */
```

a、b变量均为perdata类型。a、b变量的长度应等于perdata成员中最长的长度，即等于office数组的长度，共10字节。a、b变量如赋予整型值时，只使用4字节，而赋予字符数组时，可用10字节。

对共用体变量赋值，都是对变量的成员进行。共用体变量的成员可表示为：

```
共用体变量名.成员名
```

例如，a被说明为perdata类型的变量之后，可使用a.class及a.office。不允许只用共用体变量名作赋值或其他操作，也不允许对共用体变量作初始化赋值，赋值只能在程序中进行。还要再强调说明的是，一个共用体变量，每次只能赋予一个成员值。换句话说，一个共用体变量的值就是共用体变员的某一个成员值。

案例 09-03-03 共用体应用

案例代码 09-03-03.c

设有一个教师与学生通用的表格，教师数据有姓名、年龄、职务、教研室 4 项。学生有姓名、年龄、职务、班级 4 项。编程输入人员数据，再以表格输出。请分析以下代码。

```
#include<stdio.h>
struct{
    char name[10];
    int age;
    char job;
    union{
      int class;
      char office[10];
    } depa;
}body[2];
int main(){
    int n,i;
    for(i=0;i<2;i++){
      printf("请输入姓名、年龄、职务(s/t)和部门:");
      scanf("%s %d %c",body[i].name,&body[i].age,&body[i].job);
      if(body[i].job=='s')
        scanf("%d",&body[i].depa.class);
      else
        scanf("%s",body[i].depa.office);
    }
    printf("姓名\t年龄\t职务\t班级/教研室\n");
    for(i=0;i<2;i++){
      if(body[i].job=='s')
        printf("%s\t%3d\t%3c\t%d\n",body[i].name,body[i].age,
                 body[i].job,body[i].depa.class);
      else
        printf("%s\t%3d\t%3c\t%s\n",body[i].name,body[i].age,
                 body[i].job,body[i].depa.office);
    }
    return 0;
}
```

执行程序，输入数据：

```
请输入姓名、年龄、职务(s/t)和部门:于延   40   t   媒体设计
请输入姓名、年龄、职务(s/t)和部门:马晓迪 20 s   201411
```

输出：

```
姓名    年龄   职务   班级/教研室
于延     40     t     媒体设计
马晓迪   20     s     201411
```

程序分析：

本例程序用一个结构数组 body 存放人员数据，该结构共有 4 个成员。其中，成员项 depa 是一个共用体类型，这个共用体又由两个成员组成：一个为整型量 class；一个为字符数组 office。在程序的第一个 for 语句中，输入人员的各项数据，先输入结构的前 3 个成员 name、age 和 job，然后判别 job 成员项，如为"s"，则对共用体 depa.class 输入（对学生赋班级编号），否则对 depa.office 输入（对教师赋教研组名）。

9.4 编译预处理

1. 编译预处理简介

编译预处理是指 C 程序在正式编译（词法扫描和语法分析）之前所做的工作。预处理操作是 C 语言的一个重要功能，它由预处理程序负责完成。

C 语言对一个源文件进行编译时，系统将自动引用预处理程序对源程序中的预处理指令作出相应的处理，处理完毕后自动对源程序进行编译。

2. 无参宏

在 C 语言源程序中允许用一个标识符表示一个字符串，这称为“宏”。被定义为“宏”的标识符称为“宏名”。在编译预处理时，程序中出现的所有“宏名”，都用宏定义中的字符串替换，这个过程称为“宏替换”或“宏展开”。

无参宏的宏名后不带参数，其定义的一般形式为：

```
#define  宏名标识符  宏体字符串
```

例如：

```
#define PI 3.14159265
#define PR printf
```

功能说明：

(1) 凡是以符号"#"开头的命令均为预处理命令。

(2) 宏名标识符是用户定义的宏名，应该遵循标识符的命名规则。宏名一般用全大写的标识符，以便和程序中的关键字、变量区分。

(3) 宏体字符串是宏名所要替换的一串字符。字符串不需要用双引号括起来，如果用双引号括起来，将连双引号一起替换。

(4) 宏体字符串可以是任意形式的、单行的连续字符序列,中间可以有空格和制表符 Tab。

前面章节中介绍的符号常量的定义实际上就是一种无参宏定义。

案例 09-04-01 无参宏

案例代码 09-04-01.c

```
#define PI 3.14159265
#define PR printf
int main(){
    double r=5.0;
    PR("\nL=%lf",2 * PI * r);
    PR("\nS=%lf",PI * r * r);
    PR("\nV=%lf",(4.0/3) * PI * r * r * r);
    return 0;
}
```

程序分析:

本例程序中定义了两个无参数的宏,在执行程序编译之前首先进行预处理,预处理程序会把程序中的所有 PI 替换成 3.14159265,把程序中的所有 PR 替换成 printf,然后再进行编译和执行。

可见,恰当地使用宏定义,会减少程序代码量,增强整个程序的可读性,便于修改关键数据和代码。

案例 09-04-02 嵌套的宏定义

案例代码 09-04-02.c

```
#define PI 3.14159265
#define PR printf
#define L 2 * PI * r
#define S PI * r * r
#define V (4.0/3.0) * PI * r * r * r
int main(){
    double r=5.0;
    PR("\nL=%f",L);
    PR("\nS=%f",S);
    PR("\nV=%f",V);
}
```

程序分析:

宏也可以嵌套定义,即用已定义的宏定义另外的宏,在展开宏时可以层层替换展开。

C 程序中用双引号括起来的字符串常量中的字符是字符串的内容。即使字符串常量中出现了与宏名相同的字符序列,也不进行替换。

3. 终止宏替换

宏定义是用宏名表示一个字符串,在宏展开时又以该字符串取代宏名,这只是一种简单的代换,字符串中可以包含任何字符,可以是常数,也可以是表达式,预处理程序对它不作任何检查。如有语法错误,只能在真正编译源程序(宏展开后)时发现。

宏定义必须写在函数之外,其作用域为从宏定义命令开始到源程序结束。如果要终止其作用域,可使用 # undef 命令,该命令的一般形式为:

```
#undef 宏名
```

习惯上,宏名用大写字母表示,以便与变量区别,但也允许用小写字母。

可用宏定义表示数据类型,例如:

```
#define LLONG long long int
#define STU struct stu
#define INTEGER int
```

4. 带参数的宏

C 语言允许宏带有参数。宏定义中的参数称为形式参数,宏调用中的参数称为实在参数。对于带参数的宏,在预处理程序中,不仅要进行宏名的展开,而且要用实参替换形参。

带参宏定义的一般形式为:

```
#define  宏名(形参表)    宏体
```

带参宏调用的一般形式为:

```
宏名(实参表)
```

例如:

```
#define M(y) y*y+3*y                /*宏定义*/
k=M(5);                             /*宏调用*/
```

在宏调用时,用实参 5 代替形参 y,经预处理宏展开后的语句为:

```
k=5*5+3*5
```

案例 09-04-03 带参宏的应用对比

案例代码 09-04-03-A.c

```
#define MAX(a,b)  a>b?a:b
int main(){
    int x,y,max;
    x=5;  y=8;
    max=MAX(x,y);
    printf("max=%d\n",max);
}
```

执行程序,输出:

```
max=8
```

程序分析:

上例程序的第一行进行带参宏定义,用宏 MAX(a,b)表示条件表达式(a>b)? a: b, MAX 为宏名,a、b 为形式参数。

max=MAX(x,y)为宏调用,实参是 x、y,将代换形参 a、b。宏展开后,该语句为 max=x>y? x: y; 用于取 x、y 中较大的数。

带参宏说明:

(1) 带参宏定义中,宏名和形参列表之间不能有空格。例如,把

```
#define MAX(a,b) a>b?a:b
```

写为:

```
#define MAX  (a,b)  a>b?a:b
```

将被认为是无参宏定义,宏名 MAX 代表字符串"(a,b) a>b? a: b"。宏展开时,宏调用语句: max=MAX(x,y);将变为 max=(a,b) a>b? a: b(x,y);这显然是错误的。

(2) 在带参宏定义中,形式参数不分配内存单元,因此不必作类型定义。而宏调用中的实参有具体的值。要用它们代换形参,必须作类型说明,这与函数中的情况不同。

在函数中,形参和实参是两个不同的量,它们各有自己的作用域,调用时要把实参值赋予形参,进行“值传递”。而在带参宏中,只是符号代换,不存在值传递的问题。

(3) 宏定义中的形参是标识符,而宏调用中的实参可以是表达式。

案例代码 **09-04-03-B.c**

```
#define SQUARE(y) y*y
int main(){
    int a,sq;
    a=5;
    sq=SQUARE(a+1);
    printf("SQUARE=%d",sq);
}
```

执行程序,输出:

```
SQUARE(5)=11
```

程序分析:

宏代换只作符号代换,而不作其他处理。本例宏代换后将得到以下语句: sq=a+1*a+1;故得到表达式的结果为 11。这显然与题意相违,解决办法是在宏体的参数两边加括号。

案例代码 **09-04-03-C.c**

```
#define SQUARE(y) (y) * (y)
int main(){
    int a,sq;
    a=5;
    sq=SQUARE(a+1);
    printf("SQUARE(%d)=%d",a,sq);
}
```

执行程序,输出:

```
SQUARE(5)=36
```

程序分析:

本例宏代换后将得到以下语句:sq=(a+1) * (a+1);故得到表达式的结果为 36。此例虽然得到了正确的结果,但仍然存在隐患(BUG)。

案例代码 **09-04-03-D.c**

```
#define SQUARE(y) (y) * (y)
int main(){
    int a,sq;
    a=5;
    sq=360/SQUARE(a+1);
    printf("sq=%d",sq);
}
```

执行程序,输出:

```
sq=360
```

程序分析:

本例宏替换表达式的原意似乎是 360 除以 a+1 的平方,结果应该是 10,而实际上宏代换后将得到以下语句:sq=360/(a+1) * (a+1);故得到的结果为 360。解决此问题的办法是给整个宏体加括号。

案例代码 **09-04-03-E.c**

```
#define SQUARE(y) ((y) * (y))
int main(){
    int a,sq;
    a=5;
    sq=360/SQUARE(a+1);
    printf("sq=%d",sq);
}
```

执行程序,输出:

```
sq=10
```

程序分析：

本例宏代换后将得到以下语句：sq＝360/((a＋1)＊(a＋1))；故得到的结果为10。以上程序说明，对于带参宏定义的宏体，不仅应在参数两侧加括号，也应在整个宏体外加括号，以保证宏定义的运算逻辑正确。

5. 带参的宏和带参函数的区别

带参的宏和带参函数虽很相似，但有本质上的不同，除上面谈到的各点外，把同一表达式用函数处理与用宏处理两者的结果有可能是不同的。

案例 09-04-04 带参宏和带参函数的对比

案例代码 **09-04-04.c**

```
#define SQUARE(y) ((y) * (y))
int square(int y){
    return((y) * (y));
}
int main(){
    int i;
    printf("\n调用函数结果:");
    i=1;
    while(i<=5)
      printf("%d ",square(i++));

    printf("\n使用带参宏结果:");
    i=1;
    while(i<=5)
      printf("%d ",SQUARE(i++));
}
```

执行程序，输出：

```
调用函数结果:1 4 9 16 25
使用带参宏结果:2 12 30
```

程序分析：

上例程序中，宏名为SQUARE，形参为y，宏体为((y)＊(y))，SQUARE(i＋＋)被代换为((i＋＋)＊(i＋＋))，此处与函数调用本质上是完全不同的。请读者分析此例程序的执行过程。

6. 文件包含

文件包含命令的一般形式为：

```
#include  "文件名"
```

或

```
#include  <文件名>
```

两种表示形式的区别在于：

使用尖括号表示在文件包含目录中查找(文件包含目录是由用户在设置编译器环境时设置的)，而不在源文件目录中查找。

使用双引号则表示首先在当前的源文件目录中查找，若未找到，才到包含目录中查找。

用户编程时可根据自己文件所在的目录选择某一种命令形式。

文件包含命令的功能是把指定的文件插入该命令行位置取代该命令行，从而把指定的文件和当前的源程序文件合并成一个源文件。

在程序设计中，文件包含是很有用的。一个大的程序可以分为多个模块，由多个程序员分别编程。有些公用的符号常量、宏定义或函数代码等可单独组成一个文件，在其他文件的开头用包含命令包含该文件即可使用。

有的公共文件可能被重复包含到一起，解决的办法是在可能被重复包含的文件最开始处加上 #pragma once 命令，用于解释本文件只能被包含一次，这样系统会忽略重复包含此文件的命令。

习题 9

一、单项选择题

1. 以下结构类型可用来构造链表的是________。

(A) struct aa{ int a; int * b;};

(B) struct bb{ int a; bb * b;};

(C) struct cc{ int * a; cc b;};

(D) struct dd{ int * a; aa b;};

2. 设有以下说明语句，则下面的叙述中不正确的是________。

```
struct ex{ int x;float y;char z;}example;
```

(A) struct 是关键字　　(B) example 是结构体类型

(C) x 是结构体成员名　　(D) struct ex 是结构体类型名

3. 以下程序的输出是________。

```
struct st{ int x;int * y;} * p;   int dt[4]={ 10,20,30,40 };
struct st aa[4]={ 50,&dt[0],60,&dt[1],70,&dt[2],80,&dt[3]};
int main( ){  p=aa+2;printf("%d",p->x+ * (p->y));  }
```

(A) 60　　(B) 80　　(C) 100　　(D) 120

4. 设有一个结构体变量，系统分配给该变量的内存大小是________。

(A) 至少是各成员所需要内存空间的总和(B) 第一个成员所占内存空间

(C) 成员中所占内存空间最大者　　　　(D) 成员中所占内存空间最小者

5. 在C语言中,若有如下定义,则共用体变量 m 所占内存的字节是________。

```
union  student { int  a ; char  b; double  c;} m ;
```

(A) 1　　　　(B) 2　　　　(C) 8　　　　(D) 11

二、填空题

1. 定义结构体的关键字是________,定义共用体的关键字是________。

2. 有如下定义:struct{ int x; char * y; }tab[2]={{1,"ab"},{3,"cd"}}, * p=tab; 表达式 p->x 的结果是________,表达式(++p)->x 的结果是________。

3. 假设 int 型数据占 4 字节,则 sizeof(a)的值是________,而 sizeof(b)的值是________。

```
struct tu{ int m; char n; int y; } a;
struct { float p, char q; struct tu r} b;
```

三、读程序写结果

1. 下面程序的运行结果为________。

```
struct stru{    int x;    char c;  };
int main( ){
    struct  stru  a={10, 'x'};  func(a);  printf("%d, %c\n", a.x, a.c);
}
func(struct stru b){  b.x=20;  b.c='y';  }
```

2. 下列程序的运行结果为________。

```
struct stru{     int x;     char c;     };
int main( ){
    struct  stru  a={10, 'x'},   *p=&a;
    func(p);
    printf("%d, %c\n", a.x, a.c);
}
func(struct  stru  *b){  b->x=20;  b->c='y';  }
```

四、编程题

1. 有 13 个人围成一圈,从第 1 个人开始顺序数数,数到 3 的人退出圈子,直到剩下最后一个人。用链表编程,实现输出最后剩下人原来的序号。

2. 编写函数,实现将一个链表按逆序重新排列到另一个链表中。

3. 定义 5 个元素的 struct STUDENT 数组 a[5],编写函数(结构体数组名作为函数参数)实现如下功能:

(1) 从键盘输入 5 个学生的姓名、年龄、语文成绩、数学成绩,并保存到数组中。

(2) 计算这 5 个学生的平均分并保存到相应的结构体成员 average 中。

(3) 按照总分降序排序。

(4) 输出这 5 个学生排序后的列表。

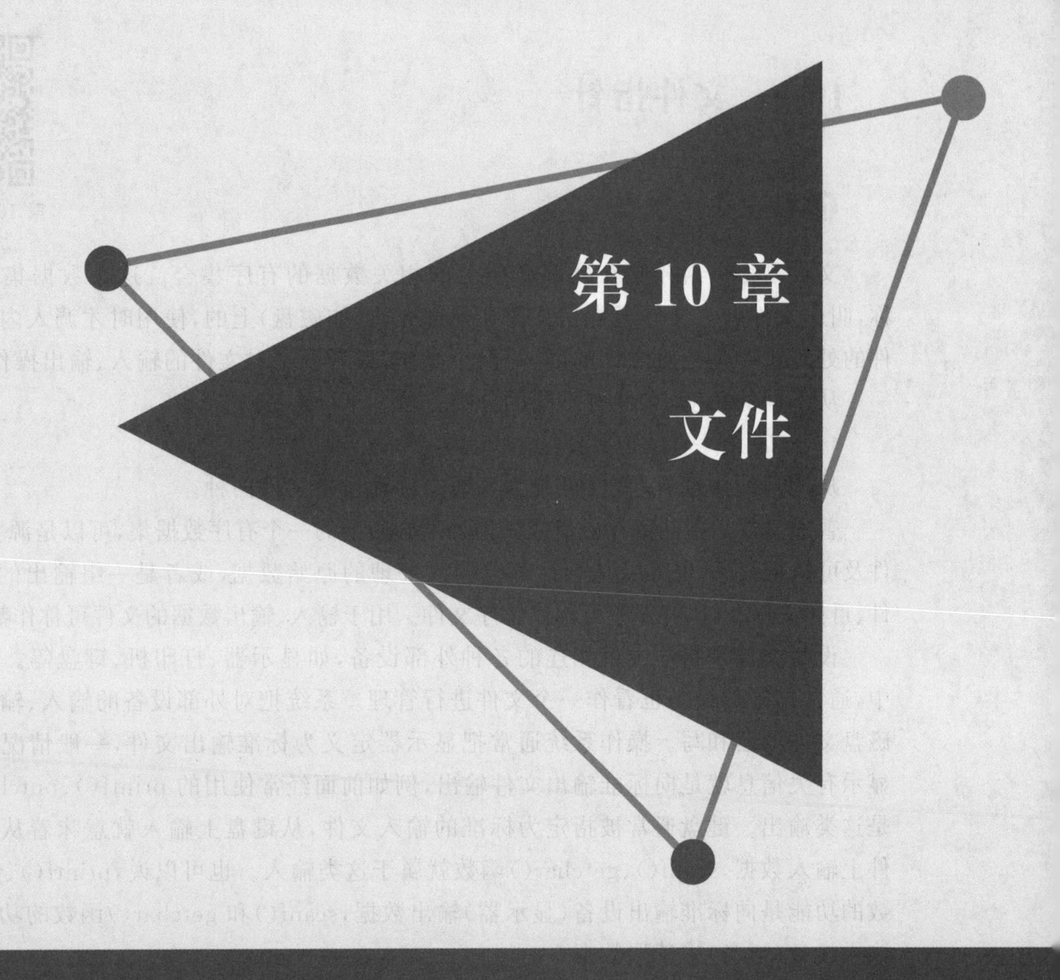

文件是程序设计语言中的重要内容，是计算机永久存储信息的方式。C 语言中，文件的各种操作都是通过系统函数完成的。本章主要介绍文件的打开、关闭，数据读写等函数的使用方法。

本章学习目标

(1) 了解文件的概念。

(2) 掌握文件的打开、关闭等基本操作。

(3) 掌握文本文件和二进制文件的读写方法。

10.1 文件指针

第 10 章案例代码

1. 认识文件

文件是指一组存储在外部介质上的相关数据的有序集合。这个数据集合有一个名称,叫作文件名。文件通常是驻留在外部介质(如磁盘)上的,使用时才调入内存中。对文件的处理主要是指对文件的读、写两个操作,或者说是对文件的输入、输出操作。

从不同的角度,文件有不同的分类方法。

1) 普通文件与设备文件

从用户的角度看,文件可分为普通文件和设备文件两种。

普通文件是指驻留在磁盘或其他外部介质上的一个有序数据集,可以是源文件、目标文件及可执行程序,也可以是一组等待输入处理的原始数据,或者是一组输出的结果。源文件、目标文件、可执行程序可称作程序文件。用于输入、输出数据的文件可称作数据文件。

设备文件是指与主机相连的各种外部设备,如显示器、打印机、键盘等。在操作系统中,通常把外部设备也看作一个文件进行管理。系统把对外部设备的输入、输出等同于对磁盘文件的读和写。操作系统通常把显示器定义为标准输出文件,一般情况下在屏幕上显示有关信息就是向标准输出文件输出,例如前面经常使用的 printf()、putchar()函数就是这类输出。键盘通常被指定为标准的输入文件,从键盘上输入就意味着从标准输入文件上输入数据,scanf()、getchar()函数就属于这类输入。也可以说,printf()、putchar()函数的功能是向标准输出设备(显示器)输出数据,scanf()和 getchar()函数的功能是从标准输入设备(键盘)中读取数据。

2) ASCII 码文件与二进制文件

从文件编码的方式看,文件可分为 ASCII 码文件和二进制文件两种。

ASCII 码文件就是只含有 ASCII 字符编码的字符文件。文本文件通常都是 ASCII 文件,这种文件在磁盘中存放时每个字符对应 1 字节,用于存放对应的 ASCII 码。例如,字符串“CHINA”的存储形式为:

ASCII 码:	01000011	01001000	01001001	01001110	01000001	00000000
	↓	↓	↓	↓	↓	↓
代表字符:	C	H	I	N	A	\0

共占 6 字节。ASCII 码文件可在屏幕上按字符显示。例如,C 语言源程序文件就是 ASCII 文件,在命令行可以使用 TYPE 命令显示文件的内容。

二进制文件是按二进制的编码方式存放文件的。例如,整数 5678 的存储形式为:00000000 00000000 00010110 00101110,占 4 字节。二进制文件虽然也可在屏幕上显示,但其内容不易读懂。

C 语言的编译系统在处理这些文件时,并不区分具体的文件类型,把文件内容都看成字符流,按字节进行处理。输入字符流与输出字符流的开始和结束只由程序控制,而不受物理符号(如回车符)的控制,因此也把这种文件称作“流式文件”。

2. 文件指针

文件指针是文件系统中的一个重要概念。在C语言中用一个指针变量指向一个文件,这个指针称为文件指针。通过文件指针就可对它所指向的文件进行各种操作。

由于关于文件指针及文件操作函数的定义被放在头文件 stdio.h 中,所以在使用文件指针及文件操作函数的程序开头应该包含下面的预处理命令。

```
#include <stdio.h>
```

定义文件指针的一般形式是:

```
FILE * 文件指针;
```

例如:

```
FILE * fp;     FILE * fp1, * fp2;
```

功能说明:

(1) FILE 应为大写,它实际上是由系统定义的一个结构,该结构中含有文件名、文件状态和文件的当前位置等信息,由系统定义。通常,头文件 stdio.h 中有以下的 FILE 类型的定义:

```
typedef struct{
    short level;                    //文件缓冲区占用程度
    unsigned flags;                 //文件状态标志
    char fd;                        //文件描述符
    unsigned char hold;             //若缓冲区为空,则不予读取
    short bsize;                    //缓冲区大小
    unsigned char * buffer;         //缓冲区位置
    unsigned char * curp;           //文件内部指针的当前位置
    unsigned istemp;                //临时文件指示器
    short token;                    //有效性检查标志
}FILE;
```

对于每一个要操作的文件,都必须定义一个指向该文件的指针。只有通过文件指针才能对其所代表的文件进行操作。文件结构体是由系统定义的,读者在编写源程序时不必关心 FILE 结构的细节。

(2) 文件在进行读写操作之前要先打开,使用完后要关闭。

3. 文件的打开和关闭

1) 文件的打开

fopen()函数用来打开一个文件,其定义形式如下:

```
FILE fopen(char * filename,char * mode)
```

调用 fopen()函数的一般形式为：

```
fp=fopen("文件名","打开文件方式")
```

功能说明：

(1) fp 是已经被说明为 FILE 类型的指针变量。文件名是指被打开文件的名称。文件名应该是字符串常量、字符串数组或字符指针。打开文件方式是指文件的打开类型(操作要求)。例如：

```
FILE * fp;      fp= fopen("c:\\file.dat","r");
```

其意义是：打开 C 盘根目录下的文件 file.dat,"r"的含义是以只读方式打开文件,并使文件指针 fp 指向该文件。两个反斜线"\\"中的第一个表示转义字符。又如：

```
FILE * fp;       fp= fopen("c:\\dat\\demo","rb")
```

其意义是：打开 C 盘根目录下的文件夹 dat 下的文件 demo,"rb"的含义是按二进制方式进行只读操作。两个反斜线"\\"中的第一个表示转义字符。

(2) 打开文件的方式共有 12 种,表 10-1 给出了它们的符号和意义。

表 10-1 文件的打开方式及意义

打开方式	意义
"rt"	只读打开一个文本文件,只允许读数据
"wt"	只写打开或建立一个文本文件,只允许写数据
"at"	追加打开一个文本文件,并在文件末尾写数据
"rb"	只读打开一个二进制文件,只允许读数据
"wb"	只写打开或建立一个二进制文件,只允许写数据
"ab"	追加打开一个二进制文件,并在文件末尾写数据
"rt+"	读写打开一个文本文件,允许读和写
"wt+"	读写打开或建立一个文本文件,允许读和写
"at+"	读写打开一个文本文件,允许读,或在文件末追加数据
"rb+"	读写打开一个二进制文件,允许读和写
"wb+"	读写打开或建立一个二进制文件,允许读和写
"ab+"	读写打开一个二进制文件,允许读,或在文件末追加数据

对于文件使用方式,有以下几点说明：

① 文件使用方式由 r、w、a、t、b、+ 6 个字符拼成,各字符的含义分别是：

r(read)：只读方式。

w(write)：只写方式。

a(append)：追加方式。

t(text)：文本文件，可省略不写。

b(banary)：二进制文件。

+：读写方式。

② 凡用"r"打开一个文件时，该文件必须已经存在，且只能从该文件读出数据。

③ 凡用"w"打开的文件，只能向该文件写入。若打开的文件不存在，则以指定的文件名建立一个新文件；若打开的文件已经存在，则将该文件删去，重新创建一个文件。

④ 若要向一个已存在的文件追加新的信息，只能用"a"方式打开文件，但此时该文件必须是已经存在的，否则将会出错。

⑤ 在打开一个文件时，如果操作成功，fopen()将返回该文件的首地址；如果操作失败(出错)，fopen()将返回一个空指针值 NULL。在程序中可以用这一信息判别是否完成打开文件的工作，并作相应的处理，因此常用以下程序段打开文件：

```
if((fp=fopen("c:\\file.dat","rb"))==NULL){
    printf("\nError on open c:\\file.dat file!");
    getch();
    exit(1);
}
```

或者写成：

```
fp=fopen("c:\\file.dat","rb");
if(fp==NULL){
    printf("\nError on open c:\\file.dat file!");
    getch();
    exit(1);
}
```

这段程序的意义是：如果返回的指针为空，则表示不能打开指定的文件，这时输出提示信息"Error on open c:\file.dat file!"，然后系统等待用户按键盘上的任一键时，程序才继续执行，因此用户可利用这个等待时间阅读出错提示(在这里起到暂停的作用)。按键后执行 exit(1)退出程序。

函数 exit()的功能是关闭所有文件并终止程序的运行，通常用 exit(1)表示程序因有错而终止，也可以使用 exit(0)表示程序正常终止。

标准输入文件(键盘)、标准输出文件(显示器)，以及标准出错输出(出错信息)都是系统默认的设备文件，在这几个设备文件中输入输出数据时，不需要使用 fopen()函数打开，因为这些文件是由系统自动打开的，可直接使用。

文件操作完成后，应及时使用 fclose()函数关闭文件，以避免发生文件数据丢失等错误。

2）文件的关闭

fclose()函数用来关闭一个文件，其定义的一般形式是：

```
int fclose(FILE * fp)
```

调用 fclose()函数的一般形式是：

```
fclose(fp)
```

功能说明：

(1) fp 是通过 fopen()函数赋值的指针变量。

(2) 正常完成关闭文件操作时，fclose()函数的返回值为 0。如果返回非零值，则表示有错误发生。

一般地，文件的打开与关闭操作的顺序如下所示：

```
#include<stdio.h>
FILE * fp;
if((fp=fopen("c:\\file.dat","rb"))==NULL){
  printf("Error on open c:\\file.dat file!");
  exit(1);
}
… …
fclose(fp);
… …
```

案例 10-01-01 文件的打开与关闭

案例代码 10-01-01.c

```
#include<stdio.h>
int main(){
    FILE * fp;
    fp=fopen("c:\\file.txt","r");
    if(fp==NULL){
      printf("error on open c:\\file.txt file!");
      exit(1);
    }
    else{
      printf("open c:\\file.txt success!");
    }
    fclose(fp);
    return 0;
}
```

执行程序，输出：

```
error on open c:\file.txt file!
```

请在计算机C盘根目录创建一个文本文件file.txt,然后再次执行此程序,输出:

```
open c:\file.txt success!
```

案例拓展 打开文件

编程从键盘输入一个文件名,输出该文件是否能成功打开。

4. 标准设备文件

C语言定义了3种标准输入输出设备,使用它们时不必事先打开对应的设备文件,因为在系统启动后已自动打开这3个设备文件,并且为它们各自设置了一个文件型指针。标准设备文件见表10-2。

表10-2 标准设备文件

标准设备名称	对应的文件型指针名称
标准输入设备(键盘)	stdin
标准输出设备(显示器)	stdout
标准错误输出设备(显示器)	stderr

在程序中可以直接使用这些文件型指针处理上述3种标准设备文件。

3种标准输入输出设备文件使用后,也不必关闭。因为在结束程序时,系统将自动关闭这3个设备文件。

10.2 文本文件的读和写

1. 读写字符函数

1)写字符函数fputc( )

```
int fputc(char ch,FILE * fp)
```

将字符ch写到fp所指向文件的当前位置。如果写入成功,则返回值为刚刚写入的字符;如果写入失败,则该函数的返回值为EOF(一个由系统定义的符号常量,值为-1)。每写入一个字符,文件内部位置指针向后移动一字节,指向下一个将写入的位置。

2)读字符函数fgetc( )

```
int fgetc(FILE * fp)
```

从文件fp的当前位置读取1个字符,返回值为刚刚读出的字符,并且文件内部位置指针自动向后移动一个位置;如果读取不成功(文件结束或出错),则该函数的返回值为EOF(-1)。

3）文件读写位置标记

文件内部有一个位置指针（文件读写位置标记），在文件打开时，该指针总是指向文件的开始。使用 fgetc()函数后，该位置指针将自动向后移动一字节，因此可以连续多次使用 fgetc()函数读取多个字符。

4）EOF

EOF(End Of File)，表示文件结束符，是 stdio.h 中定义的一个宏，值为－1。在程序中，我们通过判断读出的字符是否为 EOF（文件结束符）来识别是否读取完毕。

案例 10-02-01 读写文本文件

案例代码 10-02-01.c

```
#include<stdio.h>
int main(){
    FILE * fp1, * fp2;                              //定义文件指针
    char c,fname[]="C:\\10-02-01.TXT";
    if((fp1=fopen(fname,"w"))==NULL){               //打开文件
      printf("file can not open!\n");
      exit(0);
    }
    for(c='A';c<='Z';c++)                           //将字符写入文件
      fputc(c,fp1);
    fclose(fp1);                                    //关闭文件

    if((fp2=fopen(fname,"r"))==NULL){               //打开文件
      printf("file can not open!\n");
      exit(0);
    }
    while((c=fgetc(fp2))!=EOF){                     //读取字符
      printf("%c",c);                               //输出
    };
    fclose(fp2);                                    //关闭文件
    return 0;
}
```

在 C 盘根目录找到文件 10-02-01.TXT，打开它会发现这个文件的内容正是 ABCDEFGHIJKLMNOPQRSTUVWXYZ。利用这个程序创建一个文本文件（ASCII 码文件），首先写入内容，然后又读取出来并输出。

案例拓展 写一封信

请给远方的亲人写一封信，从键盘输入信的内容（多行字符，以文件结束标志 EOF 结束，字符 EOF 从键盘输入时，在 Windows 操作系统中对应的功能键为 F6 或对应的组合键为 Ctrl＋Z，请按两次键以上），将输入的所有内容（包括回车）写入文本文件中。

案例 10-02-02 文件复制

也可以同时定义多个文件指针、同时打开多个文件、同时对多个文件进行读写操作。下面的程序把文件 C:\10-02-01.TXT 中的所有内容复制到目标文件 C:\10-02-02.TXT

中，复制时将所有的大写字母转换成小写字母，其他字符不变。

案例代码 10-02-02.c

```
#include<stdio.h>
int main(){
    FILE * fp1, * fp2;
    char c;
    fp1=fopen("C:\\10-02-01.TXT","r");
    fp2=fopen("C:\\10-02-02.TXT","w");
    if(fp1==NULL||fp2==NULL){
      printf("文件打开失败!");
      exit(1);
    }
    while((c=fgetc(fp1))!=EOF){
      if(c>='A'&&c<='Z')c+=32;
      fputc(c,fp2);
    }
    fclose(fp1);
    fclose(fp2);
    return 0;
}
```

程序执行结束，打开文件 C:\\10-02-02.TXT，内容为：

```
abcdefghijklmnopqrstuvwxyz
```

案例拓展 文件合并

编程将文件 C:\10-02-01.TXT 的内容和文件 C:\10-02-02.TXT 的内容首尾连接复制到 usr 文件 NEW.TXT 中。

2. 读写字符串

对于文本文件，除了能以一个字符为单位进行读写外，也能以字符串为单位进行读写。

1）写字符串函数 fputs()

```
int fputs(char * str,FILE * fp)
```

其功能是：将 str 所指向的字符串舍去结束标记'\0'后写到 fp 所指向的文件的当前位置。如果写入成功，则该函数的返回值为 0；如果写入失败，则该函数返回非 0 值。

2）读字符串函数 fgets()

```
char * fgets(char * str,int n,FILE * fp)
```

其功能是：从 fp 文件读出 n-1 个字符，在其后补充一个字符串结束标记'\0'，组成字符串并存入由字符指针 str 所指示的内存区。如果在读取前 n-1 个字符时遇到了回车符，则这次读取只读到回车符为止，并加上'\0'，回车符之后的字符将被留待下一次读取。如果在读取前 n-1 个字符时遇到了 EOF(文件尾)，则这次读取只读到 EOF 的前一个字符为止，并加上'\0'。如果读操作成功，则该函数的返回值为 str 对应的地址；如果读操作失败，则该函数的返回值为 NULL。

3）格式化读写

格式化读写函数 fscanf()和 fprintf()的读写对象是文件，其一般形式如下：

```
fscanf (文件指针,格式字符串,输入表列);
fprintf(文件指针,格式字符串,输出表列);
```

例如：

```
fscanf(fp,"%d%s",&i,s);
fprintf(fp,"%d%c",j,ch);
```

案例 10-02-03 格式化写文件

计算角度 0°～359°每一度的正弦值和余弦值，结果以每度一行存入文件 C:\10-02-03.TXT 中，每行包括 3 个数据：角度值、正弦值和余弦值，以空格分隔。

案例代码 **10-02-03.c**

```
#include<math.h>
#include<stdio.h>
#define PI 3.14159265
int main(){
    FILE * fp;
    int i;
    double r;
    if((fp=fopen("C:\\10-02-03.TXT","w"))==NULL){
      printf("file can not open!\n");
      exit(0);
    }
    for(i=0;i<360;i++){
      r=i * PI/180;
      fprintf(fp,"%5d  %10.6lf  %10.6lf\n",i,sin(r),cos(r));
    }
    fclose(fp);
    return 0;
}
```

执行程序后，文件 C:\10-02-03.TXT 的内容应为：

```
    0     0.000000    1.000000
    1     0.017452    0.999848
    2     0.034899    0.999391
  ...
  357    -0.052336    0.998630
```

```
358   -0.034900    0.999391
359   -0.017452    0.999848
```

案例拓展 格式化读文件

编程打开上例程序生成的文件 C:\10-02-03.TXT,输入一个角度值,通过查询文件内容输出对应的正弦值和余弦值。

3. 文件尾测试函数

文件尾就是文件最后一个字节的下一个位置。在连续读取文件中的数据时,有时需要判断文件内部指针是否到达文件尾。若到达文件尾,则不能再读取数据,否则读取不成功。系统提供的文件尾测试函数可以帮助用户判断文件内部指针是否到达文件尾。

文件尾测试函数 feof()的定义:

```
int feof(FILE * fp)
```

调用 feof()函数的一般形式是:

```
feof(fp)
```

功能说明:

(1) fp 为文件型指针,是之前通过 fopen()函数获得的,已指向某个打开的文件。

(2) 该函数的功能是测试 fp 所指向文件的内部指针是否指向文件尾。如果指向文件尾,则返回一个非 0 值(真),否则返回 0 值(假)。

通常在读文件中的数据时,要事先利用该函数做一下判断。如果不是文件尾,则读取数据;如果是文件尾,则不能读取数据。该函数常见的应用形式可以参看下列的程序段:

```
…                                /* 设已使文件型指针 fp 指向一个可读文件 */
while(!feof(fp)){                /* 若不是文件尾,则进入循环 */
…                                /* 读取一个数据并处理 */
}
```

案例 10-02-04 文件尾测试

案例代码 10-02-04.c

首先在 C 盘根目录创建一个文件 abc.txt,文件内容为:ABCD。

```
#include<stdio.h>
int main(){
    FILE * fp;
    fp=fopen("C:\\abc.txt","r");
    if(fp==NULL){
      printf("文件打开失败!");
      exit(0);
    }
    char c;
```

```
    while(!feof(fp)){
      c=fgetc(fp);
      printf("%c[%d] ",c,c);
    }
    fclose(fp);
    return 0;
}
```

执行程序,输出:

```
A[65] B[66] C[67] D[68] [-1]
```

程序输出表明,程序依次读取文件中的字符,当读取完文件结束符(EOF 值为 -1)后,到达文件尾。

案例拓展 文件尾训练

请修改文件 abc.txt 内容为: 12　34　567　890,然后编程读取文件中的整数,依次输出(使用 feof()函数)。

10.3　读写二进制文件

1. 数据块读写函数

读数据块函数调用的一般形式为:

```
fread(buffer,size,count,fp);
```

写数据块函数调用的一般形式为:

```
fwrite(buffer,size,count,fp);
```

buffer 是一个指针,在 fread()函数中,它表示存放输入数据的首地址。在 fwrite()函数中,它表示存放输出数据的首地址。size 表示数据块的大小(字节数)。count 表示要读写的数据块块数。fp 表示文件指针。

假设有定义 double d[5];那么语句 fread(d,sizeof(double),5,fp);的意义就是从 fp 所指的文件中读取连续的 sizeof(double) * 5 字节的数据(即 8 * 5 字节),并将其写到以 d 开始的内在地址中,从而填满整个数组;而语句 fwrite(d,sizeof(double),5,fp);的意义是将从内存地址 d 开始的连续 sizeof(double) * 5 字节的数据写到 fp 指向的文件中。

数据块读写函数通常用来操作二进制文件,从而实现大块数据的读写操作。

2. 二进制文件的读和写

二进制文件中存储的通常是数据的二进制编码,这样的文件直接通过记事本或 Dev-

C++ 等文本编辑器软件查看，通常看到的是乱码。二进制文件的读和写通常要通过 fread()函数和 fwrite()函数进行。

案例 10-03-01 写入二进制文件

编程计算角度 0°～359°每一度的正弦值和余弦值，结果以二进制数据形式存入文件 C:\10-03-01.data 中。

案例代码 **10-03-01.c**

```
#include<math.h>
#include<stdio.h>
#define PI 3.14159265
struct data{
    int r;
    double sin_r;
    double cos_r;
};
int main(){
    FILE * fp;
    int i,n,r;
    struct data d[360];
    for(i=0;i<360;i++){
      d[i].r=i;
      d[i].sin_r=sin(i * PI/180.0);
      d[i].cos_r=cos(i * PI/180.0);
    }
    if((fp=fopen("C:\\10-03-01.data","wb"))==NULL){
      printf("文件打开失败!\n");
      exit(0);
    }
    n=fwrite(d,sizeof(struct data),360,fp);
    printf("%d",n);
    fclose(fp);
}
```

执行程序，会生成文件 C:\10-03-01.DAT，用记事本等文本编辑软件打开它会看到乱码，因为其中存放的是二进制形式的数据。

案例拓展 从二进制文件中读数据

编程打开文件 C:\10-03-01.data，将其中的前 10 个数据读出到一个结构体数组中，并输出。

10.4 随机读写和状态检测

1. 文件的随机读写

前面介绍的对文件的读写方式都是顺序读写，即读写文件只能从头开始，顺序读写各个数据。但在实际问题中常要求只读写文件中某一指定的部分。为了解决这个问题,可事先随时移动文件内部的位置指针到需要读写的位置,再进行读写,这种读写方式称为随机读写。实现随机读写的关键是要按要求移动位置指针,这称为文件位置标记的定位。实现文件指针定位的函数主要有两个,即 rewind()函数和 fseek()函数。

1) rewind()函数

rewind()函数的一般形式为：rewind(文件指针);它的功能是把文件内部的位置标记移到文件首。

2) fseek()函数

```
fseek(FILE * fp,long offset,int from)
```

功能：将 fp 文件的内部数据位置指针移动到指定位置。offset 为位移量,表示移动的字节数,要求位移量是 long 型数据,当用常量表示位移量时,要求加后缀"L"。from 指"起始点",表示从何处开始计算位移量,规定的起始点有 3 种：文件首、当前位置和文件尾。其表示方法如表 10-3 所示。

表 10-3 文件内部指针定位的起始点常量

起 始 点	表 示 符 号	数 字 表 示
文件首	SEEK-SET	0
当前位置	SEEK-CUR	1
文件尾	SEEK-END	2

例如：fseek(fp,100L,0);

其意义是把位置指针移到离文件首 100 字节处。fseek()函数一般用于二进制文件。

案例 10-04-01 随机读取数据

编程打开 C:\13-03-01.data 文件,输入一个角度(整数),然后输出其正弦值和余弦值。

案例代码 **10-04-01.c**

```
#include<math.h>
#include<stdio.h>
#define PI 3.14159265
struct data{
    int r;
    double sin_r;
    double cos_r;
};
int main(){
    FILE * fp;
    int n;
    struct data d;
    if((fp=fopen("C:\\10-03-01.data","rb"))==NULL){
```

```
      printf("文件打开失败!\n");
      exit(0);
    }
    while(1){
      printf("请输入要查询的角度(0°~359°,输入负值结束):");
      scanf("%d",&n);
      if(n<0||n>360)break;
      fseek(fp,sizeof(struct data)*n,0);
      fread(&d,sizeof(struct data),1,fp);
      printf("sin(%d)=%lf,cos(%d)=%lf\n",d.r,d.sin_r,d.r,d.cos_r);
    }
    fclose(fp);
}
```

执行程序,输入输出数据如下:

```
请输入要查询的角度(0°~359°,输入负值结束):30
sin(30)=0.500000,cos(30)==0.866025
请输入要查询的角度(0°~359°,输入负值结束):60
sin(60)=0.866025,cos(60)==0.500000
请输入要查询的角度(0°~359°,输入负值结束):90
sin(90)=1.000000,cos(90)==0.000000
请输入要查询的角度(0°~359°,输入负值结束):-1
```

案例拓展 随机读写练习

编程打开文件 C:\13-03-01.data,在主函数中读入 5 个角度(整型),输出这 5 个角度的正弦值的和。

2. 状态检测

在使用各种文件读写函数对文件进行操作时,如果出现错误,则调用函数会返回一个值来反映。例如,fopen()函数的返回值如果为 NULL(值为 0),则说明出错。除此之外,还可以用出错检测函数 ferror()检查。

1) ftell()函数

调用的一般形式为:

```
long ftell(FILE * fp)
ftell()
```

ftell()函数的功能为:返回文件当前位置标记相对于文件首的偏移字节数。

2) ferror()函数

它的一般调用形式为:

```
ferror(FILE * fp)
```

功能:检查文件在用各种输入输出函数进行读写时是否出错。例如,若 ferror 的返回值为 0,则表示未出错,否则表示有错。

3）clearerr()函数

还可以使用清除错误标志函数clearerr()清除文件的错误状态。clearerr()函数的一般调用形式为：

```
clearerr(FILE * fp);
```

功能：本函数用于清除出错标志和文件结束标志，使它们的值为0。

案例 10-04-02 当前位置检测

案例代码 10-04-02.c

```
#include<stdio.h>
int main(){
    FILE * fp; int i,k,len; char c;
    fp=fopen("C:\\abc.txt","w");
    for(i=0;i<3;i++){
      k=ftell(fp);  c='A'+i;
      printf("在读写位置%d处写入\'%c\'\n",k,c);
      fputc(c,fp);
    }
    fclose(fp);
}
```

执行程序，输出：

```
在读写位置0处写入'A'
在读写位置1处写入'B'
在读写位置2处写入'C'
```

案例 10-04-03 计算文件的精确长度

案例代码 10-04-03.c

```
#include<stdio.h>
int main(){
    FILE * fp; int len;
    fp=fopen("C:\\abc.txt","w");
    fprintf(fp,"%s","Harbin Normal University");
    fseek(fp,0L,SEEK_END);
    len=ftell(fp);
    printf("此文件的长度为%d字节.",len);
    fclose(fp);
}
```

执行程序，输出：

```
此文件的长度为24字节.
```

案例 10-04-04 出错检测

案例代码 10-04-04.c

```
#include<stdio.h>
int main(){
    FILE * fp;
    char ch;
    fp=fopen("QWER.TYU","w");
    ch=fgetc(fp);
    printf("ferror:%d\n",ferror(fp));
    clearerr(fp);
    printf("ferror(after clearerr):%d",ferror(fp));
    fclose(fp);
    return 0;
}
```

执行程序，输出：

```
ferror:32
ferror(after clearerr):0
```

10.5 主函数的参数

1. 主函数也能接收参数

本书前面章节中介绍的 main()函数都是不带参数的，因此 main 后的括号都是空括号。实际上，main()函数可以接收参数，它的形式参数一般是固定的几个。

在 C 语言程序执行启动过程中，系统会传递给 main()函数参数，一共有 3 个参数：argc、argv 和 env。

接收参数的主函数的一般形式是：

```
int main(int argc, char * argv[], char * env[]){
  …
  return 0;
}
```

2. 主函数参数的含义

主函数各参数的含义如下：

argc：整数，为传给 main()的命令行参数个数。

* argv：字符串数组，其中：

对 DOC 3.0 以后的版本，argv[0]为运行程序的全路径名；

对 DOS 3.0 以前的版本，argv[0]为空串"";

argv[1] 为在命令行中程序文件名后的第一个字符串；

argv[2] 为执行程序名后的第二个字符串；

…

argv[argc]为 NULL。

* env ：字符串数组。env[i]的每个元素都是包含 ENVVAR=value 形式的字符串。其中，最后一个 env[i]的值为 NULL。

请注意：一旦想说明这些参数，必须按 argc、argv、env 的顺序，如下面的例子：

(1) int main()

(2) int main(int argc)

(3) int main(int argc, char * argv[])

(4) int main(int argc, char * argv[], char * env[])

其中，第二种情况是合法的，但不常见，因为在程序中很少有只用 argc，而不用 argv[]的情况。

下面提供一个例子程序，演示如何在 main()函数中使用 argc、argv 和 env 这 3 个参数。

案例代码 **10-05-01.c**

```
#include <stdio.h>
int main(int argc, char * argv[], char * env[]){
    int i;
    printf("主函数命令行参数共有 %d 个:\n", argc);
    for(i=0; i<=argc; i++)
      printf("  argv[%d]:%s\n", i, argv[i]);
    printf("系统环境参数:\n");
    for(i=0; env[i]!=NULL; i++)
      printf("  env[%d]:%s\n", i, env[i]);
    return 0;
}
```

在 Dev Cpp 中执行程序，输出：

主函数命令行参数共有 1 个：

```
argv[0]:F:\code\10\10-05\10-05-01.exe
argv[1]:(null)
```

系统环境参数：

```
env[0]:ALLUSERSPROFILE=C:\ProgramData
env[1]:ANDROID=F:\Android\sdk
env[2]:APPDATA=C:\Users\Administrator\AppData\Roaming
…
env[41]:_DFX_INSTALL_UNSIGNED_DRIVER=1
```

程序分析：

系统的默认程序名称本身是主函数的第 1 个参数，所以 argv[0]的值为运行程序的全路径名称，本例为"F:\code\10\10-05\10-05-01.exe"。

env 参数为系统环境参数值，从 env[0]开始，直到 env[i]的值为 NULL 结束，不同系统、不同机器、不同配置，输出结果不同。

3. 在 Dev Cpp 中为主函数传递参数

在 Dev Cpp 中执行 C 语言程序时，可以通过菜单命令为主函数传递参数，方法是：在 Dev Cpp 软件中执行“运行”下的“参数”菜单命令，在弹出的对话框中输入行参数，如图 10-1 所示。之后单击“确定”按钮，执行程序。

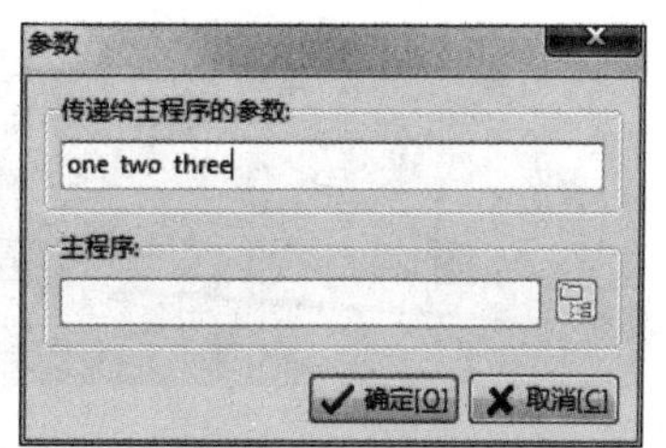

图 10-1 为主函数设置参数

案例代码 10-05-02.c

```
#include <stdio.h>
int main(int argc, char * argv[]){
    int i;
    printf("主函数命令行参数共有 %d 个:\n", argc);
    for(i=0; i<=argc; i++)
      printf("  argv[%d]:%s\n", i, argv[i]);
    return 0;
}
```

如图 10-1 所示，为此程序设置参数后，执行程序，输出如下：

主函数命令行参数共有 4 个：

```
argv[0]:F:\code\10\10-05-02.exe
argv[1]:one
argv[2]:two
argv[3]:three
argv[4]:(null)
```

4. 在命令行为程序传递参数

C 语言程序在编译连接成功后，会生成.exe 可执行文件，此文件可在命令行中以程序命令的形式执行，例如案例代码 10-05-02.c 程序编译后生成的 10-05-02.exe 文件。

在命令行提示符下执行程序的一般形式为：

```
C:\>可执行文件名 参数1  参数2  …
```

在 Windows 操作系统中打开命令行窗口，进入程序所在的目录 F:\code\13\13-09\，输入命令后按回车键执行，可以看到执行结果，例如：

输入命令：10-05-02，执行结果如下：

```
F:\code\10\10-05>10-05-02.EXE
主函数命令行参数共有 1 个:
  argv[0]:10-05-02.EXE
  argv[1]:(null)
```

输入命令：10-05-02.EXE ONE TWO THREE，执行结果如下：

```
F:\code\10\10-05>10-05-02.EXE ONE TOW THREE
主函数命令行参数共有 4 个:
  argv[0]:10-05-02.EXE
  argv[1]:ONE
  argv[2]:TOW
  argv[3]:THREE
  argv[4]:(null)
```

输入命令：10-05-02.EXE "ONE TWO" THREE，执行结果如下：

```
F:\code\10\10-05>10-05-02.EXE "ONE TOW" THREE
主函数命令行参数共有 3 个:
  argv[0]:10-05-02.EXE
  argv[1]:ONE TOW
  argv[2]:THREE
  argv[3]:(null)
```

程序分析：

在命令行为程序传递参数，空格被认为是参数分隔符，如果想传递带空格的参数，则应该将参数用双引号引起来。

5. 命令行参数程序举例

下面程序的功能是：通过命令行参数形式向主函数传递两个整数，输出它们的最大公约数。

案例代码 **10-05-03.c**

```
#include<stdlib.h>
#include<stdio.h>
int gcd(int a,int b){
    if(a%b==0) return b;
```

```
    else return gcd(b,a%b);
}
int main(int argc,char * argv[]){
    int m,n;
    m=atoi(argv[1]);
    n=atoi(argv[2]);
    printf("%d 和%d 的最大公约数为%d",m,n,gcd(m,n));
}
```

在命令行执行此程序，命令及输出结果如下：

```
F:\code\10\10-05\10-05-03.EXE    24  36
24 和 36 的最大公约数是 12
```

案例代码 **10-05-04.c**

```
#include<stdlib.h>
#include<stdio.h>
int fun(int op1,int op2,char op){
    switch(op){
        case '+': return op1+op2;
        case '-': return op1-op2;
        case '*': return op1 * op2;
        case '/': if(op2!=0) return op1/op2;
                  else{
                      printf("错误:除数为 0!");
                      exit(1);
                  }
        default : printf("错误:不识别的运算符!");
                  exit(1);
    }
}
int main(int argc,char * argv[]){
    int op1,op2,result;
    char op;
    op1=atoi(argv[1]);
    op = * argv[2];
    op2=atoi(argv[3]);
    result=fun(op1,op2,op);
    printf("%d%c%d=%d",op1,op,op2,result);
}
```

10.6 输入输出重定向

1. 输入输出重定向简介

操作系统默认的标准输入设备是键盘,标准输出设备是显示屏幕。然而,许多操作系统,包括 MS-DOS、Windows 和 UNIX,可以通过命令行参数对输入输出进行重定向操作。

2. 输出重定向

为了理解这个机制,首先考虑下面这个命令:

```
DIR
```

这个命令在屏幕上显示文件的目录列表(UNIX 中的对应命令是 ls)。现在执行下面这个命令:

```
DIR >temp.txt
```

可以发现,执行此命令屏幕没有输出,但当前目录下多了一个 temp.txt 文件,打开该文件会发现其内容为命令的输出。

命令行中的符号">" 导致操作系统把这个命令的输出重定向到 temp.txt 文件,原来在屏幕上输出的内容现在写入文件中。

案例代码 **10-06-01.c**

```
#include <stdio.h>
#include <stdlib.h>
int main(){
    int i;
    srand((unsigned long)time(NULL));
    for(i=1;i<=200;i++){
      printf("%d ",(rand()%9+1)*1000+rand()%1000);
      if(i%10==0)printf("\n");
    }
    printf("END.");
    return 0;
}
```

执行程序,在屏幕上会以每 10 个数据一行的格式随机输出 200 个 4 位整数,最后一行输出字符串"END."。现在,在命令行执行此程序。首先在命令行输入如下命令(下画线部分):

```
F:\CODE\10\10-06> 10-06-01.EXE  >  data1.txt
```

可以发现,当前目录下多了一个文本文件 data1.txt,其内容是以每行 10 个数据的形式排列的 200 个 4 位整数,最后一行是字符串"END.",这就是输出重定向的应用。

3. 输入重定向

操作系统默认的输入设备是键盘,与输出重定向同理,在命令行中可通过符号"＜"重定向输入设备到某一特定文件。

以下程序的功能是:输入若干个 4 位整数(以非数字结束),依次输出符合条件的数,最后输出符合条件的数据个数。数据需要符合的条件是:奇数位上的数字为奇数,偶数位上的数字为偶数。

案例代码 **10-06-02.c**

```
#include <stdio.h>
int main(){
    int n,k=0,a,b,c,d;
    //printf("以下数据符合条件(奇数位为奇数,偶数位为偶数):\n");
    while(1){
      if(scanf("%d",&n)==0)
        break;
      a=n/1000;
      b=n%1000/100;
      c=n%100/10;
      d=n%10;
      if(a%2 && c%2 && b%2==0 && d%2==0){
        k++;
        printf("%d ",n);
      }
    }
    printf("\n符合条件的数有%d个。",k);
    return 0;
}
```

执行程序,输入:

```
1234  4321 5678 8765 1357 2468  END<回车>
```

程序输出:

```
1234 5678
```

符合条件的数有 2 个。

接下来,打开命令行窗口,进入程序所在目录,输入命令:

```
10-06-02  < DATA1.TXT
```

程序在执行时会把文件DATA1.TXT作为输入设备使用,在读取数据操作时会把该文件作为输入流使用,这就是输入重定向的应用。

4. 重定向程序举例

在文件夹10-06中有一个文本文件DATA2.TXT,其内容如下:

```
36   48
100  375
61   97
202  1313
END
```

编程从该文件中依次读取每对数据,把它们的最大公约数输出到文本文件DATA3.TXT中,数据的输入输出用重定向实现。

案例代码 **10-06-03.c**

```
#include <stdio.h>
int gcd(int a,int b){
    if(a%b==0) return b;
    else return gcd(b,a%b);
}
int main(){
    int m,n,k=0,a,b,c,d;
    while(1){
      if(scanf("%d%d",&m,&n)<2)
        break;
      printf("%d和%d的最大公约数是%d.\n",m,n,gcd(m,n));
    }
    return 0;
}
```

编译此程序生成可执行文件后,在命令行窗口进入该程序所在目录,输入命令:

```
10-06-03.EXE  < DATA2.TXT  >DATA3.TXT
```

执行后,打开在当前目录生成的文本文件DATA3.TXT,会发现其内容为:

36和48的最大公约数是12。

100和375的最大公约数是25。

61和97的最大公约数是1。

202和1313的最大公约数是101。

习题 10

一、单项选择题

1. 把整型数以二进制形式存放到文件中的函数是________。

(A) fprintf()函数　　(B) fread()函数

(C) fwrite()函数　　(D) fputc()函数

2. fscanf()函数的正确调用形式是(　　)。

(A) fscanf(文件指针,格式字符串,输出表列)

(B) fscanf(格式字符串,文件指针,输出表列);

(C) fscanf(格式字符串,输出表列,文件指针);

(D) fscanf(文件指针,格式字符串,输入表列);

3. 下列函数的功能为从指定文件读入一个字符的是________。

(A) fscanf　　(B) fread　　(C) fgetc　　(D) fgets

4. 当已存在一个 abc. txt 文件时,执行函数 fopen ("abc. txt", "r+")的功能是________。

(A) 打开 abc.txt 文件,清除原有的内容

(B) 打开 abc.txt 文件,只能写入新的内容

(C) 打开 abc.txt 文件,只能读取原有内容

(D) 打开 abc.txt 文件,可以读取和写入新的内容

5. fread(buf,64,2,fp)的功能是从 fp 文件流中________。

(A) 读出整数 64,并存放在 buf 中

(B) 读出整数 64 和 2,并存放在 buf 中

(C) 读出 64 字节的内容,并存放在 buf 中

(D) 读出 2 个 64 字节的内容,并存放在 buf 中

二、编程题

1. 编写一个程序,从键盘输入一个文件名,然后把从键盘输入的正整数依次存放到该文件中,用-1 作为结束输入的标志。

2. 文本文件 in.txt 中存放了若干行整数,每行字符数不超过 100 个,每行有不超过 10 个整数,整数间以空格分隔。编写一个程序,按行读出这些整数,求每行数据的和并输出。

3. 文本文件 data.txt 中存有若干个整数对,请编程输出每对整数的和到另一个文本文件中。

附录 A ASCII 码表

二进制数	十进制数	字符	二进制数	十进制数	字符	二进制数	十进制数	字符
0000 0000	0	NUL	0001 1111	31	US	0011 1110	62	>
0000 0001	1	SOH	0010 0000	32	空格	0011 1111	63	?
0000 0010	2	STX	0010 0001	33	!	0100 0000	64	@
0000 0011	3	ETX	0010 0010	34	"	0100 0001	65	A
0000 0100	4	EOT	0010 0011	35	#	0100 0010	66	B
0000 0101	5	ENQ	0010 0100	36	$	0100 0011	67	C
0000 0110	6	ACK	0010 0101	37	%	0100 0100	68	D
0000 0111	7	BEL	0010 0110	38	&	0100 0101	69	E
0000 1000	8	BS	0010 0111	39	'	0100 0110	70	F
0000 1001	9	HT	0010 1000	40	(	0100 0111	71	G
0000 1010	10	LF	0010 1001	41	)	0100 1000	72	H
0000 1011	11	VT	0010 1010	42	*	0100 1001	73	I
0000 1100	12	FF	0010 1011	43	+	0100 1010	74	J
0000 1101	13	CR	0010 1100	44	,	0100 1011	75	K
0000 1110	14	SO	0010 1101	45	-	0100 1100	76	L
0000 1111	15	SI	0010 1110	46	.	0100 1101	77	M
0001 0000	16	DLE	0010 1111	47	/	0100 1110	78	N
0001 0001	17	DC1	0011 0000	48	0	0100 1111	79	O
0001 0010	18	DC2	0011 0001	49	1	0101 0000	80	P
0001 0011	19	DC3	0011 0010	50	2	0101 0001	81	Q
0001 0100	20	DC4	0011 0011	51	3	0101 0010	82	R
0001 0101	21	NAK	0011 0100	52	4	0101 0011	83	S
0001 0110	22	SYN	0011 0101	53	5	0101 0100	84	T
0001 0111	23	ETB	0011 0110	54	6	0101 0101	85	U
0001 1000	24	CAN	0011 0111	55	7	0101 0110	86	V
0001 1001	25	EM	0011 1000	56	8	0101 0111	87	W
0001 1010	26	SUB	0011 1001	57	9	0101 1000	88	X
0001 1011	27	ESC	0011 1010	58	:	0101 1001	89	Y
0001 1100	28	FS	0011 1011	59	;	0101 1010	90	Z
0001 1101	29	GS	0011 1100	60	<	0101 1011	91	[
0001 1110	30	RS	0011 1101	61	=	0101 1100	92	\

续表

二进制数	十进制数	字符	二进制数	十进制数	字符	二进制数	十进制数	字符
0101 1101	93	]	0110 1001	105	i	0111 0101	117	u
0101 1110	94	^	0110 1010	106	j	0111 0110	118	v
0101 1111	95	_	0110 1011	107	k	0111 0111	119	w
0110 0000	96	`	0110 1100	108	l	0111 1000	120	x
0110 0001	97	a	0110 1101	109	m	0111 1001	121	y
0110 0010	98	b	0110 1110	110	n	0111 1010	122	z
0110 0011	99	c	0110 1111	111	o	0111 1011	123	{
0110 0100	100	d	0111 0000	112	p	0111 1100	124	|
0110 0101	101	e	0111 0001	113	q	0111 1101	125	}
0110 0110	102	f	0111 0010	114	r	0111 1110	126	~
0110 0111	103	g	0111 0011	115	s	0111 1111	127	DEL
0110 1000	104	h	0111 0100	116	t			

请熟记一些常用字符的 ASCII 码，例如 A(65)、a(97)、0(48)、空格(32)、回车(13)、换行(10)、TAB(9) 等。

图书资源支持

感谢您一直以来对清华版图书的支持和爱护。为了配合本书的使用，本书提供配套的资源，有需求的读者请扫描下方的“书圈”微信公众号二维码，在图书专区下载，也可以拨打电话或发送电子邮件咨询。

如果您在使用本书的过程中遇到了什么问题，或者有相关图书出版计划，也请您发邮件告诉我们，以便我们更好地为您服务。

我们的联系方式：

地　　址：北京市海淀区双清路学研大厦 A 座 714

邮　　编：100084

电　　话：010-83470236　010-83470237

客服邮箱：2301891038@qq.com

QQ：2301891038（请写明您的单位和姓名）

资源下载：关注公众号“书圈”下载配套资源。

书圈

获取最新书目

观看课程直播

图书资源支持